新疆人工影响天气

杨炳华　王　旭　廖飞佳　魏旭辉　**等** 编著

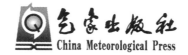

气象出版社
China Meteorological Press

内 容 简 介

新疆人工影响天气工作经过 50 多年的努力，初步建成了现代化水平较高的业务技术体系，作业规模居全国各省(区)前列，得到国内外人工影响天气界的广泛关注。本书从组织管理与技术保障、业务系统与作业技术、技术装备研发与应用等方面对新疆人工影响天气工作做了全面详细的介绍，展示了新疆人工影响天气工作的全貌和发展历程。

全书分三编 21 章。第一编是本书的基点，详细介绍了人工影响天气组织管理体系建设、科学研究与外场试验、主要工程建设项目、业务技术培训和学术交流、安全管理、装备保障与应急服务、地面作业点标准化建设。第二编是本书的重点，详细介绍了人工影响天气指挥平台、综合信息管理平台、空地传输、通信指挥业务系统和人工防雹、人工增雨、飞机人工增雨(雪)作业技术。第三编是本书的亮点，全面介绍了自主研发生产的 XR-05 型多种弹型火箭发射装置、WBG-1 型危险品保险柜、XR-11 型作业点人体静电消除装置、XR-12 型作业点弹药安全储存报警装置、车载式火箭弹保险箱、X 波段中频相参多普勒双偏振天气雷达等技术装备，从构造原理、技术参数、安装调试、操作使用、故障排除等方面作了详细描述，使读者能熟练掌握其应用。本书内容丰富、实用，可供从事人工影响天气的管理、业务技术、科学研究等人员应用与参考。

图书在版编目(CIP)数据

新疆人工影响天气/杨炳华等编著. —北京:气象出版社，2013.11

ISBN 978-7-5029-5837-4

Ⅰ.①新…　Ⅱ.①杨…　Ⅲ.①人工影响天气-研究-新疆

Ⅳ.①P48

中国版本图书馆 CIP 数据核字(2013)第 253365 号

出版发行:气象出版社

地　　址:北京市海淀区中关村南大街 46 号　　　邮政编码:100081

总 编 室:010-68407112　　　　　　　　　　　发 行 部:010-68409198

网　　址:http://www.cmp.cma.gov.cn　　　　　E-mail:qxcbs@cma.gov.cn

责任编辑:隋珂珂　　　　　　　　　　　　　　终　　审:周诗健

封面设计:易普锐创意　　　　　　　　　　　　责任技编:吴庭芳

印　　刷:北京中新伟业印刷有限公司

开　　本:787 mm×1092 mm　1/16　　　　　　印　　张:19.75

字　　数:506 千字　　　　　　　　　　　　　彩　　插:2

版　　次:2014 年 2 月第 1 版　　　　　　　　印　　次:2014 年 2 月第 1 次印刷

定　　价:68.00 元

序

我国新疆地区地域辽阔,自然资源丰富,是国家自然资源战略储备区,也是国家重要粮棉生产基地。受气候和自然条件制约,干旱、冰雹等自然灾害频发,区域生态环境多样而比较脆弱。因此,利用人工影响天气技术进行防灾减灾、科学开发空中云水资源,已成为新疆地区各级政府防御气象灾害、保障农业生产和生态建设的重要措施和有效手段。

过去半个多世纪以来,新疆人工影响天气事业经历了从无到有、从小到大、从弱到强的发展历程。随着国内外人工影响天气技术的发展,新疆的人工影响天气技术水平和应用能力不断提高,防灾减灾效益逐步提升,对经济社会可持续发展的保障和服务能力越来越强。多年来持续开展的山区飞机人工增雨(雪)作业,已成为科学开发利用空中云水资源、缓解干旱缺水、保障农业生产的有效措施。同时,在全疆粮棉和林果生产区实施的人工防雹作业,已成为抑制和减少冰雹灾害,保障粮棉和林果丰产、农民增收的有效途径。因此,人工影响天气被全疆各族人民赞誉为农业生产的"保护神"。

改革开放以来,特别是实施西部大开发战略以来,中国气象局和新疆各级政府更加重视和大力支持人工影响天气事业,新疆人工影响天气工作得到了快速发展,逐步形成了各级政府领导、气象主管机构负责管理的人工影响天气组织管理体系和业务技术体系,"政府主导,部门联动、社会参与"的工作机制不断完善,作业科学水平和效益得到了显著提高,人工影响天气作业规模和作业水平已位居全国前列。

新疆人工影响天气事业半个多世纪的不平凡发展历程,历经了几代人工影响天气工作者的不懈努力,才书写了今日的成就与辉煌。现在,历史又揭开新的一页,我们面临着更大的机遇和挑战。《新疆人工影响天气》一书,比较全面系统地展示了新疆人工影响天气过去50多年的工作历程,尤其是展示了近十年来组织实施的有关防灾减灾、开发空中云水资源、改善生态环境建设等重点工程项目的设计与建设,多项作业技术装备研发项目的应用,以及多项重点科研课题的详细内容和获奖情况;概括介绍了具有区域特色的人工防雹、人工增雨(雪)的技术方法,总结了行政管理、人员培训、学术交流、安全管理、服务保障等工作所取得的经验;整体展现了新疆人工影响天气科技前进的步伐和人工影响天气事业的发展进程,充分体现了新疆人工影响天气战线科技工作者、广大干部职工开拓创新、励精图治、砥砺奋战在各项工作第一线所付出的辛勤劳动。因此,本书对弘扬人工影响天气工作者奋发有为、无私奉献的精神,加快实现新疆人工影响天气由大区向强区跨越的发展目标具有重要借鉴作用。同时,对加快我国人工影响天气业务技术体系建设,也具有指导价值。

我年轻时曾在老一辈领导和专家的带领下,连续几年参加了新疆人工影响天气的作业和研究工作,对新疆人工影响天气有着深深的情节。《新疆人工影响天气》一书的问世,是几代人共同的心愿,我谨表示衷心的祝贺,并感谢杨炳华等同志为本书的编著所付出的努力和奉献。在中央决定推进新疆跨越式发展的新形势下,新疆各行各业都迎来了前所未有的发展机遇,祝愿新疆人工影响天气事业再上大台阶,再创新辉煌。

前　言

新疆地处欧亚大陆腹地，位于我国的西部边疆(35°～45°N，75°～95°E)，土地总面积约166万平方千米，是我国陆地面积最大的省区。特定的地理位置、复杂的地形，造成自然灾害频繁，生态环境脆弱。在自然灾害中，气象灾害以及由气象灾害衍生的次生灾害占各类自然灾害的80%，高出全国十个百分点，给新疆社会经济带来严重影响，促使了新疆人工影响天气工作的诞生与发展。

人工影响天气是指在适当的天气条件下，通过人工干预的技术手段，使天气过程发生符合人类愿望的变化。主要包括人工增雨、人工防雹、人工消云、消雨、消雾、防霜、人工引雷等，是个涉及多学科、多部门的系统工程。

新疆人工影响天气工作始于1959年，是全国最早开展人工影响天气工作的省区之一。1960年成立了自治区人工控制天气委员会，1978年自治区党委决定成立自治区人工影响天气领导小组，并下设自治区人工影响天气办公室，自此，各地、州、市人工影响天气机构如雨后春笋般建立起来。通过几十年努力，人工影响天气作业规模和作业水平已位居全国前列，在防灾减灾、增加水资源、改善生态环境、促进经济发展中发挥了重要作用，得到各级政府的肯定和广大人民群众的普遍赞誉。特别是近几年，随着自治区和国家对人工影响天气工作的投入力度不断加大，促进了新疆防灾减灾能力的显著提高，推动了新疆人工影响天气事业不断发展、壮大，逐步实现新疆人工影响天气从大区向强区迈进！

半个多世纪以来，新疆人工影响天气事业不断发展，科技积累逐步深厚，总体科技水平与业务能力不断提高。为从不同侧面总结并反映过去50多年新疆人工影响天气的业务技术与管理工作经验，系统展示科研和技术创新的成果及应用情况，加快新疆人工影响天气业务技术体系的现代化建设，特编写出版本书。

本书由杨炳华、王旭等编著，全书分三编共21章。其中各编所包含的章节、主要内容及对应参加编写的作者分列如下：

第一编"组织管理与技术保障"，共8章，分别为：

第1章　新疆人工影响天气概述。由张清、冯振武执笔撰写，全面系统地介绍了新疆人工影响天气工作情况。

第2章　组织管理体系建设。由刘国进、阿依努尔执笔撰写，全面系统地介绍了新疆人工影响天气的组织管理工作。

第3章　安全管理。由王星钧、马官起执笔撰写，介绍了新疆人工影响天气在安全生产方面的内容。

第4章　工程建设。由廖飞佳、王红岩执笔撰写，重点介绍了几个重大的新疆人工影响天气工程建设。

第5章　科学研究。由张清、张玮执笔撰写，重点介绍了新疆人工影响天气在科学研究方面获奖的项目和课题。

第6章　业务技术培训和学术交流。由范宏云、刘婕执笔撰写，介绍了新疆人工影响天气在人员培训和学术交流方面的内容。

第7章　装备保障与应急服务。由黄刚、冯长远执笔撰写，介绍新疆人工影响天气装备供应、设备年审、设备维护等。

第8章　地面固定作业点标准化建设。由王金民、孔令文执笔撰写，介绍了新疆人工影响天气地面固定高炮、火箭、烟炉作业点标准化建设的设计方案和实施方案。

第二编"业务系统与作业技术"，共7章，分别为：

第9章　飞机人工增雨（雪）信息空地传输系统。由王文新、马仕剑执笔撰写，介绍飞机作业北斗卫星导航系统的结构原理、技术性能等。

第10章　人工影响天气通信指挥系统。由魏旭辉、陆卫冬执笔撰写，介绍人工影响天气通信指挥系统的结构原理、技术性能等。

第11章　基层人工影响天气综合信息管理平台。由樊予江、胡帆执笔撰写，介绍基层人工影响天气综合信息管理平台的结构原理、技术性能等。

第12章　人工影响天气指挥平台。由王友新、王多斌执笔撰写，介绍新疆人工影响天气指挥平台的建设设计、实现功能、技术性能等。

第13章　人工防雹。由王旭执笔撰写，介绍开展新疆人工影响天气人工防雹的理论、技术方法等。

第14章　地面人工增雨（雪）。由王旭、黄海云执笔撰写，介绍开展新疆人工影响天气人工增雨的理论、技术方法等。

第15章　飞机人工增雨（雪）。由廖飞佳执笔撰写，介绍新疆人工影响天气飞机人工增雨（雪）的理论、技术方法、仪器设备使用等。

第三编"技术装备研发与应用"，共6章，分别为：

第16章　多种弹型火箭发射装置。由杨炳华、林俊宏执笔撰写，介绍多种弹型火箭发射装置结构原理、技术性能等。

第17章　人影弹药储存柜。由杨炳华、郝雷执笔撰写，介绍人影弹药储存柜的结构原理、技术性能等。

第18章　作业点人体静电消除装置。由喻箭、晏军执笔撰写，介绍作业点人体静电消除装置的结构原理技术性能等。

第 19 章　作业点弹药安全储存报警装置。由魏旭辉、杨坤执笔撰写,介绍作业点弹药安全储存报警装置的结构原理、技术性能等。

第 20 章　车载式人工防雹增雨火箭弹储存箱。由杨炳华、朱思华执笔撰写,介绍流动作业车载式人工防雹增雨火箭弹储存箱的结构原理、技术性能等。

第 21 章　X 波段中频相参多普勒双偏振天气雷达:由魏旭辉、郭惟执笔撰写,介绍 X 波段中频相参多普勒双偏振天气雷达的结构原理、技术性能等。

本书在撰写过程中,查阅了大量的资料,听取了多方面的宝贵意见和建议,得到了新疆维吾尔自治区气象局领导、新疆维吾尔自治区人工影响天气办公室领导、中国人民解放军第三三零五工厂、陕西中天火箭技术有限公司、内蒙古北方保安民爆器材有限公司、江西国营九三九四厂和许多专家的大力支持。段英研究员、冯振武高级工程师对全书进行了统稿,朱思华、孔令文、王红岩对本书进行了图文编辑,李进忠、阿地里、史莲梅、热苏里、任燕彬、周旋、线立兵、高生有、胡俊、左培义、赵建柱等人为本书的撰写做了大量的工作,在此一并表示衷心的感谢。也非常感谢原中国气象局副局长王守荣在百忙之中为本书作序。

在本书编写过程中,受编著者水平和时间的限制,出现的不足甚至错误在所难免,敬请广大读者给予批评指正。

杨炳华

2013 年 10 月

目　录

第二编　业务系统与作业技术

第三编 技术装备研发与应用

第一编

组织管理与技术保障

第 1 章　新疆人工影响天气概述

1.1　基本情况

新疆位居我国的西部边陲,土地面积约 $166\times10^4\,km^2$,是我国陆地面积最大的省区。在这片广阔的土地上,蕴藏着丰富的自然资源,是新疆经济赖以发展的基础。新疆地形特征是"三山夹两盆",北为阿尔泰山,南为昆仑山,中间的天山将新疆分为南疆和北疆,阿尔泰山和天山之间为准噶尔盆地,天山和昆仑山之间为塔里木盆地,如图 1.1 所示。

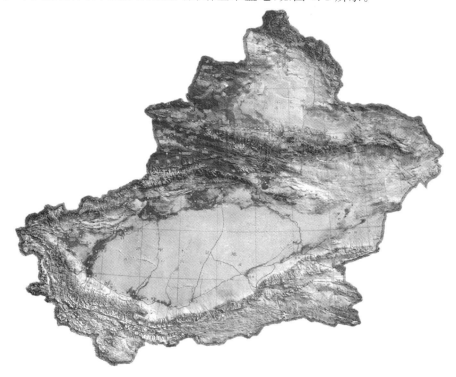

图 1.1　新疆地貌图

新疆特定的地理位置、复杂的地形,造成自然灾害频繁。在自然灾害中,气象灾害以及由气象灾害衍生的次生灾害占各类自然灾害的 80%,高出全国十个百分点,给新疆社会经济带来严重影响。

新疆属于典型的大陆性干旱气候区,全年总的平均降水量只有 $165\,mm$,为我国降水量平均值的 1/4。从总体上分析,由于大气降水空间分布极不均匀,造成了地表径流空间分布不均匀,使得山区多于盆地,北疆多于南疆,水资源相对其他自然资源而言短缺。随着全球气候变暖,以干旱为主的极端气候事件影响日趋加剧,对新疆农牧业危害十分突出,严重制约着新疆社会经济发展和生态环境的改善,也限制了其他自然资源的开发和利用。新疆山区地带是河流的上游和水源区,水汽供应条件比较稳定,山区云系具有很大的开发潜力,尤其是冬春季西风带系统所形成的降水层状云系适合实施飞机作业。通过开展山区人工增雨(雪)作业,增加山区自然降水量,增大山区积雪、冰川储积水源的绝对含量,有效补充地下水资源。因此,解决新疆水资源短缺问题,在"节流"的同时,应科学地开发和利用空中水资源,提高空中水资源转化率,缓解经济开发建设和生态环境保护所面临的水资源短缺矛盾,对新疆经济发展和社会进步具有重要的现实意义。

新疆特殊的地理、气候条件,孕育出许多农作物优良品种,其中粮食、棉花是新疆的支柱产业,是农民增收的重要渠道。但是,这些粮、棉重点农业区往往又是冰雹重灾区,新疆多山地,在复杂的地形中总是有些地形有利于形成冰雹。在局部地区,较大的冰雹伤害人畜的概率在10%左右,对农作物的危害率轻者在10%以上,严重者可达100%。因此,采取人工防雹措施,抑制冰雹的形成,减少或避免冰雹灾害的损失,是促进农村发展,增加农民收入,建设和谐社会的必然要求。

新疆人工影响天气工作起步较早,通过几十年努力,人工影响天气作业规模和作业水平已位居全国前列。在防灾减灾、增加水资源、改善生态环境、促进经济发展中发挥了重要作用,得到各级政府的肯定和广大人民群众的普遍赞誉。

自治区党委、人民政府高度重视应对全球气候变化和水资源短缺问题,积极采取措施,提高应对气候变化能力。要求全面加强人工影响天气工作,特别要加大对山区空中云水资源的开发力度,并将其作为应对气候变化,防旱减灾、缓解水资源短缺的有效措施之一。2008年自治区党委决定,构建新疆"大水利"格局,大力开发新疆天山、阿勒泰山、昆仑山山区空中云水资源,2009—2011年投入5870万元实施人工影响天气应急工程建设(简称"7.18"工程)。与此同时,对远期规划进行了可行性研究和论证,编制了《新疆空中水资源综合开发工程项目建议书》,工程总预算23亿元。中国气象局和国家发展改革委员会制定的《人工影响天气发展规划(2008—2012年)》将新疆列入全国的人工影响天气作业示范区。

随着新疆经济社会发展和应对气候变化,防灾减灾、解决水资源短缺和生态环境建设任务繁重,新疆人工影响天气面临新需求和良好发展机遇。把握机遇,趁势而上,加强人工影响天气能力建设,提升人工影响天气的服务效益,使人工影响天气工作在抗旱救灾、增加水资源、改善生态环境、促进经济发展中发挥积极作用。

1.2　发展历程

新疆人工影响天气工作经历了起步、曲折发展、快速发展三个阶段。

起步阶段:新疆人工影响天气工作始于1959年,是全国最早开展人工影响天气工作的省区之一。1960年成立了自治区人工控制天气委员会,以开展人工防雹作业为主,同时进行了人工融冰化雪试验,使用的作业装备主要是土炮、土火箭。通过不断改善观测试验手段积累了非常宝贵的观测和试验资料。

曲折发展阶段:20世纪60年代中期到70年代中期,由于受错误路线的干扰和十年内乱的破坏,新疆人工影响天气工作的发展受到严重干扰,各项工作举步维艰。在政府领导的重视和科技工作者执著坚持下,人工防雹和人工增雨(雪)工作得以维持并在人工防雹科研和外场试验方面取得进展。国内一些云物理及人工影响天气学者、专家和科技工作者直接参与新疆昭苏地区人工防雹作业试验和对冰雹、冰雹云的观测,通过分析和试验研究,取得了一系列观测、试验和研究成果。

　　快速发展阶段:改革开放以来,新疆人工影响天气工作进入快速发展阶段。1978 年自治区党委决定成立自治区人工影响天气领导小组,并下设自治区人工影响天气办公室,自此,各地(州、市)人工影响天气机构如雨后春笋般建立起来。作业规模不断扩大、现代化水平得到提升、作业效益显著提高。新疆 1978 年开始实施飞机人工增雪作业,主要作业区为西起博乐、东至木垒的北疆沿天山一带。自治区政府拨款从每年 40 万元增加到每年 100 万元,并列入自治区财政计划。2006 年冬季飞机增雪经费追加到每年 200 万元,作业面积由过去的 $3.6 \times 10^4 \, km^2$ 扩大为 $7 \times 10^4 \, km^2$。2009 年冬季开始租用两架运—8 型飞机,作业区域以北疆沿天山一带、伊犁河谷以及阿克苏沿山地区、巴音布鲁克地区、阿勒泰地区、塔额盆地、克拉玛依地区为主,同时兼顾其他地区,作业面积大幅度增加到 $34 \times 10^4 \, km^2$,作业效益显著提升。这一阶段人工防雹作业迅速扩大到天山南北,逐步形成了阿克苏—渭干河流域、奎屯河—玛纳斯河流域、博尔塔拉河流域、昭苏—特克斯盆地以及伊犁河谷、孔雀河—迪那河流域 5 个防雹作业区。根据需求,许多地州的地面人工增雨作业已从过去的季节性作业调整为全年性作业,全疆先后建成了 11 个地面人工增水作业区域。

　　新疆人工影响天气经历了 50 多年的发展历程,随着国家和自治区对人工影响天气工作的投入力度不断加大,促进了新疆防灾减灾能力的显著提高,推动了新疆人工影响天气事业不断发展、壮大,推进了新疆人工影响天气由大区向强区的迈进!

1.3　工作现状

1.3.1　取得的主要成绩

　　1.作业规模和服务领域不断扩大

　　随着自治区对人工影响天气工作的重视和经费投入的加强,新疆人工影响天气在农业抗旱、防雹减灾、增加水资源和森林灭火等方面取得了明显的成效,特别是改革开放 30 多年来的发展,新疆人工影响天气工作科学研究和科技创新取得显著进步。新疆 15 个地(州、市)先后成立了人工影响天气管理机构,形成了政府主导、气象主管机构管理、相关部门配合的管理体系和工作机制。根据统计,截至 2011 年,全疆 15 个地(州、市)、83 个县(市)和兵团 14 个师 83 个团(场)开展了人工防雹和增雨(雪)作业;人工增雨(雪)、防雹作业点 1000 多个(其中兵团 260 个);火箭发射系统 937 套(其中兵团 350 套)、三七高炮 612 门(其中兵团 365 门)、天气监测雷达 37 部(其中兵团 14 部,含 6 部小型雷达,布局如图 1.2 所示)、通信电台 700 多部;每年发射炮弹约 22 多万余发(其中兵团约 12 万发)、火箭弹 2 万多枚(其中兵团约 0.4 万枚);新增地面碘化银燃烧烟炉 56 部、布设地面降水观测自动站 50 个。根据冰雹天气的地理分布特征,建成了覆盖主要冰雹发生区的 6 个人工防雹作业区。从 1978 年开始连续 30 多年开展冬季飞机人工增雪作业,作业区域已从北疆沿天山一带扩大到阿克苏、阿勒泰、哈密地区以及巴音布鲁克山区;各地(州、市)根据抗旱增雨的需要积极组织了山区人工增雨(雪)作业,建成了 11 个地面人工增水作业区;除了传统的增雨防雹作业以外,新疆人工影响天气还向多领域、多目标作业深化,多次在草场、森林火灾抢险中,组织应急分队赶赴火灾现场,实施人工增雨作业,为扑灭林火发挥了积极作用。

图 1.2 新疆雷达布局图

在各级政府的支持下,经过人工影响天气工作者的不懈努力,目前,新疆人工影响天气作业规模和作业水平位居全国前列,在发展中形成了初具现代化水平的区—地—县三级人工影响天气防灾减灾业务服务体系。全疆人工影响天气地面作业装备分布见表1.1。

表 1.1　2011 年新疆人工影响天气地面作业装备分布表

地区	高炮(门)	火箭(套)	合计(套)
阿勒泰地区		31	31
塔城地区	21	70	91
伊犁地区	36	50	86
克拉玛依市	2	10	12
石河子市	48	89	137
昌吉州	13	22	35
乌鲁木齐市	3	15	18
哈密地区		15	
吐鲁番地区	2	8	10
巴州		32	32
阿克苏地区	101	171	272
喀什地区		23	23
克州	2	7	9
和田地区		8	8
博州	19	27	46
合　计	247	578	810

2. 社会、经济、生态效益显著

新疆人工防雹作业保护农作物(以棉花为主)面积约 4000 万亩[*],减少冰雹灾害损失约 60%～70%,年经济效益约 5 亿元。人工增雨(雪)受益面积超过 $34×10^4 km^2$,年增加降水量约 $125×10^8 t$,年经济效益约 38 亿元。山区人工增雨(雪)作业不仅增加了河流的径流量,也为工农业发展增加了水资源保障。同时山区降水量的增加促进山区植被的生长,遏制草场"三化",维护草场生态平衡;增加的降水补充冰川储水,减缓冰川退缩速度;增加的降水补充地下水,维护荒漠植被的生存和繁衍。

新疆冬季飞机增雪工作取得了重大的科研成果和显著的社会经济效益,为新疆自 1978 年以来农牧业连年丰收做出了贡献。通过对 1984—1988 年在白杨河上游进行的人工增水作业效果检验表明,人工增水作业降雪量相对增率为 20.5%。对 1978—2005 年北疆沿天山一带飞机人工增雪效果的统计检验认为,12 月份降水量 28 年平均增加 8.1%,在降水偏多年份达到 19%,这表明新疆人工增水作业的效果是肯定的。

3. 业务技术水平和队伍建设得到加强

依靠科技进步和现代化建设,新疆人工影响天气综合技术系统和人工防雹、增雨(雪)作业指挥系统的现代化建设水平明显提高。基本形成了依托气象预测预报掌握降水天气过程,以及地面常规气象观测网、气象卫星、天气雷达观测云和降水的发展演变过程,利用天气数值模式、天气雷达及气象卫星反演等产品对作业条件、潜力区进行识别预测;以高炮、火箭等运载工具播撒碘化银实施人工防雹和人工增雨作业。冬季利用飞机进行大规模的人工增雪作业,以物理和统计检验以及数值模式等方法为检验作业效果的人工影响天气作业技术路线,充分利用各方面的技术和力量来推动新疆人工影响天气科技水平的提高。

在长期的人工防雹、人工增雨(雪)工作中积累了丰富的理论基础和实践经验,承担和参与了多项国家级和省部级课题与项目,多次获得国家、自治区科技进步奖。20 世纪 80 年代,新疆人工影响天气办公室作为国家重点科研课题"北方层状云人工降水试验"主要参加单位,1983—1985 年参加了由中国气象科学院装备的云物理、人工降水飞机在新疆进行的观测研究和人工增雨(雪)作业,累计飞行 78 架次、110 小时。该项研究 1993 年获国家科技进步二等奖、中国气象局科技进步一等奖。由中国气象科学研究院中尺度气象研究所和新疆人工影响天气办公室共同承担的"新疆阿克苏地区沙雅多普勒天气雷达人工防雹作业指挥系统"项目,1997 年获新疆维吾尔自治区科学技术进步二等奖。2003 年承担科技部社会公益研究项目"新疆天山山区人工增雨综合技术研究",进行了外场人工增雨播撒试验,应用数字化雷达、双通道微波辐射计等设备对中天山山区的云和降水、大气冰核、雨滴谱进行观测,取得宝贵成果。郑国光等《新疆昭苏地区冰雹、冰雹云若干问题的研究》以冰雹的热平衡为基础,利用垂直风洞模拟冰雹的生长与融化,研究了冰雹热传输特征,建立了冰雹传输系数与其自身特征和环境条件之间的关系,从而为冰雹的深入研究提供了可靠的物理依据。新疆人工影响天气办公室开发研制的拥有独立知识产权的多弹型人工增水防雹火箭发射装置,2006 年获自治区科技进步二等奖,其中部分设计获得国家专利。"飞机人工增雪信息空地传输系统的研制及应用"项目获得 2007 年度自治区科技进步二等奖。2012 年承担国家科技支撑计划子课题"山区作业多弹型增雨雪火箭发射装置的研制",该项研究已基本完成。《人工影响天气三七高炮实用教材》和

---

　　*　1 亩＝1/15 hm^2。

《增雨防雹火箭作业系统实用教材》由气象出版社正式出版。

人工影响天气工作队伍在发展中不断壮大,目前,全疆从事人工影响天气的工作人员约3000人。其中作业人员约2600人,占总人数的87%,科研和管理人员约400人,具有高级技术职称人员近30人。

4. 管理体系和法规建设健全

1960年成立了自治区人工控制天气委员会;1978年改为自治区人工影响局部天气领导小组;1983年成立自治区人工影响天气办公室;2005年重新组建自治区人工影响天气领导小组,下设办公室。全疆15个地区(州、市)也都成立了人工影响天气管理机构,基本形成了政府主导,气象主管机构管理,相关部门配合的管理体系和工作机制。

依据《中华人民共和国气象法》、《人工影响天气管理条例》、《人工影响天气安全管理规定》和《新疆维吾尔自治区人工影响天气管理办法》,各地先后建立了一套行之有效的管理规定、制度,保证了人工影响天气工作的正常运行。“三证”(即作业点的许可证、作业工具的合格证、作业人员和雷达操作人员的上岗证)制度、年审制度的实施有效地保障了安全作业。2011年自治区安全技术质量监督局发布实施了地方标准《人工影响天气地面作业建设规范》,制定了《新疆人工影响天气地面固定作业点标准化建设方案》,进一步加强了人工影响天气基础建设。

1.3.2 存在的主要问题

在充分总结和肯定新疆人工影响天气工作取得成绩的同时,我们也应该看到,当前新疆人工影响天气的科技水平和服务能力与经济发展需求不相适应的矛盾仍然十分突出,存在的问题还很多,制约着人工影响天气工作的健康发展。主要体现在以下几个方面:

(1)新疆人工影响天气战略远景的总体规划不完善,在工作思路和工作布局上长远考虑不足。开展的工作也往往是重视应急性的人工增雨抗旱作业,重防雹、轻增水,重抗旱、轻防旱现象十分突出。人工影响天气与水资源开发利用、生态环境保护与建设等长远发展规划结合不够。

(2)基础设施建设薄弱,作业天气的监测以及识别手段落后。新疆现有105个国家级气象监测站、117个区域气象观测站(自动站),远远低于全国站网分布的平均水平,特别是占新疆总土地面积48%的山区,气象观测站点十分稀少。缺乏大气温度、湿度、水汽密度、云含水量等人工影响天气所需的要素探测;缺乏性能优良的作业飞机和探测装备,无能力选择适合大范围、高强度作业的专用飞机;缺乏机载气象雷达和微波辐射计等设备。现有的气象监测站网和探测设备远远不能满足人工影响天气发展的需要。

(3)深入系统的科学试验和研究不够。重作业、轻科研与技术开发的问题仍比较突出,科技支撑能力较低;人工影响天气基础性研究亟待加强;催化作业和效果检验的科技水平有待提高;整体队伍素质需进一步提升。

(4)作业装备落后,部分设备老化,尤其是现在使用的三七高炮,需要逐步更新和引进新的作业装备。

(5)作业规模的发展与科技水平的提高严重不成比例,影响了人工影响天气工作的持续、快速发展。

1.4　事业发展面临的机遇

1.4.1　国家、自治区高度重视人工影响天气工作

早在 1956 年,毛泽东主席在最高国务院会议上就曾说过:"人工造雨是非常重要的,希望气象工作者多努力"。1998 年 5 月 24 日,江泽民同志在关于我国水资源问题的重要指示中指出:"当今水资源为世界各国所关注,我国水资源短缺。我们过去认识不够,必须引起全党十分重视,人无远虑,必有近忧。要认真做好水资源开发与节约用水工作,二者不可偏废"。2000年 12 月,国务院印发的《全国生态环境保护纲要》将"合理开发利用和保护大气水资源"列入全国生态环境保护的主要内容与要求中。2004 年 4 月,胡锦涛总书记、温家宝总理、曾培炎副总理、回良玉副总理对人工影响天气工作都作了重要批示,要求总结经验、科学论证、完善机制、提高效益。2005 年,国务院办公厅下发了《国务院办公厅关于加强人工影响天气工作的通知》。2008 年 11 月,回良玉副总理提出"要积极探索人工影响天气工作新机制"。在党中央、国务院的正确领导下,我国人工影响天气工作取得快速发展。中国气象局、国家发展改革委员会制定的《人工影响天气发展规划(2008—2012 年)》将新疆天山、阿尔泰山、昆仑山列入全国的人工影响天气作业示范区。

自治区党委、政府高度重视新疆人工影响天气工作。自治区政府每年拨出专项经费支持开展人工影响天气工作,近 20 年来,由自治区政府投入用于各地人工防雹、增雨(雪)炮弹、火箭弹补贴和冬季飞机人工增雪的专项经费达亿元以上。各地(州、市)也都拨出专项经费,组织开展了人工防雹、增雨(雪)工作。自治区各级政府还在组织管理机构、人员编制、监测和作业装备的购置、工作和生活条件改善等方面给予了大力支持,保证了我区人工影响天气工作的顺利开展。2008 年 7 月 18 日,自治区召开党委常委、政府主席会议,专题研究应对气候变化、加强新疆空中水资源开发利用工作,战略性地提出了"大水利"的概念,首次把人工增水工作纳入新疆水利工作范畴。7 月 24 日,努尔·白克力主席在新疆气象局调研时明确要求:根据当前抗旱工作的紧迫性,尽快编制《人工增雨(雪)应急抗旱实施方案》,要做到科学布局、科学实施。2011 年 4 月 21 日,自治区党委书记张春贤在会见中国气象局郑国光局长时提出两个方面的问题,一是要加大气象防灾减灾基础设施建设,二是要加强人工影响天气工作。

1.4.2　新时期人工影响天气工作面临着更加广泛的需求

1. 新疆社会经济可持续发展的需求

随着新疆新型工业化、农牧业现代化、新型城镇化"三化"战略的快速推进和"环保优先、生态立区"理念的深化,新疆结构性缺水矛盾将更加突出,充分发挥资源优势,实施以市场为导向的优势资源转换战略,这些战略规划的实施,隐含着对水资源的巨大需求。按照新疆国民经济和社会发展战略规划,新疆将走适合区情的新型工业化道路,继续大力推进以石油、天然气、煤炭、棉花为重点的优势资源开发利用,努力将资源优势转化为经济优势;实施全方位开放战略,重点推进与中亚、西亚、南亚、东欧及俄罗斯等国的经贸合作,努力建成向西出口加工基地、商品集散地、物流大通道和国家能源、资源陆上安全大通道。新疆水资源短缺,也限制了其他自然资源利用率的提高。组织实施山区人工增雨(雪)工程,提高空中云水转化率,增加水资源,

对保证新疆社会经济的快速发展具有重要的现实意义和深远的战略意义。

　　2. 应对气候变化,缓解水资源短缺的需求

　　当前新疆气候暖湿化特征明显,根据在 IPCC(政府间气候变化专门委员会)所设定的三种排放情景 SRESA1B、SRESA2、SRESB1 的基础上的模式计算结果分析,预测 21 世纪新疆区域温度将继续升高、降水量将增加。其中:在 21 世纪前半叶,平均降水量增加幅度不大,2041—2050 年新疆地区年平均降水增加 5% 左右,到 21 世纪末达到 10% 以上;21 世纪初期(2001—2020 年)年平均温度增加幅度在 0.5~0.9℃;21 世纪前期(2021—2030 年)温度增加幅度在 1.2℃左右;到 21 世纪中后期气温将进一步升高。因此,新疆水资源形势依然十分严峻。一方面由于气候变暖,山区雪线存在上升趋势。《中国科学技术蓝皮书》中引用国内外气候专家研究结果认为:到 20 世纪中期,未来西部地区干旱化的总格局不可能有根本的改变,甚至有进一步加剧的趋势;天山以及昆仑山的小冰川都将趋于消失,近十年已累计缩小 10%~15%,缺水将严重威胁着人类的生存。另一方面,近 40 年来,新疆总体上存在增湿趋势,山区降水增加的趋势是明显的,山区降水与地表径流变化比较稳定,构成了新疆水资源开发利用的一大优势。但必须清醒地认识到,目前降水增加的绝对量十分有限,增湿趋势并不能改变新疆干旱区气候的本质,水资源匮乏仍然是长期制约新疆经济社会可持续发展的主要因素。充分利用当前新疆气候变湿的有利时机,广泛运用人工增雨(雪)技术,积极应对气候变化,开发利用阿尔泰山、天山、昆仑山地区空中丰富的云水资源,加快水分内循环,提高云水资源转化为降水的比值,间接增大河流径流量,补充地下水,已成为应对气候变化、缓解水资源短缺的战略举措。

　　3. 全疆水资源战略调配和大型水库、引水工程建设的需求

　　根据新疆地理环境和水资源状况,为确保新疆社会经济可持续发展的"水资源安全",自治区党委依据"大水利"理念,提出了"四大水利"工程的构想。四大水利工程是:山区控制性水利工程,通过在山区建设大型水利工程(水库),将冰川、高山积雪融化的水和河水引入水库,实现对重点流域水资源的有效控制和计划使用;调水工程,新疆水资源地域分布不均,阿勒泰、伊犁等地是水资源相对丰富的区域,克拉玛依、乌鲁木齐以及哈密等地是水资源匮乏区域,为此,通过建设调水工程将额尔齐斯河、伊犁河的河水引入到经济发展较快又严重缺水的区域,提高水资源的利用率;节水工程,采取先进的灌溉技术和水利工程技术,提高水资源利用效率;空中水开发工程,利用人工增水技术,开发山区空中云水资源,提高降水转化率,增加水资源。

　　自治区在"十二五"规划中战略性地规划了"大水利"的建设理念,明确今后一个时期,人工影响天气工作由应急型抗灾减灾作业向长期科学开发利用空中水资源转变的工作思路,把人工增水纳入"大水利"工作范畴,要求气象部门以人工影响天气工程项目为契机,加大开发利用空中水资源的力度。新疆经济建设、生态保护、社会进步等各项事业发展,都对加快开发空中水资源工作提出了迫切要求。

　　4. 生态建设和环境的需求

　　新疆的生态系统是一个由高山冰川—高山冷湿草甸—中山湿润森林—低山半干旱灌草—平原干旱荒漠绿洲构成的脆弱自然生态系统,由水域(含冰川)、森林、草原、绿洲、荒漠、沙漠六个生态单元所组成,并形成了以绿洲生态为中心,以水资源为重要约束条件的互相作用和演替的大系统。山地是基础,荒漠是背景,人工绿洲是核心,自然绿洲是屏障,而水域是主导。封闭环境、干旱气候、水资源短缺、荒漠植被是该生态系统的总体特征,决定了新疆生态环境的脆弱

性、不稳定性和累加性,其一旦遭受严重破坏,就难以恢复,甚至不可能得到恢复。水是干旱区生态环境系统中最敏感和最活跃的因素,干旱区的生态平衡变化主要取决于水资源的变化。

新疆生态环境脆弱,过度利用水资源开发可垦荒地,已造成部分地区绿洲与沙漠间的天然植被过渡带基本丧失,河流下游胡杨林及灌溉面积锐减,以植被衰退、土地沙化、沙漠活化为主要特征的生态恶化趋势加剧,严重影响了各地的经济发展和农业生产。因此,促进新疆经济发展与人口、资源、环境相协调,建设环境友好型社会,植被和自然水系恢复、天然草场和湿地保护等,对人工增雨提出了新需求。人工影响天气活动能增加水资源,而不与自然环境产生冲突,能提高资源环境的利用效益,促进生态环境修复、保护和建设。

5.缓解水资源短缺的需求

新疆属于大陆性干旱、半干旱气候,约占全国土地面积的 17%,而境内地表径流量仅约占全国的 3%,该地区水资源年供需总量相差至少 100×10^8 t。新疆上空每年约有 26000×10^8 t 水汽流过,但只有 2700×10^8 t 左右的自然降水落到地面,由空中水汽转变为自然降水的转化率年平均约为 10.4%,时空分布不均匀,尤其是干旱事件趋多、趋强,且影响范围有扩大趋势,灾害影响程度日趋加剧。利用人工影响天气技术开发空中云水资源,在一定的天气条件下有效促进云雨转化,增加区域降水量,缓解水资源短缺刻不容缓。

6.公共安全的需求

新疆的森林面积是 365×10^4 hm²,草原面积是 5726×10^4 hm²,两项合计占全疆土地总面积的 36.7%。火灾对森林、草原自然资源的破坏是极大的。近年来,新疆阿勒泰地区发生多起森林火灾,以人工增雨作业作为主要的防灾减灾技术手段,在扑灭林火中发挥了积极作用,受到了林区广大农牧民的普遍赞誉,得到了自治区灭火指挥部的高度评价。在全球气候变暖背景下,森林火灾时有发生,在适当的条件下通过对局部大气进行人工影响,达到防灾减灾的目的,人工增雨在森林草场灭火等社会公共安全作用越来越大。

7.建设社会主义新农村的需求

新农村建设是全面建设小康社会的需要,是建设和谐社会的重要组成部分。没有农牧区的小康,就没有全疆的和谐稳定。社会主义新农村的建设,除进一步增加农业和农村经济的可持续发展能力外,加强农牧业的防灾减灾能力也是促进农村经济健康发展的重要因素。

新疆是我国气象灾害最多的省区之一。气象灾害约占各种自然灾害数量的 80%,造成的损失占自然灾害损失的 60%,干旱和冰雹灾害严重影响到农民增收和粮食安全。减少自然灾害对农业等的影响,为建设社会主义新农村做出贡献,对利用人工影响天气手段开展增雨抗旱、防雹减灾提出了更高的要求。

8.加强国防建设,保证国家安全的需求

新疆周边与蒙古、俄罗斯、哈萨克斯坦、吉尔吉斯斯坦、塔吉克斯坦、阿富汗、巴基斯坦、印度、土库曼斯坦、乌兹别克斯坦等 10 个国家接壤或毗邻,是我国面向西南的国防战略要地。由于与周边国家接壤都在高寒高原地区,大多为无人区,地理气候环境极为恶劣,基本没有气象综合观测站网,国防气象服务保障能力较弱。因此,山区人工影响天气项目建设,有利于填补高寒山区的气象观测站网空白,进一步提高气象为国防建设的服务能力,同时也是国防安全的必要补充。

1.4.3　新疆具有开发空中云水资源的条件和能力

1.新疆空中水资源的主要分布特征

研究表明,新疆水汽主要受西风带系统的影响,每年流经新疆上空的水汽总量约为 26000×10^8 t。在季节分布上,夏季流经新疆的水汽输送最大,总流入量和总流出量分别占全年的 38.5% 和 38.9%,春、秋季输送量相当,冬季最少,占 13%。西边界、北边界和南边界为净流入,东边界为净流出;由于新疆地形的原因在对流层中层水汽输送量最大,低层和高层水汽输送量相当;低层为水汽净输出,中、高层为水汽净输入。新疆处于干旱下沉气流控制下,低层为水汽净支出。中层 700～500 hPa 水汽流量最大,总水汽流入量为 11760×10^8 t,占 45.1%,总流出量为 11400×10^8 t,占 44.4%。高层从青藏高原上空有较丰富的水汽流入新疆,南边界有 1168×10^8 t 水汽流入,表明青藏高原上空也有比较丰富的水汽流入新疆。

从季节变化来看,夏季流经新疆的水汽量最大;春、秋季次之;冬季最小。夏季对流层低层为净流入,中、高层为净流出。春、秋、冬三季对流层低层为水汽净流出,中、高层为净流入。新疆区域年平均水汽转化率为 10.4%,最高年份可达 14.2%,近 40 年新疆水汽转化率呈增加趋势。

新疆区域年降水量的空间分布基本上呈现北多南少,西多东少,山区多平原少的特征,降水量的大小与地形分布有着十分密切的关系。降水量高值区主要位于天山山区中西段、阿尔泰山区和塔城的塔尔巴哈台山地区,该区域降水量在 400 mm 以上;昆仑山区降水量明显低于天山山区,降水量约在 200 mm 左右;降水量低值区主要在南疆塔里木盆地及哈密南部地区,降水量小于 50 mm;哈密北部淖毛湖地区和北疆西部艾比湖地区附近降水量为 50～100 mm。200 mm 以上的降水大多都集中在山区,山区降水量是新疆区域河水径流主要的补给来源之一;两大盆地是降水量比较少的地区。

新疆 166×10^4 km^2 的区域上降水总量(面雨量)多年平均值为 2724×10^8 t,年平均降水量为 165 mm,如图 1.3 所示。

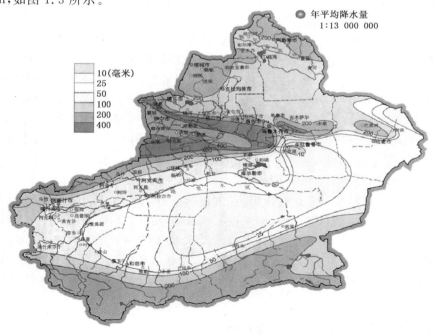

图 1.3　新疆降水分布图

北疆地区面积约为 $34 \times 10^4 km^2$，占全疆总面积的 20.5%。北疆地区面雨量年平均值为 $934 \times 10^8 t$，约占全疆总面雨量的 34.3%，北疆地区年平均降水量为 277 mm。由此可见，约占全疆土地面积五分之一的北疆地区，其面雨量占到全疆面雨量的约 1/3。

天山山区面积约为 $27 \times 10^4 km^2$，占全疆总面积的 16.3%。天山山区面雨量平均值约为 $1101 \times 10^8 t$，约占全疆总面雨量的 40.4%，天山山区平均年降水量为 409 mm，最大降水区在天山中部的北坡一带及伊犁河谷两侧，降水量大多在 500 mm 以上；最小区在东天山和天山西南端的南坡附近，降水量一般 150 mm 左右。

南疆地区面积约为 $104 \times 10^4 km^2$，占全疆总面积的 63.2%。南疆地区面雨量平均值为 $689 \times 10^8 t$，约占全疆总面雨量的 25.3%，南疆地区平均年降水量为 66 mm。最大降水区在南疆西部山区，降水量约为 300 mm 左右；最小区在塔里木盆地和哈密南部地区，降水量一般 50 mm 左右。

由于大气降水是水资源中可持续利用的重要来源，充分开发山区空中水资源，增加区域降水量，不但可以在一定程度上直接减轻山区两侧的水资源短缺，还有助于新疆生态环境保护，并且对地下水资源补充具有重要作用。根据对新疆云水资源总体状况、人工增雨（雪）作业条件等综合研究分析，新疆阿尔泰山、天山和昆仑山区域具备人工开发空中云水资源的自然条件。

2. 新疆的地形特点有利于开展山区人工增水作业

新疆山地占总土地面积的 51.4%，但山区降水却占总降水量的 84.3%。阿尔泰山区域是影响我国北方的天气系统必经之地，是天气系统的活跃地带，空中水资源丰富，产生降水的天气系统频繁，平均 4～5 天就有一次低槽冷锋天气系统过境。阿尔泰山区是迎风坡，塔城山区是向西开口的喇叭口地形，这种地形条件有利于气流的抬升形成降水。根据对天山山区地形云观测发现，由山区地形云形成的降水频繁，地形云降水日数比系统性天气降水日数高数倍；天山北坡是迎风坡，伊犁河谷是喇叭口地形，有利于水汽的汇集和气流的抬升形成降水；天山南坡虽是背风坡，但地形产生的背风波遇到合适的水汽条件，产生局地对流天气的情况比较常见。从近年气候变化趋势分析，昆仑山区域云的厚度和含水量总的变化趋势是上升的；中亚至帕米尔高原经常出现低值系统，而且这一低值系统可维持几天；此外，夏季副热带锋区恰好位于 35°～45°N，经常有短波系统活动在昆仑山区产生降水；青藏高原为巨大热源，为强上升运动区，昆仑山位于青藏高原北部也处于上升气流控制下，具备一定的抬升动力条件；对昆仑山人工增水条件的实际考察发现，昆仑山中、高山地带不少区域植被较为茂盛，甚至有季节性小湖泊出现，这说明昆仑山区有较多的地形云降水天气出现。

对中天山山区云物理研究发现，山区地形云中冰核浓度远远达不到产生最大降水所需的冰核浓度，人工增水潜力较大。国内外已有的人工增水试验结果表明，地形云是人工增水效率较高的催化对象，只要物理条件适合，增水量可达 10%～30%。

3. 新疆具备大规模开展人工影响天气的技术条件

经计算新疆降水转化率仅为 10.4%，不仅低于西北地区 15.4% 的平均水平，而且远低于全国 34% 的平均水平。其主要原因之一是云中冰核浓度低，冰晶核化作用迟缓或者核化速率太小，水汽凝结（华）成降水的效率低。这一云物理特点，为人工引晶催化暨人工增雨（雪）作业提供了有利条件。

目前，新疆区、地（州、市）、县（市）已建成了较完整的人工影响天气管理机构，形成了一支专业技术队伍,在人工影响天气监测、指挥、作业催化、作业工具的研制和维护等方面积累了丰富经验。中国气象局乌鲁木齐沙漠研究所是全国气象系统八大研究所之一,具有较强的科研能力和人才优势,可为人工影响天气提供强有力的科技支撑。新疆已具备组织实施大规模人工影响天气活动的基本技术条件。

1.5　科学基础和作业效果

1.5.1　科学基础

　　科学的人工影响天气是在诺贝尔奖获得者兰格缪尔指导下,于19世纪40时年代末在通用电气试验室进行最初试验发展起来的。瑞典科学家贝吉龙等发现大部分混合云形成降水主要取决于云中是否有足够数量的冰晶,提出冰水转化过程形成降水的理论。1946年谢弗尔将干冰播入层积云的外场试验对人工影响天气是一个强有力的推动。证实在冷云中播撒干冰或碘化银,适当增加云中的冰晶数量,在增加降水同时还能增加云中上升气流,加强云体发展,导致凝结(华)总量加大,从而产生更多的降水。

　　1. 人工增水原理

　　人工影响降水的物理方法按其影响降水过程的不同分为两类,一类是通过人工方法影响云中的微物理过程以提高降水效率,达到增加降水的目的,其中又分为冷云催化(即人工影响冰晶过程)和暖云催化(即人工影响碰并过程);另一类通过人工方法影响云中的动力学过程以增大云中的上升气流,提高云中水分凝结率,从而达到较明显的增加降水目的。

　　冷云中的冰晶过程是发动降水的关键,云体过冷却部分是否缺乏冰晶,云中过冷水含量的多少,可作为云中降水转化过程强弱的主要指标。基于云中自然降水率不高,云水偏多,云冰偏少,两者不能维持平衡,此时若引入适当浓度的人工冰核或直接注入致冷剂以触发匀质核化生成冰晶,可望加速冰晶过程,改变云过程的时间进程,使降水效率增加。这类催化并不明显影响云及其与环境的动力作用,也不会明显改变云内外环流特征,故称为静力催化。若能影响云的动力过程,促进云体宏观发展,降水量也可望大幅度地增加。目前主要通过过量播撒人工冰核,使过冷水滴全部冰晶化,释放大量冻结潜热,增加云中的上升速度、云的发展高度、云的截面积、云中成雨体积和降水持续时间,甚至促进云体合并,加强低层辐合,增加了云内水分凝结(华)量,较大地提高增加降水的比率称之为动力催化。

　　2. 人工防雹原理

　　人工防雹途径有多种,从物理概念上可以概括为以下几种:

　　(1)增加能对云中过冷液水进行有利竞争的人工雹胚。通过人工方法将比自然雹胚多得多的人工冰核适时注入自然雹胚生成区,形成大量的人工雹胚,促使雹胚之间争夺过冷却水滴,减缓雹块生长速度,使之不能形成足够大的雹块并在下降过程中融化或软化。

　　(2)人工大量播撒成冰核直接进入雹胚形成区或雹块增长区,使云中过冷水滴直接冻结,不通过碰冻凇附,不形成霰,也不会形成冰雹,原有的雹胚和冰雹不能长大。

　　(3)通过人工播撒在云内引发动力干扰,包括发动下沉气流使雹云解体,或破坏雹块增长区的动态平衡流场,使没长大冰雹提前落地或激发多个小单体的云早期发展,使局地上升对流性不稳定能量提前逐步释放,减少对流云强度,减少雹灾损害。

　　（4）在雹胚形成区播撒巨质粒，形成较大云滴，通过有效的碰并增长随后产生冻结，充分减少液水含量，延迟冰雹自然生长，降低其轨迹。最有利的条件是使其在较低高度形成较大冻滴"屏"，以减少液水进入冰雹增长区。

1.5.2　效益分析

　　目前，学术界对人工影响天气的主要看法是：一是有坚实的科学基础做支撑；二是效果检验还有困难；三是坚持科学实验有重要意义；四是开展人工影响天气作业有明显效果。

　　美国、俄罗斯、以色列、乌克兰等国家在一些地区通过长期深入的科学试验研究，掌握了相应的人工增雨技术，多方面证实了空中云水资源开发的效果。1961—1967 年，1969—1975 年，以色列在其北部先后开展了两期飞机空中云水资源开发试验计划，分别得到了相对增雨 15％和 13％的结果，并于 1975 年开始了以增加水资源为目的的业务性空中云水资源开发作业计划，取得了良好的经济效益，投入产出比在 1∶10 左右，此项研究得到了世界气象组织的肯定。

　　我国在福建古田水库开展的为期 12 年（1975—1986 年）的对流云高炮人工降水随机试验表明，相对增雨 23.8％；河北省结合飞机增雨作业进行的研究分析表明可增雨 18％（1990—1995年）。内蒙古自治区 1974—1985 年春季飞机增雨作业，效果检验表明增雨 21％。青海省气象部门从 1997 年开始，在黄河上游河曲地区约 2.5×10^4 km² 的区域内实施空中云水资源开发作用，据专家测算，11 年间共增加当地降水 141.18×10^8 m³，增加黄河径流 29.27×10^8 m²。

　　始于 1978 年的新疆北疆沿天山一带飞机人工增雪作业，至今已持续了 30 年，经统计检验表明：1978—1998 年冬季降雪量相对增率为 20.5％，1984—1988 年在白杨河上游进行的人工增水作业，经检验使白杨河径流量相对增长 22.6％。

　　国内外多年的研究试验成果表明，利用现有的空中云水资源开发技术可以增加局部地区5％～25％的降水量。空中云水资源开发在一些国家已作为业务长期开展，目前全世界包括我国在内的 20 多个国家开展了这项工作。国内外 50 余年的空中云水资源开发实践表明，在云降水系统发展的合适阶段和合适的云体部位，通过向云中播撒适量的干冰或碘化银等催化剂，有利于过冷云滴转化为冰晶，增加降水量。空中云水资源开发是对云降水系统进行人为扰动，从而明显改变大气云降水过程的演变过程。室内实验和数值模拟表明确实可以通过改变云系微结构，影响降水过程，增加降水量，外场试验已证实空中云水资源开发的基本科学原理和现有作业技术方法，因此，许多国家已将空中云水资源开发作为调节管理区域水资源的一种重要手段。

　　前苏联、美国、加拿大以及欧洲的法国、德国、希腊、保加利亚、克罗地亚、匈牙利、马其顿等国，开展了许多冰雹云和人工防雹的试验计划和业务作业，均取得了明显的效果。我国有 25个省（区、市）多年来开展人工防雹作业，取得了显著的经济和社会效益，近年来每年减少雹灾损失约 60 余亿元，见表 1.2。

表 1.2　国内外人工增雨效果个例表

试验计划名称	时　间	地　点	增雨效果
以色列 I	1960—1967	以色列北部	15％
以色列 II	1967—1975	以色列北部	13％
圣巴巴腊	1967—1971	南加利福尼亚	50％
莫纳其吉沃尔夫	1964—1969	科罗拉多	30％

试验计划名称	时　间	地　点	试验效果
塔斯马尼亚	1964—1970	澳大利亚普拉特	20%
发斯 I	1971—1976	佛罗里达州南部	20%～25%
乌克兰计划	1959	乌克兰试验场	17%
叙利亚	1991—2001	叙利亚试验区	6.5%～16.5%
福建古田试验	1975—1984	福建古田水库	23.8%
新安江水库增水试验	1972—1973	新安江水库	14%
安徽白湖	1979—1980	安徽白湖	63%
湖南增雨试验	1979—1987	安化、新化	24%
内蒙古增雨试验	1974—1985	内蒙古	21%
河北增雨试验	1990—1995	河北	18%
河南增雨试验	1998—2003	河南	13%～22%
北京水库增雨	2003—2007	北京	13%
新疆冬季增雪	1978—1998	北疆沿天山	20.5%

1.6　发展目标和指导原则

1.6.1　目标

到 2015 年,完成"三网一中心两支撑"(空地人工影响天气作业网、综合气象监测网、信息传输通讯网;区地县指挥中心;科技研发支撑、装备保障支撑)工程建设。构建天山、阿勒泰山、昆仑山云水资源的监测网络,形成稳定、科学和可持久的人工增雨(雪)作业体系,实现使人工增雨(雪)作业覆盖面积由目前的 $34×10^4 km^2$ 增加到 $57×10^4 km^2$,提高三大山系空中云水资源综合开发能力,使作业区降水量增加 10%～15%,达到 $120×10^8$～$220×10^8 t$,防雹效益达到 80% 的发展目标。基本实现由人工影响天气大区向强区的跨越,为防灾减灾、增加水资源、改善生态环境、促进经济社会发展提供有力的科技保障服务和资源支持。

1.6.2　原则

牢牢把握人工影响天气的基础性、公益性特点,切实把人工影响天气作为防灾减灾的有利手段,作为农业公共服务体系建设的重要内容,作为保障水资源安全的有效途径。围绕需求、强化基础、统筹规划,依靠科技,规范管理,完善机制,提高效益,全面提升自治区人工影响天气科技水平和服务能力,为建设社会主义新农村、构建和谐社会以及促进人与自然的和谐发展做出积极贡献。

1.科学规划,统筹布局

发挥中央、自治区和地州级三个层面的积极性,科学规划,有机融合国家和地方建设任务。根据人工影响天气业务发展的需要,健全、完善区、地、县三级人工影响天气业务体系。加强山区人工增雨(雪)业务系统和科技支撑能力建设,促进人工影响天气事业的协调发展。

2.深化服务,趋利避害

紧密围绕自治区经济发展和社会进步的需求,以阿尔泰山、天山、昆仑山三大山系云水资源开发和提高防雹减灾效益为重点,实现从传统的以抗旱减灾为主的服务向防灾减灾、云水资源开发、生态建设和保护等综合服务转变。

3.依靠科技,提高效益

加强人工影响天气科技创新和现代化建设,业务建设和科学研究相结合,注重业务系统和科研能力建设,构建研究型业务新格局,实现从注重发展规模向注重提高科技水平和总体效益转变。

4.集约发展,资源共享

人工影响天气工程建设要紧密依托气象观测系统、预报预测系统、通信传输等基本业务系统,充分挖掘现有设备和设施的潜力,推动区域协作,防止重复建设,避免资源浪费。构建信息共享平台,实现资源共享。

5.规范管理,确保安全

遵循以人为本、安全第一的思想,贯彻落实《人工影响天气管理条例》规定,加强和完善安全作业制度建设,强化监督管理,实现从粗放型管理向依法规范的科学管理转变。

1.7　业务体系建设

为了提高人工影响天气科技水平和作业效果,必须坚持科学发展观,以科技为支撑,以人才为保证,尊重人工影响天气科学规律,按照系统设计的原则建立和完善人工影响天气监测、信息传输、作业指挥、科技支撑、催化作业、装备技术支持保障服务 6 部分组成的人工影响天气业务系统。

1.7.1　天气监测

依托气象综合监测系统,根据人工影响天气业务对空中云水资源各类信息的特殊需求,重点建设山区区域气象站,增加监测设备和监测内容,包括雷达、卫星、自动气象站、GPS/MET水汽站、双通道微波辐射计、闪电定位仪等观测设备;在作业飞机上装载云水观测设备;装备适用于火箭、高炮流动作业和应对突发事件作业指挥的小型天气数字雷达和车载地面观测系统,提高天气监测的机动性。逐步形成全疆空中云水资源监测网,建立人工影响天气信息共享数据库和专项分析处理系统,为云水资源开发和效果评估提供科学依据,如图 1.4 所示。

1.7.2　信息传输

依托气象业务通信和计算机网络系统,对阿尔泰山、天山、昆仑山区域气象宽带主干网扩充升级,建立省—地—县人工影响综合信息传输、分析处理、存储及查询系统,满足人工影响天气作业对监测信息和指挥信息的高效传输,逐步实现对重点作业区作业现场的可视化会商和实景监测。针对山区、边远和荒漠等通信盲区,补充使用北斗卫星短信系统、海事卫星通信等特殊通信手段进行系统建设。建立人工影响天气应急协调指挥和作业空域协调服务系统,如图 1.5 所示。

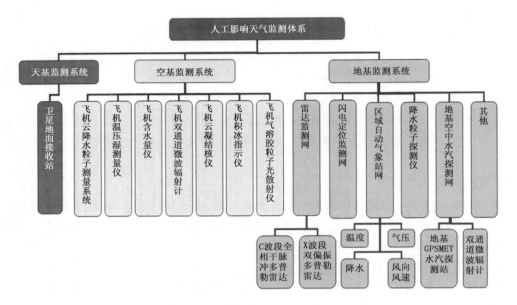

图 1.4　人工影响天气监测体系结构图

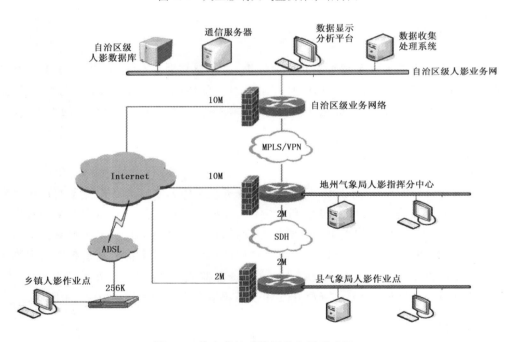

图 1.5　信息传输系统网络布局示意图*

1.7.3　作业指挥

作业指挥系统包括预报预警系统和支持系统。预报预警系统包括天气趋势预报、空中水汽条件分析预测、人工增水短时潜势预报、人工增水作业区判识监测预警、云水数值模拟分析

---

* 图中人影为人工影响天气简称,下同。

预报和人工增水催化分析。支持系统包括信息数据库和通信指挥系统,保证人工影响天气作业指挥信息的迅速下达到催化作业单位。如图 1.6 所示。

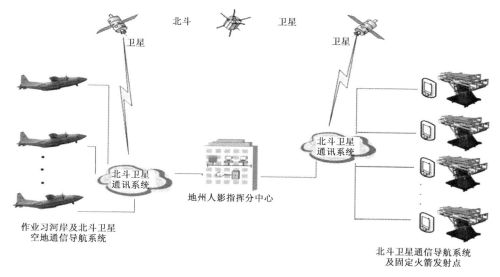

图 1.6　人工影响天气作业指挥北斗卫星通信系统功能示意图

1.7.4　催化作业

选择性能优良、性价比合理的飞机,装配高效、先进的播撒设备和探测设备,形成高效的飞机作业催化系统。统筹计划更新地面催化作业系统,科学合理布设或调整作业点;按照行业标准建设规范化作业点;逐步淘汰安全可靠性差、催化效率低的炮弹和火箭弹,使用更加安全可靠的炮弹和火箭弹。

1.7.5　科技支撑

以中国气象局乌鲁木齐沙漠研究所和新疆气象系统的科研、技术人才优势为依托,积极争取国家支持,引进国内外科研人才,以地面监测网、卫星遥感、飞机探测、人工增水作业等信息为基础,综合运用天气学、气候学、大气动力学、大气物理学等方法,研究新疆云物理、空中云水资源、水汽输送、降水效率等特征;揭示水分循环规律、转化机制、地形云降水物理结构,为人工增水作业提供理论和催化作业科技支撑。

建立和完善基于物理检验、统计检验、数值模拟技术相结合的效果评估技术方法及业务系统,组织开展飞机、高炮、火箭、地面烟炉作业效果评估检验。

1.7.6　装备技术支持保障

建立保证人工影响天气监测、信息传输、作业指挥、催化作业、科技支撑有效运行,由地基、飞机、遥感保障组成的立体装备技术支持保障服务体系,为人工影响天气工作顺利实施提供了安全可靠的技术保障和支撑。

1.8 重点作业区布局

1.8.1 布局依据

天山、昆仑山和阿尔泰山等山区降水是新疆水资源的主要"源头",降水多以高山积雪、冰川的形式储存,积雪,冰川融化形成内陆河径流,支撑绿洲经济社会可持续发展。由于新疆独特的地理气候环境,水资源状况是新疆经济发展和生态建设的重要基础资源。此外,新疆的发展事关国家安全、民族团结,同时新疆的重要石油化工和煤炭基地建设,也关系到我国的能源安全。

天山山区面积约为 $27×10^4 km^2$,占全疆总面积的 16.3%,而新疆经济发达地区也主要集中在中天山两侧。山区气候湿润,云水资源丰富,天山山区年降水量可达 300~800 mm,年降水日数为 100~140 d,有干旱区中的"湿岛"之誉。最新研究结果表明,天山山区面雨量年平均值为 $1100×10^8 t$,折算成年平均降水量 409 mm。天山北麓是新疆的主要经济发展区域,在全球气候变暖的背景下,水资源短缺和频发的气象灾害致使天山生态建设和生态环境保护问题更加尖锐。随着天山南北两麓的社会经济规模不断壮大,再加上维持和保护赖以生存的、脆弱的生态环境的需要,水资源供需矛盾将日益突出。同时沿天山的伊犁河谷、玛纳斯—奎屯河流域、博尔塔拉河流域、阿克苏河—渭干河流域等地属冰雹多发地区,伊犁昭苏县气象站观测表明该站多年平均冰雹日数可达 23 d。

阿尔泰山、准噶尔西部山区是阿勒泰地区、塔城地区主要河流的汇水区,较丰沛的自然降水形成该区域相对丰富的地表径流、地下水和高山冰川。阿尔泰山区平均年降水量在 300~800 mm,塔城山区降水量在 300~500 mm,其他平原地带降水量在 100~300 mm 之间。阿尔泰山、准噶尔西部山区河流年径流量 $164×10^8 m^3$,其中额尔齐斯河是中国唯一流入北冰洋的河流,在中国境内全长 600 km,流域面积 $10.7×10^4 km^2$,年径流量 $113.5×10^8 m^3$,流出国境水量 $95.3×10^8 m^3$。随着新疆人口、农业、工业和城市化规模的迅速发展,不但农业用水日益紧张,工业和城市生活用水也逐渐成为热点问题。"引额济克"、"引额济乌"水利工程的建成,使额尔齐斯河部分水量为克拉玛依和乌鲁木齐所用,部分解决了两地生产和生活用水需要。而随着新疆开发建设的快速发展,水资源匮乏成为制约瓶颈,特别是以乌鲁木齐为龙头的天山北坡经济带,灌溉用水不足,城市用水紧缺,地下水严重超采,水资源调配补给若得不到很好解决,将会制约经济社会的可持续发展。在进一步提高额尔齐斯河水资源利用率的同时,开发额尔齐斯河流域空中水资源,增加降水量,增多河水径流是一个关系新疆经济社会可持续发展的战略问题。因此,实施阿尔泰山区域人工增水项目,是新疆水资源战略调配的有效手段,更是新疆水资源有效利用的需要。同时塔城—额敏盆地属冰雹多发地区,长期以来,冰雹一直是该区域农业经济的主要灾害之一。

昆仑山区是南疆三地州主要河流的汇水区,南疆三地州是新疆的主要贫困地区,是沙漠化危害最严重的地区之一。气象卫星测得的多年云量分布和空中水汽研究表明,西北地区平均总云量、中云量、总光学厚度和总云水路径最大区域在天山、昆仑山和祁连山一带,平均总云量在 56%~60%,中云量约为 26%~40%,表明昆仑山区域有较丰富的云水资源。据最新的研究分析表明每年平均约有 $1169×10^8 t$ 空中水汽从青藏高原上空流入新疆,南疆三地州年平均降水量 50～150 mm,昆仑山区年平均降水量 200～500 mm。因此,昆仑山地区空中水汽特别是中高层的水汽资源也较丰富,具备形成降水的空中水汽条件。随着社会经济的不断发展,新疆沿昆仑山地区的缺水问题变得日益突出,沿昆仑山地区社会各方对缓解水资源的紧缺问题更加关注,迫切希望通过各种手段开发水资源。利用人工影响天气技术开发昆仑山山区空中云水资源不失为一种增加水资源的有效手段,以此来缓解新疆沿昆仑山地区水资源短缺问题。

1.8.2　重点作业区布局

重点作业区包括阿尔泰山、天山人工增雨(雪)应急工程作业区、天山人工影响天气重点作业区、阿尔泰山人工影响天气重点作业区、昆仑山人工增水重点作业区。

1. 阿尔泰山、天山人工增雨(雪)应急工程作业区

2008 年我区出现了 1974 年以来最为严重的持续干旱,给国民经济特别是农牧业生产造成重大损失。2009 年,自治区政府批准了《新疆人工增雨(雪)应急工程》,2009—2011 年总投入 5870 万元。以人工增雨(雪)作业催化和监测为重点,实施范围为阿尔泰山、准噶尔盆地西部山区(塔尔巴哈台山等山系)、天山区域及其周围的阿勒泰地区、塔城地区、博尔塔拉蒙古自治州、克拉玛依市、伊犁地区、石河子市、昌吉回族自治州、乌鲁木齐市、哈密地区、吐鲁番地区、巴音郭楞蒙古自治州西部、阿克苏地区,共 58 个县(市),重点区域是阿勒泰地区、塔城地区、伊犁河谷、哈密地区、巴音布鲁克山区。形成覆盖阿勒泰山、天山、昆仑山主要河流集水区和主要山区草场的人工增雨(雪)技术体系。

该工程依托气象基本业务,在现有人工影响天气装备的基础上,增加 5 部 X 波段数字化天气监测雷达,分别布设在阿勒泰、塔城、新源、哈密、巴音布鲁克;50 套自动气象站;增加 156 套火箭发射系统(车载 78 套、固定 78 套);布设 240 套地面碘化银燃烧发生器;冬季租用飞机 1～2 架,开展东起哈密西至博乐的飞机人工增雪作业。通过加强人工增雨(雪)作业天气监测、预测能力,扩大作业范围,加大作业强度,组织实施全年无间隙(只要出现可进行增水作业的天气均开展催化作业)人工增水作业,使作业覆盖区的降水量在现有基础上增加 10% 以上,年增加水资源 $50 \times 10^8 \sim 75 \times 10^8$ t,增加河水流量,使山区草场、林地、农田的旱情得到缓解,遏制生态环境的恶化,为促进阿尔泰山、天山区域农牧业经济发展服务。人工增雨(雪)应急工程飞机人工增雪作业区域及作业点布局分别如图 1.7、1.8 所示。

天山人工影响天气重点作业区包括飞机人工增水作业区、地面人工增水作业区和人工防雹作业区。

(1)飞机人工增水作业

为增加天山区域冬季降雪量,保护冬小麦安全越冬,给春季农牧业生产提供较充足的水资源,每年 11 月至第二年 1 月,租用 1～2 架飞行性能优越的飞机,开展冬季飞机人工增雪作业。飞行区域以东起哈密西到伊犁的北疆沿天山一带和阿克苏地区为重点,作业覆盖面积约 34×10^4 km^2。以库尔勒民用机场为主降机场,乌鲁木齐、克拉玛依、阿克苏为备降机场。天山区域飞机人工增雪作业范围如图 1.9 所示。

(2)地面人工增水作业区

根据天山区域的地理特征,将人工增水作业划分为天山西部、天山中部、天山东部、天山南坡 4 个作业区域,组织实施全年无间隙人工增水作业。

①天山西部作业区

作业区域为伊犁哈萨克自治州直辖尼勒克县、新源县、巩留县、特克斯县、昭苏县,博尔塔拉蒙古自治州二县一市。目标为伊犁河、巩乃斯河、特克斯河、喀什河、博尔塔拉河等河流域的河流集水区及农田、草场、林区。

②天山中部作业区

作业区域为乌鲁木齐市、昌吉市、玛纳斯县、呼图壁县、沙湾县、乌苏市、石河子市。目标为乌鲁木齐河、头屯河、呼图壁河、玛纳斯河、清水河、金沟河、安集海河、奎屯河等河流域的河流集水区及农田、草场、林区。

③天山东部作业区

作业区域为哈密地区所辖二县一市、吐鲁番地区、昌吉回族自治州东部的木垒县、奇台县、吉木萨尔县。目标为伊吾河、石城子河、木垒河、水磨河、白杨河、柯柯亚河、黑河、大河沿河等河流域的河流集水区及农田、草场、林区。

④天山南坡作业区

作业区域为巴音郭楞蒙古自治州所辖的库车勒市、和静县、和硕县、轮台县、焉耆县、尉犁县;阿克苏地区的库车县、拜城县、温宿县、乌什县、坷坪县。目标为开都河、克孜勒河、喀拉苏河、木扎尔特河、台兰河、库玛拉河等河流域的河流集水区及农田、草场、林区。

(3)人工防雹作业区

根据天山区域地理地形特征和冰雹灾害的分布规律以及人工防雹工作现状,将人工防雹作业划分为昭苏和特克斯盆地以及伊犁河谷、准噶尔盆地南缘、博尔塔拉河流域、孔雀河和迪那河流域、阿克苏河和渭干河流域 5 个人工防雹作业区。

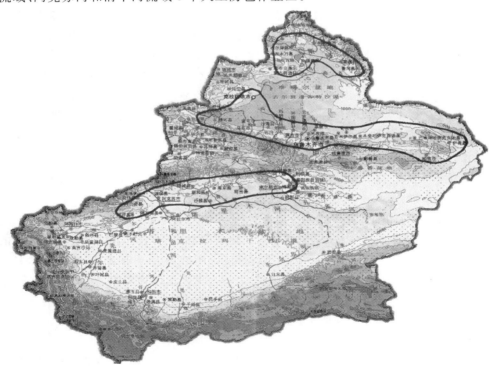

图 1.7　新疆人工增雨(雪)应急工程飞机增雪作业区域图

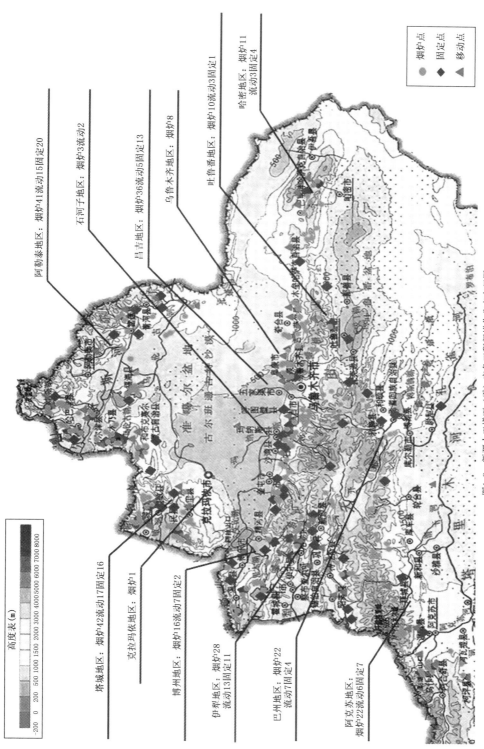

图1.8 新疆人工增雨（雪）应急工程新增作业点布局图

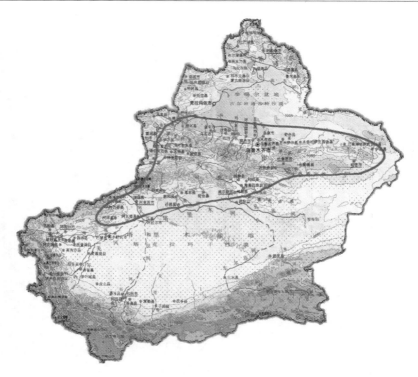

图 1.9　天山区域飞机人工增雪作业范围图

①昭苏、特克斯盆地以及伊犁河谷人工防雹作业区

作业区域为昭苏县、特克斯县、霍城县、伊宁市。四县（市）位于向西开口的山间盆地和河谷地带，水汽充足，在地形辐合、抬升作用下易形成冰雹天气。昭苏盆地是我国冰雹天气最多的地区之一。

②准噶尔盆地南缘人工防雹作业区

作业区域为乌苏市、沙湾县、石河子市、玛纳斯县，是天山北坡主要经济带。该区域位于中天山北麓，地势南高北低，冷空气在地形的聚积和抬升作用下，极易形成冰雹天气，冰雹灾害给农业经济特别是棉花生产带来危害，最严重的年份可造成数亿元的经济损失。

③博尔塔拉河流域人工防雹作业区

作业区域为温泉县、博乐市和精河县。该区域处于自西向东扩展的喇叭形河谷地带和山脉背风坡，有利于东南气流的汇集抬升形成冰雹云。几乎每年都出现冰雹灾害，造成近万亩棉花重播甚至绝收现象发生。

④孔雀河、迪那河流域人工防雹作业区

作业区域为库尔勒市、尉犁县、轮台县，是我区重点产棉区和库尔勒香梨产区。该区域位于天山南麓，塔里木盆地北缘，冰雹天气主要是低值天气系统翻越山区移速加快、动能增加而形成。冰雹严重影响着棉花、香梨、瓜果生产，是该区域主要灾害之一。

⑤阿克苏河、渭干河流域人工防雹作业区

作业区域为拜城、库车、新和、沙雅、阿瓦提、温宿、柯坪、乌什县和阿克苏市，是我区重点产棉区。该区域位于西南天山南麓，塔里木盆地北缘，地形西北高东南低，河流水体较多，为冰雹天气提供了较充足的水汽条件，对流云在西北部山区形成后，在向东南移动过程中得到加强形成冰雹云。冰雹严重影响当地的棉花、瓜果生产和经济的繁荣。阿克苏河、渭干河流域人工防雹作业区作业装备配置见表1.3。

表 1.3 天山人工影响天气重点作业区作业装备配置表

地区	序号	县、市	固定火箭	移动火箭	烟炉	合计
塔城地区	1	沙湾县	10	2	6	18
	2	乌苏县	10	2	6	18
		小　计	20	4	12	36
博州	3	博乐市	7	2	8	17
	4	精河县	7	2	8	17
	5	温泉县	7	2	8	17
		小　计	21	6	24	51
伊犁地区	6	新源县	10	3	12	25
	7	察布查尔县	8	2	8	18
	8	霍城县	8	2	9	19
	9	特克斯县	8	3	10	21
	10	尼勒克县	8	2	9	19
	11	昭苏县	8	2	10	20
	12	伊宁县	8	1	8	17
	13	巩留县	8	2	9	19
		小　计	66	17	75	158
石河子市	15		8	2	4	14
昌吉州	16	昌吉市	7	2	5	14
	17	玛纳斯县	10	2	5	17
	18	米泉市	8	2	5	15
	19	呼图壁县	8	2	5	15
	20	阜康市	7	2	5	14
	21	吉木萨尔县	8	2	5	15
	22	奇台县	8	2	5	15
	23	木垒县	8	2	5	15
		小　计	64	16	40	120
乌鲁木齐市	24		10	2	8	20
吐鲁番	25	吐鲁番市	7	1	4	12
	26	鄯善县	7	2	4	13
	27	托克逊县	7	2	4	13
		小　计	21	5	12	38
哈密地区	28	哈密市	7	2	5	14
	29	巴里坤县	9	2	6	17
	30	伊吾县	9	2	5	16
		小　计	25	6	16	47
巴州	31	库尔勒市	9	2	9	20
	32	轮台县	7	2	9	18
	33	和静县	10	5	21	36
	34	和硕县	10	2	10	22
	35	博湖县	5	1	5	11
	36	焉耆县	7	2	6	15
	37	尉犁县	7	2	9	18
		小　计	55	16	69	140

地区	序号	县、市	固定火箭	移动火箭	烟炉	合计
阿克苏地区	38	阿克苏市	8	1	6	15
	39	温宿县	8	2	6	16
	40	库车县	10	2	6	18
	41	沙雅县	8	2	6	16
	42	新和县	10	2	6	16
	43	拜城县	10	2	6	18
	44	乌什县	10	2	6	18
	45	阿瓦提县	8	2	6	16
	46	坷坪县	8	2	6	16
		小　计	80	17	54	151
合　计			352	87	302	741

3.阿尔泰山人工影响天气重点作业区

阿尔泰山人工影响天气重点作业区包括飞机人工增水作业区、地面人工增水作业区、人工防雹作业区。

（1）飞机人工增水作业区

为增加阿尔泰山区域冬季积雪覆盖面积和积雪深度,给春季农牧业生产提供较充足的水资源,每年11月至第二年2月,租用1架飞行性能优越的飞机,开展冬季飞机人工增雪作业。作业范围包括阿尔泰山浅山和中山地带以及额尔齐斯河流域的农田、塔额盆地及其周边山区、克拉玛依西部山区,作业覆盖面积约 $16 \times 10^4 km^2$,以克拉玛依民用机场为主降机场,塔城、乌鲁木齐为备降机场。阿尔泰山区域飞机人工增雪作业范围如图1.10所示。

图1.10　阿尔泰山区域飞机人工增雪作业范围图

（2）地面人工增水作业区

根据阿尔泰山区域的地理特征,将地面催化作业划分为阿尔泰山、塔额盆地、克拉玛依西部山区3个作业区,组织实施全年无间隙人工增水作业。

①阿尔泰山作业区

作业区域为阿泰勒地区所辖阿勒泰市、布尔津县、富蕴县、福海县、哈巴河县、青河县、吉木乃县。目标为额尔齐斯河、乌伦古河等河流域的集水区、草场、农田、林区。在现有 10 套火箭发射系统基础上,新增固定火箭发射系统 65 套、移动火箭发射系统 15 套、地面碘化银烟炉80 套。

②塔额盆地作业区

作业区域为塔城地区所辖塔城市、额敏县、托里县、裕民县、和布克赛尔蒙古自治县。目标为额敏河、乌尔雪勒特河、乌拉斯台河、喀浪古尔河、阿不都拉河、和布克河等河流域的集水区、草场、农田。在现有 32 套火箭发射系统基础上,新增固定火箭发射系统 51 套,移动火箭发射系统 13 套、地面碘化银烟炉 70 套。

③克拉玛依西部山区作业区

作业区域为克拉玛依西部山区。目标为那木郭勒河、达尔布特河、柳树沟河等河流域的集水区、草场、农田。在现有 7 套火箭发射系统基础上,新增 4 套固定火箭发射系统、2 套移动火箭发射系统。

(3)人工防雹作业区

作业区域包括塔城市、额敏县、裕民县。盆地三面环山,向西开口,地形由东北向西南倾斜,是我区西北路径天气系统的必经之地。由于盆地对气流的聚合和抬升作用,有利于冰雹云的形成和发展,是北疆地区冰雹多发区,给区域农业生产造成严重的损失。阿勒泰地区、塔额盆地、克拉玛依作业装备配置见表 1.4。

表 1.4　人工影响天气重点作业区作业装备配置表

地区	序号	县、市	固定火箭	移动火箭	烟炉	合计
	1	吉木乃县	10	2	15	27
	2	哈巴河县	11	2	13	26
	3	布尔津县	11	3	15	29
阿勒泰地区	4	福海县	11	2		13
	5	富蕴县	11	3	20	34
	6	青河县	11	3	17	31
		小　计	65	15	80	160
	7	塔城市	9	3	2	14
	8	和布克赛尔县	11	2	14	27
塔额盆地 塔城地区	9	额敏县	10	3	18	31
	10	裕民县	10	3	18	31
	11	托里县	11	2	18	31
		小　计	51	13	70	134
克拉玛依市	12		4	2		6
合　计		12 县	120	30	150	300

4.昆仑山人工增水重点作业区

昆仑山人工增水重点作业区包括飞机人工增水作业区和地面人工增水作业区。

(1)飞机人工增水作业区

为昆仑山区的冰川和积雪增加水源,同时也为春季农牧业生产提供较充足的水资源,每年11 月至第二年 2 月,租用 1 架飞行性能优越的飞机,在昆仑山山区和山前平原区域开展飞机人工增雪作业。作业范围东起若羌县西到乌恰、阿合奇县的山区和山前平原区域,作业覆盖面积约 $17 \times 10^4 \mathrm{km}^2$,以和田机场为主降机场,喀什和库尔勒机场为备降机场。作业区域如图1.11所示。

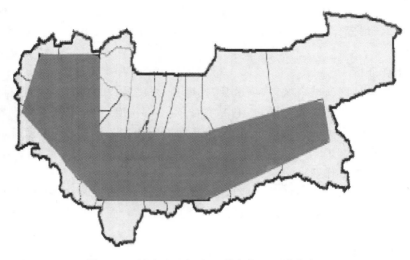

图1.11　昆仑山飞机人工增水作业区域分布图

（2）地面人工增水作业区

根据昆仑山区域的地理特点，着重考虑河流的分布状况，将昆仑山区域地面催化作业划分为喀什噶尔河流域、叶尔羌河流域、和田河流域、车尔臣河流域4个作业区，组织实施全年无间隙人工增水作业。

①喀什噶尔河流域作业区

喀什噶尔河流域位于塔里木盆地西部。其西部与吉尔吉斯斯坦和塔吉克斯坦相毗邻，北界托什干河上游，东南与叶尔羌河支流为界，流域总面积 $6.54 \times 10^4 \, \text{km}^2$。该流域包括喀什地区喀什市、疏附、疏勒、岳普湖、英吉沙县和克孜勒苏柯尔克孜自治州的乌恰和阿克陶县。

喀什噶尔河流域内包括布谷孜河、恰克马克河、克孜河、盖孜河、库山河、艾格孜牙河等6条较大河流，年径流量 $42.67 \times 10^8 \, \text{m}^3$，集水面积 $3.45 \times 10^4 \, \text{km}^2$。年降水量随高度增高而增大，平原区年降水量不足 100 mm，海拔 2000 m 以上年降水量在 150～300 mm，河流上源山势较低处降水最多，年降水量可达 500 mm 左右。人工增水作业可以增加河流集水区的降水量，增加河水径流，增加山区草场植被覆盖率，提高草场生产力。

②叶尔羌河流域作业区

叶尔羌河是塔里木河流域主要河流之一，中国境内流域面积约 $9.4 \times 10^4 \, \text{km}^2$。流域范围包括喀什地区的塔什库尔干、叶城、泽普、莎车、麦盖提、巴楚、岳普湖县，另外还有克孜勒苏柯尔克孜自治州的阿克陶县。该流域是南疆重要的粮棉基地之一。

叶尔羌河年径流量为 $73.9 \times 10^8 \, \text{m}^3$，流域内发育着储水量十分丰沛的冰川和永久积雪。平原区年降水量不足 100 mm，山区降水相对较多，海拔 5000 m 以上山区，年降水量可达 500 mm 左右。人工增水作业可以为冰川、积雪补充水源，增加河流集水区的降水量，增加河水径流，改善山区植被，提高草场生产力，同时为改善塔里木河流域的生态环境发挥积极作用。

③和田河流域作业区

和田河是昆仑山北坡的一条大河，它由南到北穿越塔克拉玛干大沙漠汇入塔里木河，流域面积约 $6.5 \times 10^4 \, \text{m}^2$。该流域范围包括和田地区的皮山、墨玉、和田、洛浦、策勒县及和田市。为便于人工增水作业的组织指挥，将于田县和民丰县也划入和田河流域作业区。

　　和田河(含于田县克里雅河)年径流量约 $55 \times 10^8 \text{m}^3$，集水面积约 $3 \times 10^4 \text{km}^2$。平原区域年降水量不足 100 mm，海拔高度 2000 m 以上，年降水量在 150 mm 以上。该区域夏季(7—8月)在 $500 \sim 400$ hPa 出现第二层强的水汽输送带，这说明在此季节来源于副热带急流的偏西和偏西南气流携带的阿拉伯海和印度洋的水汽，越过高原而进入该区域，与之相对应，在同一高度出现第二大降水带，为人工增水作业带来有利条件。通过山区人工增水作业，增加河流集水区降水量，增加河水流量，改善山区植被，提高山区草场生产力。

　　④车尔臣河流域作业区

　　车尔臣河流域巴音郭楞蒙古自治州东部的主要河流之一，在丰水年，河水可进入塔里木河，流域面积约 $2.7 \times 10^4 \text{km}^2$。该流域范围有且末和若羌县。

　　车尔臣河年径流量约 $7.8 \times 10^8 \text{m}^3$。该区域山区降水多于平原，具备人工增水作业条件。通过山区人工增水作业，可增加降水量，增加河水径流，改善生态环境。喀什地区、和田地区、克孜勒苏柯尔克孜自治州、巴音郭楞蒙古自治州作业装备配置见表1.5。

表 1.5　昆仑山人工增水重点作业区作业装备配置表

地区	序号	县、市	固定火箭	移动火箭	烟炉	合计
	1	喀什市	2	2	2	6
	2	叶城县	8	3	12	23
	3	塔什库尔干	5	2	12	19
	4	英吉沙县	3	2	7	12
	5	泽普县	3	2	4	9
	6	莎车县	8	2	12	22
喀什地区	7	岳普湖县	3	2	2	7
	8	伽师县	2	2	2	6
	9	疏附县	3	1	10	14
	10	疏勒县	2	1	2	5
	11	麦盖提县	4	1	2	7
	12	巴楚县	4	2	10	16
		小　计	47	22	77	146
地区	序号	县、市	固定火箭	移动火箭	烟炉	合计
	1	和田县	4	2	12	18
	2	民丰县	6	3	10	19
	3	于田县	8	3	10	21
和田地区	4	策勒县	6	2	10	18
	5	洛浦县	6	2	8	16
	6	墨玉县	4	2	8	14
	7	皮山县	8	3	10	21
		小　计	42	17	68	127
	1	阿图什县	4	1	9	14
克孜勒苏柯尔	2	阿克陶县	5	2	10	17
克孜自治州	3	乌恰县	6	2	12	20
	4	阿合奇县	6	2	12	20
		小　计	21	7	43	71
巴音郭楞	38	若羌县	7	3	10	20
蒙古自治州	39	且末县	7	3	10	20
		小　计	14	6	20	40
合　计			124	52	208	384

1.9　发展展望

今后十几年是我国全面建设小康社会的关键时期,新疆社会经济的快速发展,需要更多的水资源保证。应对气候变化,防灾减灾对人工影响天气工作提出了更加迫切的需求,新疆人工影响天气工作面临着广阔的发展前景。随着国家综合国力的不断增强和自治区经济实力的不断提高,国家和自治区对新疆人工影响天气工作的投入将逐步增多,人工影响天气能力将显著增强,新疆人工影响天气工作有望实现跨越式发展。

1.9.1　业务技术体系全面建成

天气监测是人工影响天气工作的基础。覆盖全疆(尤其是山区)自动气象站监测网、雷达监测网和空中水汽监测系统以及飞机综合探测平台的建成,将实现对云和降水的全方位跟踪监测,为人工增水、防雹作业方案设计、作业指挥和实施以及效果评估提供科学依据。

信息传输是人工影响天气工作的纽带。在充分利用公共通信网络的基础上,气象宽带网的升级和人工影响天气作业、指挥卫星系统的建设,将实现信息的高效传输和作业指令的有效发布,实现人工影响天气信息的多层次、多区域资源共享,实现各作业区可视天气会商和重点作业区现场实景监测。

作业指挥是人工影响天气工作的中枢。通过开发建设具有作业天气和云水分布的预测、预报和决策指挥能力的综合指挥系统,将实现人工影响天气信息综合分析、作业设计、作业预警、作业指挥和决策服务等功能。

催化作业是人工影响天气工作的核心。通过使用高性能的飞机(租用或购买)开展飞机人工增水作业和火箭、高炮 、远程控制地面碘化银播撒等作业装置,将建成覆盖山区主要河流流域和大型水库集水区的人工增水催化作业体系和无间隙的人工防雹催化作业体系,人工增水作业将走上规模化、经常化轨道;人工防雹工作将实现大灾变小灾,小灾变无灾的目标。

科技支撑是人工影响天气工作的动力。以地面监测网、气象卫星遥感资料和飞机探测资料为基础,综合天气学、气候学、大气动力学、大气物理学等方法,对山区云物理、云水资源、水汽输送和降水效率等特征的深入研究,对山区水分循环变化规律、转化机制、地形云降水物理结构以及冰雹强对流天气演变规律的进一步掌握,将为人工增水和人工防雹提供强有力的理论和科学支撑。利用对比区试验、统计检验、物理检验和数值模拟检验等综合方法,对人工影响天气作业效果的评估和检验将更加具有科学性和说服力。

装备技术支持是人工影响天气工作的保障。装备技术支持服务系统的建成,将使人工影响天气工作科技水平得到明显提高,作业安全得到保证,各项工作顺利开展。

1.9.2　科技水平全面提高

云和降水是大气活动的中心舞台。对云和降水的研究是大气科学家的重要任务。加强对云和降水过程基本特征基础性研究,是提高人工影响天气科学水平和效益的重要途径。随着社会的进步和科技的快速发展,人们对自然的认识能力在不断提高,多参数雷达等探测技术和资料反演同化技术的发展,具有较好的云和降水微物理描述的完整的三维云和中尺度模式的建立和完善,提高了对云和降水的自然变化和催化影响多尺度效应的深入认识。高效催化剂的研制成功和投入作业使用,提高了成核率和冰晶活性以及冰晶形成速率。先进的人工影响天气催化剂运载工具的使用,提高了作业的机动性和效益。其中,利用飞机播撒是最佳选择,飞机机动性强,配备机载碘化银发生器或机载焰弹,可直接将催化剂播入云中预定部位,作业范围广泛;利用火箭发射碘化银溶液,其冰核输送强度高,播撒集中,基本能控制目标,特别适合山区人工增雨作业和人工防雹作业;地面碘化银丙酮溶液燃烧发生器,经济、方便,不受空域限制,适合于山区地形云人工增雨作业。

对大气科学认识的深入,尤其是对云和降水微物理深入的了解,人工影响天气作业技术的进步,为提高人工影响天气科技水平奠定了基础。新疆在这方面有一定的工作基础和经验,未来的十年,将是新疆人工影响天气科技水平全面提高的时期。

1.9.3　社会、经济、生态效益更加明显

随着《新疆人工增雨(雪)应急工程》、《新疆维吾尔自治区空中云水资源综合开发"十二五"建设规划(2011—2015 年)》、《新疆空中云水资源综合开发工程项目建议书》和《新疆空中云水资源开发飞机作业能力建设工程项目》的实施,新疆人工影响天气工作将走上科学化、规模化轨道,综合实力将得到全面提高。为人工影响天气服务的气象综合监测站网将实现跨越式发展,人工影响天气指挥系统将进一步完善,催化作业科技水平将进一步提高,飞机人工增水作业系统完全建立,科技支撑保障能力进一步加强,综合效果评估检验系统将投入业务运行。通过组织实施大规模的人工增水作业,最终实现全疆年增加 $120 \times 10^8 \sim 220 \times 10^8$ t 降水的潜力目标。人工影响天气的社会、经济、生态效益将更加明显,在社会经济可持续发展中的作用将更加重要,对建设人与自然和谐共存的美好环境将产生积极而深远的影响。

影响和调控天气是人类社会长期追求的理想之一,更是人工影响天气工作者为之奋斗的目标。进入新世纪的新疆人工影响天气事业面临机遇和挑战,只要我们坚定信心,不懈努力和拼搏,必将迎来新疆人工影响天气事业更加光辉的前程。

第 2 章 组织管理体系建设

随着新疆人工影响天气事业的快速发展,人工影响天气的组织管理体系也在不断的改革、发展与完善。新疆人工影响天气工作得到了自治区党委、政府和中国气象局以及各级政府的高度重视和支持,经过多次机构改革形成了适应新疆人工影响天气工作发展的管理机构和管理机制,在推进新疆人工影响天气事业持续、健康、快速发展中发挥了重要作用。

2.1 新疆人工影响天气工作的管理体制

依据《气象法》和《人工影响天气管理条例》的有关规定,新疆人工影响天气管理工作实行自治区、地(州、市)、县(市)三级管理,四级作业。目前,已形成自治区政府组织领导、气象部门管理和实施人工影响天气工作管理体系。管理机构如图 2.1 所示。

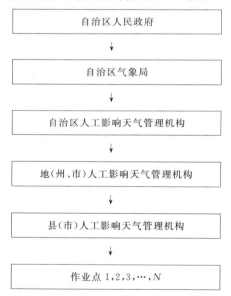

图 2.1　新疆人工影响天气省、地、县三级人工影响天气机构框图

新疆人工影响天气办公室,贯彻执行国家、自治区政府和上级主管部门的法律、法规等;负责组织、管理、指导全疆人工影响天气工作。

各地(州、市)人工影响天气办公室设在当地气象局,负责贯彻执行上级主管部门和当地政府的有关规定,组织、管理当地的人工影响天气工作。

县(市)人工影响天气办公室(雷达站)设在当地气象局或农业局,负责贯彻执行上级主管部门和当地政府的有关规定,组织、管理当地的人工影响天气工作。负责实施作业点作业和基础设施建设。

作业点由所属县(市)人工影响天气办公室管理,具体实施人工影响天气作业。

2.1.1 有组织、有计划地开展人工影响天气工作

新疆的人工影响工作起步较早,人工防雹、增雨(雪)作业持续时间长,为新疆人工影响天气工作的发展奠定了基础。1960 年,自治区人民委员会为了更好地领导和开展人工控制局部天气工作,成立了自治区人工控制天气委员会,委员会下设办公室,在气象局办公。人工影响天气工作由设在气象局科研所的人工控制天气研究室承担。1978 年,成立了新疆自治区人工影响局部天气领导小组,领导小组办公室设在自治区气象局,办理日常业务。1978 年以来,当时新疆有 13 个地(州、市)60 多个县、团场开展了人工降雨、降雪及防霜工作。为了进一步做好人工影响局部天气工作的科学研究和作业试验,建立了专群结合的科技队伍,办了 3 个土火箭工厂研制土火箭、防霜弹,租用一架飞机开展飞机人工增雨(雪)试验。1983 年 5 月,自治区政府根据机构改革要力求减少工作环节和合理调整工作关系的精神,决定撤销自治区人工影响局部天气领导小组及其办公室,成立了自治区人工影响天气办公室,明确了人员编制和经费,提出了发展方向和目标。各地(州、市)相继成立了管理机构,组建了专业队伍,使人工影响天气工作有组织、有计划地开展起来。2004 年 4 月 21 日,自治区政府召开第 25 次办公会,听取了自治区气象局关于第二次全国人工影响天气工作会议精神及我区贯彻意见的汇报。会议决定:恢复成立自治区人工影响天气领导小组,负责对新疆人工影响天气工作的组织协调和领导。领导小组下设办公室,办公室设在自治区气象局与自治区人工影响天气办公室合署办公。形成了政府主导、气象主管机构管理、相关部门配合的管理体系和工作机制。

2.1.2 法规、规章、制度建全

1978 年,自治区党委批准了自治区气象局临时党委《关于进一步加强我区人工防雹、降水、防霜工作的报告》对我区人工影响局部天气工作作业装备的购置、生产做了规定。

1979 年,自治区农牧业委员会《转发自治区气象局"关于我区人工影响局部天气工作开展概况和今后工作的意见"的通知》对提高我区人工影响局部天气的科技水平和发展方向提出了来要求。

1983 年,自治区政府办公厅转发《自治区人工影响天气工作会议纪要》的通知,对我区人工影响天气工作在研究试验阶段的发展方向、炮手配备、炮弹供应、高炮修理做了具体确定。

1989 年,国家气象局下发了《人工影响天气工作管理办法(试行)》的通知(国气科发〔1989〕64 号),对加强新疆人工影响天气工作的管理,使其健康稳步的发展,不断提高科学技术水平发挥了重大作用。

1994 年,自治区政府、新疆军区联合发出《关于加强人工影响天气作业空域管理工作的通知》对我区作业点的审批、作业空域申请、作业空域批复、作业实施、通讯联络保障体系和责任追究做了明确规定,最大限度地保证了人工影响天气作业有效进行。

1995 年 1 月,自治区政府办公厅下发了《关于认真贯彻〈中华人民共和国气象条例〉的通知》,对我区人工影响天气的科学研究和作业技术的发展提出了明确要求。

1995 年 6 月 16 日,全国第一部综合性地方法规《新疆维吾尔自治区气象条例》颁布实施。

1996 年 5 月,自治区气象局和自治区公安厅联合行文,下发了《关于加强人雨弹等人工影

响天气作业装备器材安全管理的规定》的通知,规范了我区人工影响天气作业装备的订购、调运、供应、调配、存贮、运输的行为,强化了人工影响天气作业装备的安全管理。

1998年7月13日,自治区政府颁布了《新疆维吾尔自治区人工影响天气管理办法》,规范了新疆人工影响天气工作的社会行为。

1999年,在自治区政府做出的《关于加快发展气象事业的决定》中,对发展人工影响天气工作提出了新的要求。要求积极开发空中水汽资源,要在一些天然调节湖泊和大型水库流域,组织实施非应急性人工增水生态环境建设工程;进一步加强跨地区、跨部门的联合防雹体系建设;重视人工影响天气应用科学研究,有计划地推广新型增雨防雹作业工具;实行人工影响天气信息上报、作业设施和作业装备定期审验标定、作业指挥和操作人员持证上岗、作业单位许可证制度。

1999年10月31日《中华人民共和国气象法》颁布,从国家法律的层面规范了人工影响天气工作的社会行为。

2002年3月19日,国务院颁布实施《人工影响天气管理条例》,对人工影响天气的管理制定了具体规定。

2003年2月13日,中国气象局下发了《人工影响天气安全管理规定》,对人工影响天气安全管理工作制定了具体规定。

2004年9月,自治区政府下发了《关于加快发展人工影响天气事业的意见》。

2008年4月10日,自治区政府根据发展的形势和我区人工影响天气工作的现状修正了《新疆维吾尔自治区人工影响天气管理办法》(2008年修正本)。

2.2　组织管理

2.2.1　领导管理机构的历史沿革

1960年8月,新疆维吾尔自治区人民委员会通过《关于成立人工控制天气委员会开展人工控制天气工作的通知》(会厅农字第425号),决定成立人工控制天气委员会,由司马依·牙生诺夫同志任主任,涂治、常明、买买提明、苏占澍同志任副主任。委员会下设办公室,在气象局办公,办公室主任由苏占澍同志兼任,副主任由倪超成、陈汉耀同志兼任,编制15人,列入事业编制。

1978年1月,中共新疆维吾尔自治区委员会批准自治区气象局临时党委《关于进一步加强我区人工防雹、降水、防霜工作的报告》(新党发〔1978〕9号),决定成立自治区人工影响局部天气领导小组,由祁果任组长,铁木尔·达瓦买提、刘保武任副组长。新疆军区司令部、自治区计委、建委、科委、农林局、畜牧局、水电局、农垦总局、气象局、军工局、轻工局、物资局、民航局、邮电局各指定一位负责同志为组员。领导小组办公室由刘保武同志任主任,工作人员5人(在气象局现有人员中调剂解决)办理日常业务,办公室设在自治区气象局。有关人工影响局部天气工作经费,由领导小组统一编制预算和计划,报自治区革委会专题解决。

1978年自治区气象局设立自治区人工影响局部天气领导小组办公室,先后由气象局副局长刘保武、殷虎年、穆廉兼任办公室主任,1980年4月文鸿敏任副主任。

1983年5月,新疆维吾尔自治区政府办公厅转发《自治区人工影响天气工作会议纪要》的通知(新政办〔1983〕75 号),根据机构改革的精神,确定撤销自治区人工影响局部天气领导小组及其办公室,成立自治区人工影响天气办公室属事业单位。施文全同志任副主任,徐文光同志任支部书记。编制 15 人,仍设在自治区气象局内,由自治区财政厅每年拨给人工影响天气补助经费 200 万元。

1988 年 4 月,自治区政府《批复通知》(新政办通〔1988〕6 号)同意扩大人工影响天气办公室的职能,扩大职能后的人工影响天气办公室,在气象局内部称"专业气象处",实行一套班子,两块牌子(根据通知精神,人工影响天气办公室的管理部分与科研、业务技术部门分开,部分人员专门从事管理工作,其余人员回科研所从事与人工影响天气有关的科研、试验作业,所需经费由人工影响天气办公室核拨)。人工影响天气办公室仍是自治区政府办公厅设在自治区气象局内的处级事业单位,委托气象局代管,由张家宝兼任主任,施文全、于锡基任副主任。维持原编制 15 名,由于管理职能的扩大,工作人员不够,由气象局内部调剂解决。

1990 年 2 月,自治区政府《关于调整人工影响天气办公室职能和领导人员的批复》(新政函〔1990〕26 号)确定,人工影响天气办公室专业气象服务管理业务和人员调整回归气象局,人工影响天气部分保留现在体制,人工影响天气办公室为自治区政府设在自治区气象局内的处级事业单位,委托气象局代管。吾甫尔·司马义副局长兼任人工影响天气办公室主任,施文全继续担任人工影响天气办公室副主任,自治区人工影响天气的经费使用,由人工影响天气办公室统一计划安排,专款专用,日常财务管理工作由气象局负责,自治区财政厅负责检查监督。

1991 年 1 月,气象局党组对人工影响天气办公室领导班子做了调整,由吾甫尔·司马义副局长兼任人工影响天气办公室主任,谢定任常务副主任,施文全、买买提·阿尤甫任副主任。

1992 年 6 月,新疆维吾尔自治区政府办公厅《关于进一步加强自治区人工影响天气办公室的通知》(新政办函〔1992〕82 号)规定,自治区人工影响天气办公室为自治区政府设在自治区气象局内的处级事业单位,委托气象局代管。原气象局科研所人工影响天气研究室划归人工影响天气办公室领导,其人员、编制、人员经费以及党团关系均纳入人工影响天气办公室。吾甫尔·司马义兼任人工影响天气办公室主任,季红岩任常务副主任,买买提·阿尤甫、高子毅任副主任。

1996 年 11 月,经气象局党组研究,并征得自治区农办同意,报自治区政府分管领导批准,任命了人工影响天气办公室新一届领导班子。人工影响天气办主任由气象局副局长帕尔哈特·吾斯满兼任,冯振武任常务副主任,买买提·阿尤甫、刘国进、张建新任副主任。

2001 年 4 月,人工影响天气办公室自治区全额拨款事业编制 15 人,依照《国家公务员暂行条例》过渡为公务员,人工影响天气办公室主任由气象局副局长帕尔哈特.吾斯满兼任,冯振武任常务副主任,买买提·阿尤甫、刘国进、张建新任副主任。

2002 年 3 月,张建新辞去副主任职务,补任瓦黑提·阿扎买提副主任职务。

2004 年 5 月,人工影响天气办公室领导班子换届,人工影响天气办公室主任由气象局副局长李良序兼任,王金民任常务副主任,刘国进、瓦黑提·阿扎买提任副主任。

2004 年 7 月 1 日,自治区政府《关于成立自治区人工影响天气领导小组的通知》(新政办〔2004〕116 号)决定恢复成立自治区人工影响天气工作领导小组。由自治区副主席熊辉银任组长,政府副秘书长王绍宁、气象局局长史玉光任副组长,成员由自治区计委副主任李成、自治区财政厅副厅长谢亚涛、自治区农业厅副厅长李洪运、自治区水利厅副厅长托乎提.艾合买提、自治区畜牧厅巡视员阿不拉.吐热甫、自治区林业局副局长穆汉、自治区科技厅副厅长高峰、民航新疆管理局副局长刘吉文、自治区气象局副局长李良序、自治区环保厅副厅长王联社、兵团农业局副局长田笑明、新疆军区司令部作战处处长谢新松、空军乌鲁木齐指挥所副司令员申龙洙、自治区公安厅治安管理处副处长靳域乐、中国人民财产保险公司新疆分公司副总经理艾合买提·吐尔逊、自治区无管办副主任李金水组成。自治区人工影响天气工作领导小组办公室设在气象局，负责自治区人工影响天气工作领导小组的日常工作。办公室主任李良序（兼），王金民任常务副主任，刘国进、瓦黑提·阿扎买提任副主任。

2005年6月，自治区气象局副局长任宜勇任自治区人工影响天气工作领导小组成员，并兼任自治区人工影响天气办公室主任。

2008年3月，自治区气象局对人工影响天气办领导班子做了补充调整，自治区气象局副局长任宜勇任兼任自治区人工影响天气办公室主任，王金民任常务副主任，刘国进、杨炳华、廖飞佳任副主任。

2010年10月，自治区气象局对人工影响天气办领导班子重新做了调整，由自治区气象局副局长瓦黑提·阿扎买提兼任自治区人工影响天气办公室主任，王金民任常务副主任，杨炳华、廖飞佳任副主任。

2.2.2　职能、机构、人员编制

1997年7月，新疆维吾尔自治区机构改革领导小组印发了经自治区政府批准的《新疆维吾尔自治区人工影响天气办公室职能、机构、人员编制方案》（新机改领子〔1997〕01号），确定了自治区人工影响天气办公室的职能、机构、人员编制。

2002年4月，新疆维吾尔自治区气象局下发了关于印发《新疆维吾尔自治区人工影响天气办公室机构改革方案》的通知（新气人发〔2002〕23号），根据中国气象局印发的《新疆维吾尔自治区国家气象系统机构改革方案》（气发〔2001〕165号）和《地方国家气象系统机构改革实施方案》（气发〔2001〕175号）文件精神，对自治区人工影响天气办公室的职能、机构、人员编制重新确定。

1. 职能

（1）1997年自治区政府确定的职能

贯彻执行国家、自治区政府对人工影响天气工作制定的方针政策、指导思想和基本原则，落实自治区农办和自治区气象局对人工影响天气工作制定的计划、部署和指示。

负责新疆人工影响天气工作的发展规划和计划，并组织实施。

负责新疆人工影响天气工作的法规建设和规章制度的贯彻执行及其监督检查。

负责新疆人工影响天气装备、物资、器材的计划、供应、审验和技术保障；负责全区人工影响天气大中型项目，大中型技术装备的统一布局、立项和调整方案的审批。

负责全区人工影响天气工作的业务管理和技术指导；负责全区人工影响天气的科学研究和现代化建设的组织和管理。

负责全区人工影响天气工作新技术、新装备的引进、开发、推广、应用、技术服务以及重要人工影响天气开发、应用性项目的组织实施。

负责人工影响天气经费的日常管理。

负责组织全区性人工影响天气工作的经验交流、人员培训、效益评估等工作。

负责指导各级人工影响天气工作。

承办自治区领导、自治区农办、自治区气象局交办的其他事项。

(2)2002 年自治区气象局确定的职能

执行国家、自治区政府对人工影响天气工作制定的方针政策、指导思想和基本原则,落实自治区气象局对人工影响天气工作制定的计划、部署和指示。

负责新疆人工影响天气工作的组织、管理指导;负责制定新疆人工影响天气工作的发展规划和计划,并组织实施。

负责新疆人工影响天气工作的法规建设和规章制度的贯彻执行及其监督检查。

负责新疆人工影响天气装备、物资、器材的计划、供应、审验和技术保障;负责全区人工影响天气大中型项目,大中型技术装备的统一布局、立项和调整方案的审批。

负责全区人工影响天气的科学研究和现代化建设的组织和管理。

负责全区人工影响天气工作新技术、新装备的引进、开发、推广、应用、技术服务以及重要的人工影响天气开发、应用性项目的组织实施。

负责自治区人工影响天气经费的日常管理。

负责组织全区性人工影响天气工作的经验交流、人员培训、效益评估等工作。

负责指导各级人工影响天气工作。

承办自治区政府、自治区气象局交办的其他事项。

2. 机构

(1)1997 年自治区政府确定的机构

新疆维吾尔自治区人工影响天气办公室为自治区政府设在气象局内负责组织管理指导全疆人工影响天气工作的处级事业单位,由自治区农办管理,委托气象局代管,由自治区财政厅负责经费管理和经费使用的监督检查。

自治区人工影响天气办公室的工作由气象局副局长分管。人工影响天气办公室副主任以上(包括副主任)干部的任免调动,须征得政府主管领导及农办的同意。科及科以下干部的任免调动,在充分征求人工影响天气办公室意见的基础上,由气象局决定,并报自治区农办备案。

自治区人工影响天气办公室规格为县级,设主任 1 名,由自治区气象局副局长兼任,副主任 3 名(其中常务副主任为正县级)。

(2)2002 年自治区气象局确定的机构

新疆维吾尔自治区人工影响天气办公室是自治区政府设在气象局内行使政府对人工影响天气工作的管理职能,负责组织指导全疆人工影响天气工作的正县(处)级事业单位。自治区人工影响天气办属自治区气象局局务会成员,在区局的领导下履行管理职能。

自治区人工影响天气办公室设主任 1 名(兼),常委副主任 1 名(正处级),副主任 2 名,纪检工作按中气党发〔1995〕29 号文件的有关规定设处级纪检领导干部 1 名;处级非领导职数 2 名;科级职数核定为 14 名,其中科级非领导职数 7 名,其内设机构科级领导职数 7 名(含工会主席 1 名)。自治区人工影响天气办公室规格为县级,设主任 1 名,由自治区气象局副局长兼任,副主任 3 名(其中常务副主任为正县级)。

3. 人员编制

自治区人工影响天气办公室的人员编制由两部分组成:

(1)自治区核定全额拨款事业编制 15 名,2001 年 4 月依照国家公务员暂行规定过渡为公务员。

（2）气象全额拨款事业编制 35 名（气象部门事业结构调整后缩编为 32 名），自治区人工影响天气办公室人员编制核定为 47 名。

2.3 运行机制

2002 年，新疆维吾尔自治区人工影响天气办公室按照新疆维吾尔自治区气象局关于印发《新疆维吾尔自治区人工影响天气办公室机构改革方案》（新气人发〔2002〕23 号）的通知，对人工影响天气办公室内部机构进行了设置，人工影响天气办公室下设两个科级单位：①新疆人工影响天气业务中心；②新疆人工影响天气科技开发服务中心，如图 2.2 所示。

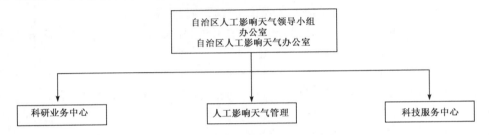

图 2.2 新疆维吾尔自治区人工影响天气办公室机构设置图

1. 组织管理（公务员部分）

自治区地方编制 15 人，依照公务员管理系列，履行自治区政府对新疆人工影响天气工作的管理职能，接受自治区气象局管理、监督。

新疆人工影响天气办公室的管理职能，主要分为行政管理和业务管理两大部分，其职能如图 2.3 所示。

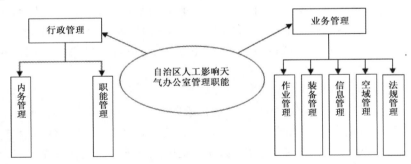

图 2.3 新疆维吾尔自治区人工影响天气办公室管理职能图

（1）行政管理

①内务管理

负责人工影响天气办公室重大事项和问题的决策、调研，领导班子自身建设，指导和协调领导班子成员工作，向上级主管部门请示、汇报重大问题，审阅、签发上行下发文件和重要材料。

负责人工影响天气办公室年度工作计划的制定、分解和落实；目标任务的汇总、审查、分解和落实。

负责人工影响天气办公室经费的日常管理。

负责对人工影响天气办公室后备干部和科级干部的考核、考察和培养。

负责对人工影响天气办公室党建、纪检、监察、审计和规章制度建设工作。

负责对人工影响天气办公室政治思想工作、精神文明建设、综合治理、社会公益活动(包括气象局组织的活动)等工作。

负责人工影响天气办公室人事政工、宣传教育、劳动保护、生活福利、行政后勤和对外接待工作。

负责对人工影响天气办公室工、青、妇、老干工作的管理。

负责人工影响天气办公室专业技术职务评审委员会、科学技术委员会、科研基金管理委员会、气象学会大气专业委员会的工作。

负责人工影响天气办公室专控、专项物资的计划审批和固定资产的管理。

负责人工影响天气办公室科技产业的经营计划、项目开拓、资金管理、制度建设等工作。

②职能管理

贯彻执行国家、自治区政府对人工影响天气工作制定的方针政策、指导思想和基本原则,落实自治区气象局对人工影响天气工作制定的计划、部署和指示。

负责对新疆人工影响天气工作的组织、管理和指导;负责制定新疆人工影响天气的发展规划和计划并组织实施。

负责新疆人工影响天气工作的法规建设和规章制度的贯彻执行及其监督检查。

负责自治区人工影响天气经费、专项经费的预算编制、申报和年度决算的审查,审批各项开支。

负责新疆人工影响天气装备、物资、器材的计划、供应和技术保障;负责新疆人工影响天气大中型项目,大中型技术装备的统一布局、立项和调整方案的审批。

负责新疆人工影响天气的科学研究和现代化建设的组织和管理。

负责新疆人工影响天气新技术、新装备的引进、开发、推广、应用、技术服务以及重要人工影响天气开发、应用性项目的组织实施。

负责新疆从事人工影响天气作业单位的资质审批、作业许可证发放及审验工作。

负责新疆从事人工影响天气作业的指挥人员、管理人员、作业人员的培训及作业人员上岗证的发放与年审工作。

负责新疆人工影响天气作业工具的年检及年检合格证的发放工作。

负责协调地(州、市)、县(市)级人工影响天气主管机构向空管部门的作业空域申请工作。负责协调、指导奎玛流域、塔额盆地、博尔塔拉流域、伊犁河谷、阿克苏五大兵团、地方人工防雹联防区的人工影响天气工作。

负责组织、落实新疆人工影响天气安全管理工作。

负责组织国内、外、全疆性人工影响天气工作的交流、人员培训效益评估等工作。

负责全疆人工影响天气作业信息收集与上报工作。

承办上级部门交办的其他工作。

(2)业务管理

负责新疆人工影响天气业务建设和发展规划、年度计划和组织实施;负责重大业务任务和公益服务项目管理和实施工作。

负责新疆人工影响天气雷达设置报告的审批;雷达设备的选型、购置、组网、年审、标定等业务的统一规划、统一管理。

负责新疆人工影响天气无线电通讯电台、通讯频率、通讯功率、通讯范围、通讯对象及电台架设地址的管理。

负责新疆人工影响天气高炮、火箭作业点设置的勘查、审批工作。

负责新疆人工影响天气作业高炮、火箭发射装置、地面烟炉、炮弹、火箭弹、烟条的购置、供给、调配的管理及地(州、市)之间调(借)用的审批。

负责全疆人工影响天气业务的指导服务和强对流天气的预警。

负责自治区飞机人工增雨(雪)工作的计划和实施工作。

负责人工影响天气业务工作流程和规章制度的制定。

2.人工影响天气业务中心(科级)

气象基本业务编制 12 人,自治区人工影响天气办公室的下属事业单位。承担全疆人工影响天气业务体系现代化建设的设计、论证和技术指导。

承担人工影响天气业务新技术的引进、开发、应用推广、技术指导和服务。

承担国家、自治区以及人工影响天气办公室组织下达的人工增水、防雹和消雾等方面的科学技术研究,以及工程性、业务性项目。

承担全疆人工影响天气业务技术人员的相关培训。

负责冬季飞机人工增雪的指挥工作及增雨(雪)天气、防雹天气的预报、预警工作。

负责自治区人工影响天气办公室计算机网络的维护和研发工作。

负责全疆人工影响天气业务信息的收集、汇总、整编工作。

3.人工影响天气科技服务中心(科级)

气象基本业务编制 20 人,自治区人工影响天气办公室的下属事业单位。

承担全疆人工增水和人工防雹技术服务工作。

承担全疆人工影响天气装备(高炮、火箭发射系统、雷达、通讯工具等)的审验、标定、维护、维修及技术培训。

承担人工影响天气技术装备对外服务。

承担自治区人工影响天气办公室组织的人工防雹、飞机人工增雪(雨)的作业、试验及人工影响天气建设工程项目的实施。

负责对疆内人工影响天气作业装备的研发、生产、安装调试、推广应用。

负责炮弹、火箭弹的供应和技术服务、开拓服务领域和服务项目。

承担产业创收任务。

2.4　规章制度建设

依据《中华人民共和国气象法》、《人工影响天气管理条例》、《新疆维吾尔自治区人工影响天气管理办法》、《人工影响天气安全管理规定》等相关法律、法规及文件,结合新疆人工影响天气工作管理现状和发展要求,制定了较为完整、切实可行的规章制度。

(1)人工影响天气作业单位资质审批程序及管理办法

(2)人工影响天气作业人员资格证实施管理办法

（3）人工影响天气作业人员培训制度

（4）地对空人工防雹人工增水作业管理制度

（5）人工影响天气作业安全管理制度

（6）人工影响天气作业点设置细则

（7）人工影响天气作业申请空域制度

（8）人工影响天气作业期前公告制度

（9）人工影响天气作业专用装备管理办法

（10）人工影响天气作业专用装备统一购置制度

（11）人工影响天气非作业期间弹药统一存储制度

（12）人工影响天气弹药出入库登记制度

（13）人工影响天气作业专用装备年检及作业许可证制度

（14）人工影响天气作业装备报废销毁管理办法

（15）人工影响天气三级安全责任制度

（16）人工影响天气雷达管理制度

（17）人工影响天气无线电通讯管理制度

（18）人工影响天气信息管理制度

（19）飞机人工增水作业管理制度

（20）人工影响天气飞机增雪作业安全管理制度

（21）人工影响天气业务工作职责

（22）人工影响天气业务值班职责

（23）新疆人工影响天气科技开发服务中心安全生产管理制度

（24）地面人工防雹（增雨）作业事故处理预案

（25）突发性气象灾害人工影响天气应急预案

（26）人工影响天气火箭作业点达标考核条件

（27）人工影响天气基层高炮作业人员职责和火炮维护保养修理操作规程

（28）人工影响天气弹药仓库保管职责和弹药运输规则

以上规章制度的建立进一步规范了新疆人工影响天气活动的社会行为。对加强各级人工影响天气主管机构的科学管理、作业人员综合素质和业务技能的提高、人工影响天气装备和作业装备的管理、空地作业安全管理及安全措施的实施、信息收集、作业点建设、突发性事件应急响应、科技开发服务能力的提升，发挥了不可替代的作用。

第 3 章　安全管理

　　运用现代安全管理原理、方法和手段,分析和研究人工影响天气作业中各种不安全因素,从技术上、组织上和管理上采取有力的措施,解决和消除不安全因素,防止事故发生。

　　多年来新疆人工影响天气工作在安全管理方面,严格执行《人工影响天气安全管理规定》,牢固树立以人为本、安全发展的理念,坚持"安全第一、预防为主、综合治理"方针,始终把保障人民群众生命财产安全放在首位,有效防范和遏制了重大安全事故的发生,促进了人工影响天气安全工作协调健康发展。

3.1　安全管理法制化建设

　　人工影响天气管理法规,是有关人工影响天气管理的法律、法规、规章,以及相关的国家和行业的技术标准规范。加强人工影响天气安全管理工作,是《人工影响天气管理条例》的重要立法原因之一。做好安全管理法制化建设工作,建立安全作业长效机制,使各项工作有法可依、有章可循。

3.1.1　国家安全管理法制建设

　　(1)《中华人民共和国气象法》。1999 年 10 月 31 日通过审议,2000 年 1 月 1 日施行。

　　(2)2000 年 12 月中国气象局科技教育司发布《高炮人工防雹增雨业务规范(试行)》、《飞机人工增雨(雪)作业业务规范(试行)》。

　　(3)中华人民共和国国务院《国务院关于特大安全事故行政责任追究的规定》于 2001 年 4 月 21 日起施行。

　　(4)中华人民共和国国务院、中华人民共和国中央军事委员会发布《中华人民共和国飞行基本规则》,2001 年 8 月 1 日起施行。

　　(5)《人工影响天气管理条例》。2002 年 3 月 13 日通过审议,2002 年 5 月 1 日施行。

　　(6)《中华人民共和国安全生产法》2002 年 11 月 1 日施行。

　　(7)2003 年 2 月 13 日,中国气象局气发〔2003〕56 号发布《人工影响天气安全管理规定》及《全国人工影响天气事故案例选编》等。

　　(8)中华人民共和国气象行业标准《"37"高炮防雹增雨作业安全技术规范》、《人工影响天气作业用 37 mm 高射炮技术检测规范》于 2003 年 10 月 1 日实施。

　　(9)中华人民共和国国务院《民用爆炸物品安全管理条例》于 2006 年 9 月 1 日起施行。

　　(10)《增雨防雹火箭作业系统安全操作规范》于 2008 年 8 月 1 日实施。

　　(11)《民用爆炸物品储存库治安防范要求》、《小型民用爆炸物品储存库安全规范》于 2009 年 8 月 1 日实施。

3.1.2 新疆安全管理法制建设

(1)1998 年 7 月 13 日,新疆维吾尔自治区政府令第 82 号发布《新疆维吾尔自治区人工影响天气工作管理办法》。

(2)2007 年 9 月 28 日,新疆维吾尔自治区第十届人民代表大会常务委员会第三十三次会议通过《新疆维吾尔自治区安全生产条例》。

(3)2011 年 8 月 15 日,《新疆维吾尔自治区人工影响天气地面作业点建设规范(地方标准 BD65/T3286—2000)》实施。

3.1.3 新疆人工影响天气安全管理法制建设

为适应新疆人工影响天气工作快速发展的实际需求,依据国家、自治区在安全管理方面的有关规定,自治区人工影响天气办公室制定了一系列安全管理的规定和制度。具体制度内容见第 2 章的规章制度建设,此处不再赘述。

3.2 安全管理注意事项

3.2.1 明确各级管理部门的安全责任

各级人工影响天气部门严格遵守和执行安全管理法律、法规、规章制度与技术标准,加强安全管理、作业指挥、作业站(点)安全建设,保证安全设备设施完好。严格安全生产准入条件,认真执行安全生产许可制度。各级人工影响天气部门主要负责人、安全管理人员、作业指挥人员和作业人员一律经自治区级人工影响天气管理部门严格考核,持证上岗。基层单位用工要严格依照劳动合同法与职工签订劳动合同。每年新疆人工影响天气办公室与地、州人工影响天气办公室签订安全生产责任书,地、州人工影响天气办公室与县人工影响天气管理单位签订安全生产责任书,县人工影响天气管理单位与作业点签订安全生产责任书,明确各级人工影响天气部门安全管理责任。近年来,由于管理到位,新疆未发生安全事故。

3.2.2 切实履行安全管理和监督职责

为加强人工影响天气安全生产的检查力度,中国气象局组织有关专家对各省人工影响天气安全生产进行检查和评估。新疆人工影响天气办公室全面落实气象行业主管部门的专业监管、行业管理和指导职责,每年派专人到各地(州、市)、县(市)落实安全生产工作,2010 年、2012 年新疆在全国人工影响天气安全生产检查中取得了突出的成绩。

3.2.3 推进标准化建设

全疆开展岗位达标和炮点(站)标准化建设,针对在规定期限内未达标的单位,责令限期整改并依据有关规定暂扣其单位资质许可证、炮点(站)设置许可证,责令停止作业;对整改逾期仍未达标的,要依法予以撤销单位资质。

加强人工影响天气安全标准化分级考核评价,评价结果作为单位年终评比的重要参考依据。

2011年全疆开展地面固定作业点标准化建设,从住房、作业平台、弹药储存柜、人体静电消除、报警及监控、作业射击图等安全设施方面进行了全面建设,从而进一步保证了人工影响天气作业点的安全。

3.2.4　加大弹药运输安全综合治理力度

弹药的安全运输,是新疆人工影响天气安全生产的重要环节,经过综合治理,形成了规范的流程。各厂家弹药由专用车运输到乌鲁木齐,进疆到星星峡,运弹车辆由自治区公安厅指定恒基公司武装押运。乌鲁木齐到地州、市的弹药运输统一由具有资质专业运输公司武装押运,各县到作业点的弹药逐步采用封闭箱式车辆运输。运送前必须办好当地公安局批准的准购、准运手续。流动火箭作业车上的火箭弹,需专用的车载式火箭弹保险箱储存。

3.2.5　充分发挥科技支撑作用

整合安全生产科技资源优势,建立完善以人工影响天气作业为主体、以市场为导向、产学研用相结合的安全技术创新体系。加快推进人工影响天气安全生产专业技术及装备的研发和生产,在事故预防预警、防治控制、抢险处置等方面推出一批具有自主知识产权的科技成果。如"WBG—1型危险品保险柜"、"车载式火箭弹储存箱"、"智能监控系统"、"XR—05型多种弹型火箭发射装置"、"作业点弹药储存报警装置"、"作业点人体静电消除装置"、"射界图"、"火箭作业安全区确认装置"、"作业参数自动记录装置"、"高炮、火箭播撒及正常落点模拟装置"、"XR—08型人工影响天气作业指挥通信终端"和"多媒体教学系统"等一批新装备正在积极推广应用于安全生产,旨在不断提高新疆人工影响天气安全生产的防护意识,规避意外事故发生。保证人工影响天气工作安全、顺利进行。

3.2.6　加强安全知识普及和技能培训

加强人工影响天气安全教育建设,充分利用电视、互联网、报纸、广播、张贴宣传和"3·23"世界气象日等多种形式和手段普及安全常识,增强科学发展、安全发展的思想意识。开展全员安全培训,重点强化一线作业人员安全培训。完善新人员进入作业队伍转化过程中的安全教育培训机制,建立完善安全技术人员继续教育制度。加强安全公益宣传,大力倡导"关注安全、关爱生命"的人工影响天气安全文化,不断提高人工影响天气安全文化建设水平。

3.3　安全作业

人工影响天气作业使用的人工防雹增雨烟条、炮弹、火箭弹属于军工和火工产品,运输、储存、作业过程中具有一定的风险性。安全作业关系到作业人员的人身安全和人民群众的生命财产安全,在人工影响天气作业中曾出现过人员伤亡事故。根据飞机、三七高炮、火箭发射装置、碘化银燃烧烟炉的作业特点,制定出了一系列符合新疆实际的作业安全制度。

3.3.1　基本要求

(1)作业点须经过有关部门的审批。

(2)作业点有作业资质许可证。

（3）作业人员必须有资格证。

（4）作业前进行公告，通过当地广播、电视、报刊等媒体进行公告。公告内容包括人工影响天气作业起止时间、作业区域、作业设备类型、发现故障弹药的处理方式、发生意外事故的报告方式等。

（5）申请作业空域，实施人工影响天气作业前，必须申请作业空域，待批复后，按批复指令作业。

（6）各作业点必须根据地区或县级人工影响天气办公室的指令，按射界图进行作业。

（7）作业后，必须记录作业数据，并逐级上报。

3.3.2 三七高炮安全作业

1. 作业点设点要求

（1）作业点场地应视野开阔。

（2）应避开航路、航线、城镇、油库、重要电力、国道和重点文物保护单位设施。

（3）出炮口弹道上不得有障碍物，如电线杆、电线、树木、建筑物等。

（4）发射场地设立警戒标志和允许射击方位标志。

2. 作业范围

作业高炮发射方向按各炮点射界图界定发射方位、高度范围，严禁向城镇人口稠密区、油库、电力设施及其他重要设施方向发射。作业高炮应在仰角 45°～81°范围内进行发射。

3. 作业规范

严格执行《人工影响天气作业用 37 mm 高炮安全操作规范》的规定。每次作业前应对高炮进行安全检查，确认无故障后方可作业。每门高炮作业人员不少于 4 人，严格按操作规程作业，作业时一旦出现故障，立即停止作业，按操作规程排除故障。在未排除高炮故障之前严禁用另一身管作业。作业前要对炮弹进行认真擦拭、检查，凡发现炮弹引信盖片损坏漏气、弹丸与药筒结合处松动、弹丸裂缝、弹带损伤、定心部生锈、药筒影响入膛压膛的禁止使用。作业结束后，应及时清点、回收弹壳，统计故障弹，对于出现引信瞎火和底火瞎火的炮弹、故障弹、过期炮弹，应予以封存，上报自治区人工影响天气办公室，严禁作业人员擅自分解或做其他处理，以防后患。

4. 高炮操作注意事项

落炮前要将高炮射角打高约 35°，方向机手轮固定，行军指标转向后，杠起螺杆履板应收到最上方。落炮时所有操作人员的头、肩不要正对牵引杆和炮身支架并防止履板压脚。落炮后制动开关手柄要关到位并卡好。压弹时要防止夹手。下达发射命令后，打开保险，采用大射角（≥60°）发射时，炮手及阵地附近人员应注意安全，防止弹片下落伤人。作业人员须戴安全帽作业。作业身管温度上升到 400℃左右时，应戴石棉手套更换身管，停射即关闭保险。退弹前要将火炮转到安全射向，射角打到约 45°退弹。退弹时防止炮弹从后方跌落。作业完毕应及时核对弹壳，取下摇架上盖，检查炮膛是否还有炮弹。

起炮前要将高炮射角打高约 35°，方向机手轮固定，杠起螺杆履板应收到最上方。起炮时所有操作人员的头、肩不要正对牵引杆和炮身支架，起炮后制动开关手柄要关到位并卡好，行军指标转向前。

射击中出现膛内炮弹不发火故障，先关闭保险，打高身管 45°以上。在未拉握把开闩退弹前,禁止用起子在炮闩处乱捅或在炮口处用洗把杆乱捅。如果等待 1.5 min,还退不出膛内的炮弹,应按照操作规程处理,并停止工作远离高炮,等待身管完全冷却后再进行处理。

高炮检测,身管上不允许有裂缝和破孔,身管外表面不应有超过深度的压坑及突起,炮膛内不应有挂铜和锈蚀,药室增长量不应大于 5 mm(标准 30 mm)。闭锁器弹簧筒与拉钩杆之间隙不应小于 0.5 mm。拨弹器体轴与压弹机体侧壁的间隙应为 0.1～0.4 mm。驻退机内应注满 0.5 L 的驻退液,不应有漏液现象,驻退液不应变质。高低、方向机动作应确实,高炮分解结合应按顺序及注意事项进行。

3.3.3　固定火箭安全作业

1. 固定火箭作业点设点要求

(1)作业点场地应视野开阔。

(2)应避开航路、航线、城镇、油库、重要电力、国道和重点文物保护单位设施。

(3)出炮口弹道上不得有障碍物,如电线杆、电线、树木、建筑物等。

(4)发射场地设立警戒标志和允许射击方位标志。

2. 固定火箭作业范围

固定火箭作业发射按各射界图界定发射方位、高度范围;严禁向城镇人口稠密区、油库、电力设施及其他重要设施方向发射,设定作业安全区及禁区。

以发射架中心为基准,前方 180°内半径 300 m 的扇形区和后方 120°内半径 50 m 的扇形区为禁区,作业时严禁人员进入,火箭操作人员和火箭控制器应在 30 m 外的安全区,如图 3.1 所示。

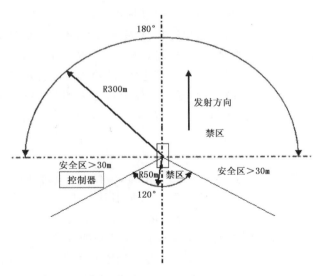

图 3.1　固定火箭作业发射方向安全区及禁区示意图

3. 固定火箭作业规范

依据《增雨防雹火箭作业系统安全操作规范》条款,每次作业前应对固定火箭进行安全检查,确认无故障后方可作业。每门固定火箭作业人员不少于 2 人,严格按操作规程作业,作业时一旦出现故障,立即停止作业,按操作规程排除故障。出现哑弹和故障弹以及过期火箭弹,应予以封存,上报自治区人工影响天气办公室,严禁作业人员擅自分解拆卸或做其他处理,以防后患。出现哑弹时,关闭电源,等待 5 min 后,才能卸弹;出现留架燃烧时,待焰剂燃烧完 15 min 后才能卸弹;出现炸架时,立即关闭电源,停止作业,并报上级处理。未发射的剩余火箭弹或故障弹退出发射架后,必须重新粘贴短路保护铜条。

3.3.4　流动火箭安全作业

流动火箭作业安全在设点要求、作业范围、作业规范等方面与固定火箭作业点基本相同,不同之处是携带的火箭弹要用车载式火箭弹保险箱装载。移动式作业系统发射爆炸式火箭弹时操作人员和控制器应在 30 m 外的安全区,发射非爆炸式火箭弹时可在驾驶室内操作。

3.3.5　地面碘化银燃烧烟炉安全作业

1. 作业点设点要求

在云水资源比较丰富、山谷风盛行的区域设置碘化银燃烧烟炉作业点。作业点的设置严格按照人工影响天气地面作业点建设规范[DB65/T0000－2011]地方标准执行。

2. 作业安全

(1)安装烟管时,关闭控制盒电源。

(2)装好烟管后,进行电路检测,确认正常后再进行作业。

(3)按烟炉的使用说明书进行作业。

(4)作业时,如有未点燃的烟管,应首先对发生器电路进行检查,如电路正常,即为烟管故障,应将烟管妥善保存上报销毁。

(5)烟管在使用前,不得损坏其内、外包装,以免影响日后正常作业。

(6)烟管在运输装卸过程中,应轻拿轻放,严禁撞击、重压,避免日晒雨淋。不得与易燃易爆物品同时储运。

3.3.6　飞机安全作业

1. 作业计划申报

实施飞机人工影响天气作业前,向主起降机场的航管部门申报作业计划。计划内容包括:飞行起止时间、飞行区域、飞行高度、乘机工作人员数等。作业计划分长期备用计划和次日计划两类。

(1)长期备用计划:在飞机人工增水作业期间,申报每日从日出到日落的长期备用飞行计划。长期备用飞行计划的实施,可在实施飞行前 2 h 提出应急飞行作业申请,各级航管部门应积极配合,应在实施飞行前 1 h 批复,并根据有关规定实施放飞和调配。

(2)次日计划:在实施作业前一天,应作业指挥部要求,由执行任务的机长于 18:00 时前向航管部门申请次日飞机飞行计划,次日计划的实施,可在次日实施飞行前 1 h 提出申请,应实时批复。

2. 作业机组

(1)执行飞机人工增水任务的机组必须确保适航飞行,除军队和民航保障部门的直接责任外,机组对整个飞行安全负全责,严禁违反规定标准起降。

(2)认真研究飞机作业区域的空中航路、航线特点,严格遵守飞行规定,按照批复的飞行区域飞行。

（3）防止超条件飞行，飞行中发现危险天气及时报告，果断采取措施进行绕飞、返航或备降。

3. 飞机作业设备

（1）机载焰条、机载焰弹等危险物品的拉运、储存、使用过程中严禁烟火，防止静电。

（2）机载设备的电源设备连接妥当，防止打火等情况发生，严格按规定进行机载设备操作。

（3）飞机在机坪停放期间须有专人警卫。

4. 作业人员和车辆

（1）上机执行人工增水任务的非机组工作人员，持县级以上主管部门的政审合格证明到所在机场航管部门办理乘机手续。非工作人员严禁乘机。

（2）进场开展飞机作业前，向民（军）航安检站和民（军）航公安处提供作业工作人员和机组人员政审表。并办理机坪控制区人员和车辆通行证。

（3）协议规定作业工作人员安检由新疆人工影响天气办公室负责，机组人员安检由机长负责。禁止非工作人员登机，如有特殊情况需登机，必须经外场负责人和机长批准，并严格按民（军）航有关规定执行。

（4）人员和车辆在没有工作任务时，不得进入机坪。

（5）车辆的调度由外场负责人安排，禁止私自行动。

3.3.7　作业装备管理

（1）新疆人工影响天气办公室负责高炮、火箭发射装置、炮弹、火箭弹等人工影响天气作业装备的购置，其他任何单位和个人不得擅自购买、转让和出售。

（2）新疆人工影响天气办公室负责全疆高炮、火箭发射装置等作业工具及炮弹、火箭弹的管理，跨地（州）之间调（借）用，须经新疆人工影响天气办公室批准；在本地范围内调（借）用，由当地人工影响天气主管机构批准，报新疆人工影响天气办公室备案。

（3）各级人工影响天气主管机构对用于人工影响天气作业的高炮、火箭发射装置要建立档案。对用于人工影响天气作业的炮弹、火箭弹要建立出入库制度，并指定专人管理。

（4）高炮、火箭发射装置每年由新疆人工影响天气办公室组织相关部门或委托相关技术人员进行年检；经检测合格的作业工具由自治区人工影响天气办公室签发作业许可证，允许参加本年度作业；年检不合格的，应当立即进行检修，经检修仍达不到规定的技术标准和要求的，由新疆人工影响天气办公室予以报废，严禁任何单位或个人以任何形式私自倒买、倒卖和转让报废的人工影响天气作业工具。

（5）禁止使用未获得国务院气象主管机构许可使用的，以及超过保存期和有破损的人工影响天气专用炮弹、火箭弹。各级人工影响天气主管机构在检查中发现上述炮弹、火箭弹，应立即封存，由县级以上人工影响天气主管机构及时组织回收、保管、销毁，并逐级上报。

（6）人工影响天气专用作业工具及弹药只能用于人工影响天气作业，严禁将人工影响天气设备转让给非人工影响天气作业单位或个人，严禁将人工影响天气设备用于与人工影响天气无关的活动。

3.3.8 作业装备维护保养

(1)在进行火炮维护、保养工作前,作业人员对作业装备和工作环境进行认真检查,确保火炮装备处于完好技术状态。作业人员应遵守作业规程和业务规范,按照作业装备的使用方法和程序操作,禁止违规操作。

(2)维护保养主要分为进点(站)前、进点(站)后、撤点(站)后对火炮的维护保养。平时对火炮坚持日小擦、周中擦,入库擦拭。必须做到"三勤"(勤检查、勤擦拭、勤保养)"五防"(防松动、防锈蚀、防损坏、防磨损、防弹簧失效)。

(3)进点(站)前准备工具、油料,开启封存高炮,将高炮置成战斗状态。分解擦拭压弹机、输弹机及其他部位,擦拭干净后,涂防护油。分解擦拭炮闩自动开闩盖,涂黑铅油。擦拭炮管,涂炮油防护。平注油嘴注防护油,长注油嘴注炮油。

(4)进点(站)后,日常维护,擦拭干净高炮外表面的灰尘。生锈部位要除去锈迹后涂油,各机构运动部位要经常保持有油。穿好炮身衣,避免日晒雨淋。作业前,擦拭炮膛禁止涂油。炮闩分解后擦拭干净涂黑铅油,压弹机和输弹机分解擦拭后,涂防护油。作业完毕待火炮雨水蒸发后,彻底清洗炮膛,擦拭干净后涂防护油。炮闩分解后清洗擦拭干净并涂黑铅油,压弹机和输弹机分解擦拭干净,涂防护油。

(5)撤点后,清洗各零部件后,进行技术检查更换零部件,达到完好技术状态。清洗擦拭炮管,涂炮油,封存。分解擦拭炮闩、压弹机和输弹机等部件,并涂炮油,封存。平注油嘴注防护油,长注油嘴注炮油。炮闩关闭;输弹器放回前方;射角打高约 45° 放松平衡机弹簧。在四个杠起螺杆下垫厚木墩,再打高杠起螺杆使车轮离地 50~100 mm。穿好炮身衣避免日晒雨淋,防止霉变锈蚀。

3.4 作业弹药运输、储存安全管理

3.4.1 弹药安全运输

新疆人工影响天气办公室计划组织各协作工厂,利用民爆专用车辆、军用车皮运输弹药至乌鲁木齐金太阳民爆仓库。

3.4.2 弹药押运规则

(1)明确任务、责任、送(到)达地点、行走路线和有关规定。对押运弹药的数量要认真清点和交接。

(2)携带好武器、身份证、押运证和随弹技术文件。

(3)坚守岗位,认真负责警戒,严防途中丢失或发生其他事故。

(4)运输途中,要主动与司机、车(船、机)长等有关人员密切协同,做好弹药的检查和安全防护工作,发现问题要妥善处理,并及时报告有关部门。

(5)严禁在车辆下乘凉避雨,不得蹲坐车厢板和将身体探出车外,不得在车辆颈部或堆垛的高处坐卧、走动或停留,不得在货物易于窜动的空隙间乘坐。横穿铁路时,要"一停、二看、三通过",不得跳、钻车辆。车辆移动时不得扒车和跳车。注意自身和弹药的安全,严防发生任何

事故。

（6）在电气化铁路区段，严禁爬越车顶；进行装卸、整理作业时，须在车站采取断电安全措施的情况下进行。

（7）车（船）内严禁吸烟和明火，防止发生火灾。

（8）弹药运达目的地后，及时与接收单位联系办理交接手续。

3.4.3 弹药搬运装卸规程

（1）对进库拉运危险物品的车辆，必须进行严格检查，必须使用符合安全要求的车辆。

（2）装卸人员必须严格遵守操作规程，严禁将易燃物品带入库内，不能将货物倒置或倒放，也不允许将不同性质的物品混装。

（3）弹药装运，炮弹、火箭弹弹头的朝向应与汽车行驶方向垂直。

（4）装卸要指定专人负责，做到轻拿轻放，避免货物相互碰撞和坠落，不得超高超载。

（5）严禁外单位人员进入库区进行装卸作业，本单位人员必须掌握危险物品的性能和安全操作规程。

（6）装卸人员必须按规定着装，以防静电，不得穿带铁钉的鞋进入库内，确保仓库安全。

3.4.4　弹药安全储存

1. 弹药仓库安全储存基本任务

（1）仓库的基本任务是做好人工影响天气弹药的接收、保管和发放工作，保证及时、准确、安全、无损地满足人工影响天气工作的需要。

（2）根据上级人工影响天气管理部门的通知和要求，实施弹药的接收和发放。

（3）对所保管的火炮、弹药要确保其经常处于良好的状态。

（4）及时组织对库存火炮、弹药的检查、维护。

（5）做好仓库的警卫、消防、防雷工作，确保仓库安全。

（6）负责调运人员的证件检查。

2. 弹药仓库安全储存业务工作要求

（1）库存弹药管理要责任到人，未经业务部门批准，不得擅自发出和动用。

（2）仓库对所管的弹药必须做好"十防"达到"四无"，在任何情况下都能收得进、管得好、发得出。

（3）库存弹药要合理布局，统计建账，分类存放保管，要求：数清质准、配套齐全，账物相符。

（4）堆积存放应便于收发和管理为原则，要稳固、整齐、清洁、美观，在不影响收发管理的情况下，尽量提高库房容量。

（5）加强对弹药的科学管理，不断改善保管条件，减缓弹药变化速度，延长其使用年限。

（6）严格执行仓库各项规章制度，遵守操作规程，不准随意打开包装箱和拆卸弹药。

（7）不断地总结各类弹药的管理经验，摸索和掌握弹药的变化规律，加强专业训练，提高管理水平。

3. 弹药仓库保管员工作规程

（1）弹药仓库管理是一项繁重而技术性较强的工作。保管员是这项工作的关键人员。弹药的收、发、管落实在库房工作中是保管员工作的主要任务。

（2）受领任务。仓库接通知后,保管员要认真听取工作安排和要求,明确工作任务。

（3）发放准备。明确任务后,对所要进行的工作做好相应的准备,凡不能解决的问题应及时向领导请示汇报。

（4）入库检查。即安全检查、温湿度检查、防潮防热检查。

（5）弹药收发。保管员应严守岗位,严格收发手续和验收检查制度,保证出库、入库无差错。

（6）熟悉弹药。在没有收发任务的情况下,对弹药的品种、数量、质量、规格、型号、批次、年代及存放位置等情况,要了如指掌。

（7）整理环境。保持库房外 5 m 内无高草杂草杂物。库房内地面清洁,弹药放置整齐有序。

4. 弹药库房要求

（1）存放弹药的库房,适宜温度为 5～20℃,最高不得超过 30℃,最低不得低于－12℃;适宜相对湿度为 55%～65%,最大不得超过 70%,最小不得低于 40%。

（2）库存弹药必须查明数质量,分类、分批、配套、装箱保管,按名称、质量等级分堆存放。

（3）堆积弹药时,要周密计划、合理布局、便于收发、利于通风、堆积稳固、排列整齐、确保安全。储存有效期炮弹为 5 年。

（4）炮弹码垛高度在 2 m 以下,火箭弹码垛高度不得超过 4 层。摆放要"一垫五不靠"。以火箭弹以产品说明书为准。炮弹与火箭弹应分开存放。不同厂家、型号、不同出厂年份、不同自炸时间的炮弹与火箭弹应按其特殊要求进行分开堆垛保管。

（5）零箱炮弹必须装好卡牢,存放于炮弹堆上方,并挂有零箱标签。

（6）对过期炮弹、危险品炮弹,必须存放在危险品库房或单独存放,并及时上报处理。

（7）弹药库防雷设施符合 GB50057 的规定,并按其中第一类防雷建筑物的防雷规定设防。独立避雷针、架空避雷线(网)应有独立的接地装置,每一引下线的冲击接地电阻应≤10Ω。避雷针、架空避雷线(网)应对库房全覆盖。

3.5　地(州)县弹药安全运输、储存

3.5.1　弹药安全运输

（1）在运输人工影响天气炮弹和火箭弹之前,必须向当地人民政府和地(州、市)公安部门申报,并在地(州、市)公安部门办理爆炸物品准购、准运、押运手续后,再到新疆人工影响天气办公室购买调运。

（2）与恒基公司签订合同,由恒基公司按爆炸物品运输规定组织运输。

3.5.2　弹药安全储存

（1）炮弹和火箭弹必须存放在当地公安部门认可的弹药库内,弹药库等设施与居民区的水平距离不应小于 500 m。严禁和其他易燃易爆物品同库存放。炮弹、火箭弹严禁在强磁场中存放,避免静电或射频导致误发火。

（2）弹药库通风良好、防潮、避免小动物进入和阳光直射,有防热、防盗措施。禁止电气线

路跨越库房。库房内禁止使用非防爆照明设施。

（3）弹药库房安装监控、报警设备；温度：-12～30℃；相对湿度：40％～70％。

（4）弹药库防雷设施符合 GB50057 的规定，并按其中第一类防雷建筑物的防雷规定设防。独立避雷针、架空避雷线（网）应有独立的接地装置，每一引下线的冲击接地电阻应≤10Ω。避雷针、架空避雷线（网）应对库房全覆盖。

（5）建立炮弹和火箭弹库房管理档案，并报当地公安部门审查备案。

（6）储存炮弹、火箭弹，应按新品、堪用品、报废品、不同厂家、不同年代、不同批次分垛存放。

（7）炮弹码垛高度在 2 m 以下，火箭弹码垛高度不得超过 4 层，摆放要"一垫五不靠"。储存有效期炮弹为 5 年，火箭弹以产品说明书为准。炮弹与火箭弹应分开存放。

（8）装卸炮弹、火箭弹时，稳拿轻放，严防跌落碰撞。

（9）县（市）人工影响天气主管机构加强对基层作业点弹药的库存统计工作，作业结束后，应及时清点、回收弹壳并登记，做到弹壳数与实际配发弹数相符。

3.6　作业点弹药安全运输、储存

3.6.1　作业点弹药安全运输

（1）必须持有当地县级公安机关开具的爆炸物品准运证在本县运输，并持证押运。运输弹药的车辆应按公安机关批准的时间、路线行驶。

（2）运输弹药的车辆应车况良好，备有防雨、防晒设备，提倡使用封闭专用车厢。

（3）进出作业点或长途运输时，应在运输前做好安全检查；弹头的朝向应与汽车行驶方向垂直；应有专人押运；不得混装其他物品及搭载无关人员；运输车辆不得超高超载。

（4）其他要求按国家有关爆炸物品管理的法律、法规执行。

3.6.2　作业点弹药安全储存

（1）作业点的弹药应存放于弹药库内的专用弹药保险柜里。

（2）弹药库房应远离火源，远离居民区水平距离不小于 500 m，远离工业设施、油库、交通枢纽及洪水易发生等地域。

（3）弹药库房具备防火、防潮、防雷、防静电、防盗报警、监控设施等。

（4）弹药库房严禁吸烟，不得携带任何引火源。

（5）弹药木箱摆放应平稳、整齐、码垛高度不超过 2 m。

（6）弹药库房严禁增雨弹、火箭弹与炸药、雷管等易燃易爆物同库。

（7）在非作业期间，增雨弹、火箭弹应当由县级以上气象主管机构统一组织清点回收，作业站点禁止存放。

3.7　作业装备的销毁

3.7.1　作业弹药的销毁

对过期、异常的增雨弹、火箭弹,应当及时清理出库,并予以销毁。销毁前应当登记造册,提出销毁实施方案,报所在地县级人民政府公安机关审核批准,并组织监督销毁。爆破工作应请持证的爆破公司技术人员、公安民警或人武参谋承担。县级人工影响天气办在弹药销毁技术方面有困难的,上级人工影响天气部门应给以协助。

销毁方式:①对弹药变质、损坏和过期失效能移动的问题弹药可退回工厂销毁,也可在当地集中销毁;②对高空引信瞎火弹丸必须就地销毁。

3.7.2　三七高炮的销毁

1.报废标准

高炮年检(或检测)不合格经检修仍然达不到《人工影响天气作业用 37mm 高射炮检测技术规范》规定技术标准的高炮应给予报废。

2.报废程序

(1)县级申请:由高炮所在县人工影响天气办公室向上一级人工影响天气办公室提出书面报废申请,注明需报废高炮的原因、门数和编号等情况。

(2)地(州)人工影响天气办公室在报废申请表中填写审核意见,每年 10 月集中报自治区人工影响天气办公室审批。

(3)自治区人工影响天气办公室接到报废申请后,组织、委托高炮检测单位及专业技术人员,进行鉴定,鉴定意见书要有鉴定人的签名和高炮鉴定单位的盖章。

(4)对每门要销毁的高炮进行销毁前、中、后的物状拍照;销毁后,地(州、县)人工影响天气办公室负责人要在销毁高炮作业许可证和年检证书上签名,注明销毁日期。

(5)由地(州)人工影响天气办公室负责上交高炮作业许可证和年检证书,并将高炮销毁的综合情况以文件形式及时报自治区人工影响天气办公室存档。

3.销毁方式

拆下报废高炮的炮闩、击发机构、装填机、驻退机及有用零部件。割断身管,摇架、炮车等大件。

3.7.3　火箭发射装置的销毁

1.报废标准

《人工影响天气管理条例》第十七条规定:年检不合格的,应当立即进行检修,经检修仍达不到规定的技术标准和要求的,予以报废。

2.报废程序和销毁方式

参照高炮报废程序。

3.销毁方式

按照切割后不能恢复组装使用的原则由各地进行销毁。销毁工作的安全监督应由新疆人工影响天气办公室或地(州、市)人工影响天气办公室及当地公安部门有关人员参加。

3.8　办公安全

(1)在日常生产、工作中,工作人员要认真仔细、安全地使用各种工作设备。使用前要检查设备的性能,在确定设备安全可靠后方可使用。使用时要规范操作,确保工作人员和设备的安全。

(2)强化工作场地安全管理,注意各种电器设备使用方法和用电安全,人员离开时要确保总电闸处于关闭状态。

(3)加强办公环境的安全管理,注意办公环境的防火、防水,合理分配办公设备的用电,注意办公环境的高耗能设备的用电安全,配备灭火器。

(4)根据《中华人民共和国计算机信息系统安全保护条例》、《中华人民共和国计算机信息网络国际联网管理暂行规定》、《互联网信息服务管理办法》等规定,加强上网信息的保密管理,防止泄密事件的发生。计算机信息系统应当采取有效的保密措施;未采取技术安全保密措施的数据库不得联网,并实现内、外网隔离。

(5)计算机信息网络安全坚持"保护与管理并重"和"谁主管、谁负责,谁运用、谁负责"的原则。其中,保密工作、密码管理、信息化处理、互联网新闻信息管理,负责各自职责范围内的计算机信息网络安全保护管理工作。

(6)计算机信息系统的使用个体作为安全等级保护的责任主体,按照国家有关管理规范、技术标准,确定计算机信息系统的安全保护等级。对新增设的计算机使用确定计算机信息系统的安全保护等级,并同步建设符合该安全保护等级要求的信息安全设施。

3.8.1　打牢基础设施建设,夯实安全工作基石

(1)各级领导和人工影响天气管理人员必须从思想上高度重视,积极向当地主管领导及相关部门宣传、汇报、请示工作,争取他们的支持,增强他们对安全工作重要性的认识。

(2)要做好炮点(站)火箭弹、炮弹等弹药的安全防范。

(3)要加大安全作业投入,增强安全保障能力。

3.8.2　提高人工影响天气工作者的业务技能,消除安全隐患

(1)坚决执行"三证"制度,消除作业安全隐患。每年对高炮、火箭发射装置进行年检,年检合格发年检合格证,年检不合格的坚决不能使用;把好上岗人员培训、复训关,杜绝无证上岗;严格审查新增作业点设置,复查原有作业点设置,对审查、复查不符合规定的作业点,坚决不发和收回炮点设置许可证。

(2)要落实作业人员岗前安全培训制度。各地、县都要在进点前组织对有关人员定期或不定期的安全知识、技能、管理、操作规范的培训、再培训教育工作。提高领导、作业人员的安全技术素质和自我保护意识。

(3)建设在人口密集地的弹药库,必须搬迁到安全地带或停止使用。

(4)各地必须建立人工影响天气作业前的公告制度。在进点作业前,通过广播、电视、报刊、布告等方式,向社会公布本地的作业起止时间、作业区域、作业装备类型、捡到故障弹药的

处理方式、意外事故的报告方式等内容,使作业区的群众了解高炮、火箭作业时的注意事项,避免意外事故发生。

(5)各作业点要按规定绘制作业安全射界图,作业时要依据作业安全射界图严格按照作业流程规范作业。

(6)积极推广使用新产品,减少对人畜及建筑物的伤害。

(7)严格按《民用爆炸物品安全管理条例》要求运输人工影响天气弹药,弹药运输安全预案要周到详细。

第4章　工程建设

新疆已基本建成覆盖全疆的人工影响天气监测、指挥、作业网络系统。在防灾减灾、增加水资源、改善生态环境、促进经济发展中发展了重要作用,得到各级政府的肯定和人民群众的普遍赞誉。但是当前新疆人工影响天气业务的科技水平、服务能力与社会经济发展需求不相适应的矛盾仍然十分突出,尤其是探测基础设施薄弱,山区云水资源监测能力很弱,地面作业设备覆盖不足,不能满足大范围、高强度作业需求,迫切需要通过工程建设进一步提高人工影响天气作业能力和整体效益。

4.1　新疆空中水资源综合开发工程

围绕中央新疆工作座谈会对推进新疆跨越式发展和长治久安的全面部署和自治区党委"稳疆兴疆,富民固边"的总体战略方向,根据新疆的区位、资源优势和全国气象部门援疆工作会议精神,以及新疆气象事业现代化发展成果,新疆维吾尔自治区气象局制定了《新疆维吾尔自治区"十二五"气象事业发展规划》,提出了到2015年的发展目标以及到2020年的远期目标。在"十二五"期间,新疆气象事业重点建设空中水资源综合开发、气象为农服务、气象灾害防御系统、新兴产业气象服务和应对气候变化科技支撑等五大工程,并纳入中国气象局《气象发展规划(2011—2015年)》。在自治区政府《关于印发加快水利基础设施建设任务责任细化分解方案的通知》(新政办发〔2010〕155号)中,要求实施"新疆空中水资源综合开发工程",为此,新疆气象局编制了《新疆空中水资源综合开发工程》。

4.1.1　建设目标

利用先进的技术手段和方法,构建阿尔泰山山系、天山山系、昆仑山山系空中水资源的监测网络,形成稳定、科学和可持续的人工增雨(雪)作业体系,使人工增雨(雪)作业区面积由目前的 $34 \times 10^4 \ \mathrm{km}^2$ 增加到 $57 \times 10^4 \ \mathrm{km}^2$,提高三大山系空中水资源综合开发能力。通过人工增雨(雪)作业,使得作业区年降水量增加 $80 \times 10^8 \sim 120 \times 10^8 \ \mathrm{t}$,增强防灾减灾能力,促进新疆经济社会发展。未来依靠人工影响天气科技持续进步,通过进一步增加作业覆盖面积、作业效率和作业能力,最终实现新疆全区年增 $120 \times 10^8 \sim 220 \times 10^8 \ \mathrm{t}$ 降水的潜力目标。

根据新疆的自然地理气候特点和人工影响天气发展,顶层设计开发建设,实现新疆的人工增雨(雪)作业由应急型抗旱作业向长期科学开发利用空中水资源转变。充分发挥各级人工影响天气业务部门的积极性,由国家和地方共同努力,依托现有气象业务系统,在目前已有工作经验和积累的基础上,进一步在阿尔泰山、天山和昆仑山三大山系开展人工影响天气工程建设,形成由三网(空地人工影响天气作业网、综合气象监测网、信息传输通讯网)、一中心(区地县作业指挥中心)、两支撑(科技研发支撑、装备保障支撑)组成的,上下联动、指挥有力、保障充分、作业科学的新疆人工影响天气业务体系。

4.1.2　主要建设内容

（1）飞机探测与作业能力建设：购买飞机 2 架，另租赁飞机 1 架，建立 3 个飞机人工增雨（雪）作业基地。

（2）地面作业能力建设：统筹部署兵地作业系统，新建标准化作业点 200 个、移动火箭发射装置 174 套、固定火箭发射装置 612 套、远程遥控地面烟炉播撒装置 672 套，以及地面配备作业通讯设备 1458 部。

（3）地面监测能力建设：在新疆气象观测网发展基础上，增设 X 波段天气雷达 15 部、移动 Ka 波段毫米波雷达 1 部、激光雨滴谱仪 24 个、微波辐射计 5 个、边界层风廓线固定式雷达及装备保障和效果检验设备 4 套。

（4）宽带网扩充建设：依托气象业务通信和计算机网络系统，对新疆三大山系区域的气象宽带主干网扩充升级，建立连接区、地、县三级人工影响天气部门之间的业务骨干网。

（5）区地县三级指挥中心建设：1 个区局指挥中心基础设施建设，15 个地（州、市）级指挥中心基础设施建设。

2011 年 6 月 22 日，新疆维吾尔自治区发展和改革委员会在北京召开《新疆空中水资源综合开发工程》专家论证会。由中国工程院院士为首的专家组认为，该工程针对新疆的空中云水资源开发必要性，以及开发能力上的不足和迫切需求，进行了精心设计考虑，提出目标明确，建设内容完整，布局合理，方案可行，投资估算基本合适，通过论证，尽快上报审批。

4.2　新疆人工增雨（雪）应急工程

4.2.1　工程目标

随着全球气候变暖，近年来新疆以干旱为主的极端天气事件十分突出。受此影响，2007、2008 年新疆出现了自 1974 年以来最为严重的持续干旱，给国民经济和社会发展特别是农牧业生产造成重大损失。

自治区党委、政府高度重视抗旱救灾工作，中共中央政治局委员、自治区党委书记王乐泉和自治区主席努尔·白克力做出重要指示，要求高度关注全球气候变暖趋势，积极提高应对气候变化能力，强调要全力以赴加强人工影响天气工作。为了全面贯彻落实王乐泉书记和努尔·白克力主席的指示精神，自治区气象局、人工影响天气办公室制定了《新疆人工增雨（雪）应急工程实施方案》。

4.2.2　工程目标和建设内容

按照一体化、集约化原则，建立覆盖阿尔泰山、天山主要河水流域集水区和主要山区草场、农田的由催化作业、人工影响天气监测、作业指挥、信息传输、技术保障组成的人工增雨（雪）技术系统；组织实施全年无间隙（只要出现可进行人工增雨（雪）作业的天气条件均开展催化作业）人工增雨（雪）作业，使作业覆盖区的降水量在现有基础上增加 10% 以上，年增加水资源 $15 \times 10^{8} \sim 20 \times 10^{8}$ t。增加河水径流量，使山区草场、林地、农田的旱情得到缓解，生态环境恶化得到遏制,为促进覆盖区域农牧业生产发展做贡献。

1. 人工增雨(雪)催化作业

催化作业系统是人工增雨(雪)应急工程的主体。通过采用固定和移动车载火箭、三七高炮、地面碘化银烟炉和飞机作业手段,在阿尔泰山、天山区域合理布设作业点,精心设计作业方案,实现飞机、火箭、高炮、烟炉立体联合作业,组织实施全年无间隙人工增雨(雪)作业,获得显著的增水效果。

在改装飞机上装备机载碘化银烟条作业装置和碘化银焰弹发射装置,飞行作业时在云体内或云顶实施播撒催化作业。充分发挥现有作业装备的基础上,新增火箭发射系统156套、地面碘化银烟炉50套。建立覆盖阿尔泰山、天山主要河水流域集水区和主要山区草场、农田的催化作业体系,作业覆盖面积达到 $34 \times 10^4 km^2$。

2. 人工增雨(雪)监测

加强阿尔泰山、天山区域的12个地(州、市)人工增雨(雪)监测,实现多项气象要素值在时间、空间上的加密观测,使山区地面气象观测要素趋于完善并实现自动化。在依托地面各种气象观测资料的基础上,开发卫星遥感、天气雷达观测技术,形成地面、飞机、卫星遥感监测网。通过各类监测手段,实现对阿尔泰山、天山山区人工增雨(雪)作业云系的跟踪监测和对云降水结构的观测,为阿尔泰山、天山山区作业方案设计、作业实施和作业效果评估检验提供科学依据,实现对云催化作业部位、云催化作业时机和催化作业剂量的掌握。

以国家气象观测网为基础,以主要河流集水区为重点,增加50个6要素自动气象站,增加监测密度。

根据人工增雨(雪)应急工程的需要,在阿尔泰山、天山山区的阿勒泰、塔城、新源、哈密和巴音布鲁克布设5部X波段天气雷达。利用天气雷达探测云雾降水强度的功能,实现对空中降水和其他微粒等运动目标的特性进行探测,深入对降水云系结构更精细的了解,得到阿尔泰山、天山作业区内云降水系统内部的宏观动力结构、云水资源分布特征。从宏观上了解云系中各种水成物粒子的分布状况,估算降水范围与强度,为人工增雨(雪)天气预报、作业指挥和效果评估提供科学依据。通过基本覆盖阿尔泰山、天山作业区的天气雷达观测,提高对降水天气短时预报的准确率,更好把握人工增雨(雪)的作业时机和部位,凝练出降水云作业判识指标,形成山区人工增雨(雪)作业指标体系,实现对山区人工增雨(雪)作业的科学指挥。

健全阿尔泰山、天山区域地(州、市)气象局卫星遥感接收系统。利用卫星遥感手段,从空中对云水尤其是山区降水云系发展情况进行监测,提供云水发展演变特征,为人工增雨(雪)天气预报、决策指挥、催化作业、效果评估提供科学依据。

3. 人工增雨(雪)信息传输

在阿尔泰山、天山山区建立人工增雨(雪)监测作业指挥信息传输系统,逐步实现相关气象观测信息的高效传输和人工影响天气作业指令的有效发布,实现监测数据及作业指挥信息的多层次、多地区的资源共享,提高阿尔泰山、天山山区气象通信系统的传输能力和有效覆盖范围。

在充分利用公共网络的基础上,针对山区、边远和荒漠等通信盲区,采取GSM基于短消息控制的移动通信网络、北斗卫星短信系统等特殊通信手段进行系统建设,构建满足阿尔泰山、天山山区人工增雨(雪)应急工程作业业务需求的信息传输系统。包括1套机载GPS北斗卫星定位导航短信通讯系统,在移动增雨防雹火箭车上安装78套人工增雨(雪)GSM移动通讯短信指挥系统。

4. 人工增雨（雪）作业指挥

在自治区人工影响天气业务中心和阿尔泰山、天山区域的地（州、市）和县（市）分别升级建立人工增雨（雪）应急指挥中心。建立和健全作业指挥系统，承担各种气象探测数据、作业天气预报预警、作业指标判别、作业方案设计、作业监控和效果评估等工作。对人工增雨（雪）作业点进行指挥，下达作业指令。作业指挥针对人工增雨（雪）作业的特殊要求，建立集气象监测、信息采集、分析与加工处理、区、地两级预报会商为一体的作业指挥平台，实现统一指挥、统一调度以及跨地区的联合指挥作业。

5. 人工增雨（雪）技术保障

根据人工增雨（雪）应急工程的需要，建成由地面保障、飞机保障、遥感监测保障三部分组成的技术保障系统。地面保障系统是保证监测、通信、指挥系统的稳定运行，保证人工增雨（雪）作业火器、地面碘化银烟炉的维护保养以及作业飞机的技术支持，为野外作业提供工作、生活保障，保证自治区、地、县级三级人工增雨（雪）应急工程的有效实施。

飞机保障系统包括：改装、租用 2 架机动性能较好的作业飞机，装备云降水微物理、气象探测和机载作业设备，形成飞机探测作业平台。选择具有稳定、飞行保障功能完备的主降飞行基地和 1～2 个备降机场。实现在降水天气过程中，根据人工增雨（雪）和空中管制的指挥，在云中、云顶进行探测，通过云降水微物理探测与气象观测，在云合适的部位、合适的时机、采用合适的方式和催化剂剂量对云实施作业，保障人工增雨（雪）飞行催化作业的有效实施。

遥感监测保障系统以卫星遥感分析处理系统为主，保障卫星遥感分析处理系统的正常运转，要求各备件齐全、维护保养及时到位。实现利用中规模同步卫星资料接收处理系统接收资料，以及 TM 资料、EOS/MODIS 资料、NOAA 系列资料和风云气象卫星资料开展对作业区域的云水、生态环境动态的前期、中期和后期的监测，为人工增雨（雪）应急工程的实施提供决策、指挥依据。

4.2.3　实施内容

新疆人工增雨（雪）应急工程自 2009 年春开始，至 2012 年春结束，已实施了三年。人工增雨（雪）应急工程实施以来，作业飞机增至两架，开展冬季和春季人工增雨（雪）作业，作业时段由当年 11 月延长至次年 5 月，作业范围由天山扩大到阿尔泰山、昆仑山，作业区面积由 $17 \times 10^4 km^2$ 扩大到 $34 \times 10^4 km^2$。2009 年 11 月至 2012 年 5 月，飞机人工增雨（雪）累计飞行 100 架次、565 h、作业 402 h、燃烧烟条 1256 根、投掷焰弹 13550 枚，碘化银播撒量 188 kg。

人工增雨（雪）应急工程实施以来，全疆已配发人工影响天气作业火箭发射系统 183 套（固定 42 套、车载 141 套），完成布设地面碘化银作业点 46 套，实现了飞机、火箭、高炮、烟炉立体联合作业。2009 年 1 月—2012 年 5 月，地面作业累计发射炮弹 41.6 万发、火箭弹 4.3 万枚、燃烧烟条 1720 根、碘化银播撒量约 1700 kg。共购置、调配、更新 7 部 X 波段天气雷达，其中多普勒 4 部，安装调试验收后，交付伊犁、阿勒泰、博州和巴州人工影响天气办公室以及吉木乃、哈巴河、特克斯县人工影响天气机构，现已投入人工影响天气业务使用。按人工影响天气业务要求，50 套自动雨量气象站进行选型，在山区进行了布设。建设自治区级人工影响天气业务指挥系统 1 套，由一平台、一网站、三系统组成。地（市）级人工影响天气业务指挥系统 6 套，在伊犁、石河子、阿克苏、和田、塔城、博乐安装使用。在且末县建设了县级人工影响天气业务指挥基地。将区人工影响天气办公室自主研发的 XR－08 型人工影响天气作业指挥终端，布设到阿克苏八县一市、昌吉、塔城、博州、乌苏、沙湾、玛纳斯县，三年共完成 213 套的布设，形成了人工影响天气作业指挥信息通讯网。

与南京信息工程大学大气物理学院联合举办 4 期人工影响天气业务技术培训班。与成都信息工程学院签署人才培养、技术培训、工程项目等。

4.2.4　取得的效益

2009—2012 年应急工程实施期间，北疆年平均降水量 270.4 mm，天山山区年平均降水量 471.2 mm，南疆年平均降水量 62.0 mm。工程实施期间相对工程实施前 1981—2008 年，北疆年平均降水量增加 51.9 mm，相对增加 24%；天山山区年平均降水量增加 51.1 mm，相对增加 12%；南疆年平均降水量增加 7.5 mm，相对增加 14%。工程实施期间新疆年平均降水量增加 36.8 mm，相对增加 17%。按作业影响面积 $34\times10^4\,km^2$ 计算，每年增加降水 $125\times10^8\,t$，两年累计增加降水 $250\times10^8\,t$。按每吨水 0.15 元计算，经济效益 38 亿元，人工增雨（雪）应急工程效益巨大。

4.3　新疆空中水资源开发飞机作业能力建设工程

按照新疆维吾尔自治区党委张春贤书记和中国气象局党组书记郑国光局长的指示，根据中国气象局和国家发展改革委联合印发《人工影响天气发展规划（2008—2012 年）》和新疆空中水资源综合开发工程的目标，自治区人民政府和新疆气象局提出了《新疆空中水资源开发飞机作业能力建设工程项目》，项目建设内容按照一中心、三基地和购置两架飞机安排。

4.3.1　建设目标和原则

1. 建设目标

利用先进的技术手段和方法，构建阿尔泰山山系、天山山系、昆仑山山系空中水资源的监测网络，形成稳定、科学和可持续的飞机人工增雨（雪）作业体系，使人工增雨（雪）作业区面积由目前的 $34\times10^4\,km^2$ 增加到 $57\times10^4\,km^2$，提高三大山系空中水资源综合开发能力。通过飞机人工增雨（雪）作业，使得作业区年降水量增加 $80\times10^8\sim120\times10^8\,t$，增强防灾减灾能力，促进新疆经济社会发展。未来依靠人工影响天气科技持续进步，通过进一步增加作业覆盖面积、作业效率和作业能力，最终实现新疆全区年增 $110\times10^8\sim220\times10^8\,t$ 降水的潜力目标。

同时兼顾国土、农业、林业、水资源调查、森林草场灭火、航空摄影、生态监测、抢险救灾、国家安全等目标。

2. 建设原则

（1）围绕社会需求，突出建设重点。紧密围绕自治区经济发展和社会进步的需求，以三大山系空中水资源综合开发利用为重点，紧紧围绕需求来综合考虑项目的设计与实施，显著提升新疆飞机人工增雨作业能力和水平，缓解制约新疆社会经济发展的矛盾。

（2）依托地理特点，科学规划建设。根据新疆地理特点，科学规划，统筹布局。

（3）注重统筹集约，坚持资源共享。技术方案的设计，要与资金投入和运行机制相结合，坚持效益优先，资源共享，充分利用现有气象业务系统，避免重复建设。高性能专用飞机主要用于人工增雨(雪)作业,同时可为农业、林业、国土资源等部门开展遥感监测、航拍、防灾减灾服务。

(4)技术适用可靠,设备标准成熟。项目建设要充分考虑项目在技术、经济、实施等方面的可行性,采用技术成熟、稳定可靠、标准化程度高的国产为主的设备和软件,坚持技术先进性、产品成熟性与工程可行性的统一。

(5)全面协调可持续发展。要将国家发展目标与区域及地方发展目标、部门优势与其他行业及社会资源优势、项目建设与项目运行有机地结合起来,重视人才队伍建设和人员技术培训,探索建立持续投入机制保证,确保项目效益可持续发挥。

4.3.2　建设内容与规模

根据新疆山区的自然地理和气候特点,进行新疆山区空中水资源长期开发建设,实施山区飞机人工增雨(雪)作业,实现由应急型抗旱作业向长期科学开发利用空中水资源转变。充分发挥各级人工影响天气业务部门的积极性。由国家和地方共同努力,依托现有气象业务系统,在目前天山山系部分区域已经开展飞机人工增雨(雪)业务积累的工作经验的基础上,进一步扩大到阿尔泰、天山和昆仑山三大山系,装备先进的监测仪器和作业设备、配备用于作业和探测的专用飞机,并建设覆盖全疆的三级人工影响天气指挥中心,形成上下联动、指挥有力、保障充分、作业科学的新疆飞机人工增雨(雪)业务系统。

主要建设内容:

(1)飞机作业能力建设:新购置高性能作业飞机 2 架,根据需要继续租用 1 架空军运－8型作业飞机,形成新疆区域内拥有 3 架性能比较优良的人工增雨作业飞机新格局。

(2)飞机作业指挥中心建设:在乌鲁木齐建立自治区飞机人工增雨(雪)作业指挥中心,建设综合业务基础设施,包括建成具有功能齐全的现代化指挥系统,建设培训中心,承担对全区人工影响天气作业、指挥人员的业务培训。

(3)飞机作业指挥和保障基地建设:根据作业飞机起降条件的要求和停靠机场的布局,选择对应机场所在地的库尔勒、克拉玛依(备选石河子)、和田建设三个飞机作业指挥和保障基地。形成具有保障空中云水资源监测、飞机作业业务指挥、装备维护、作业和机组人员食宿、作业工具和弹药存储等功能的基地。

4.4　吐鲁番和哈密地区空中云水资源开发利用项目建设

吐鲁番和哈密地区位于新疆东部,降水稀少水资源严重不足,区域内没有一条稳定的河流,人均水资源占有量仅为新疆平均水平的 1/2。近年来,随着区域经济的不断发展,工农业和生态用水矛盾日益突出,地下水和坎儿井减少,部分坎儿井井水断流,水资源短缺局面非常严峻。积极开展人工增水工作,缓解水资源供需矛盾,对促进吐哈地区经济持续发展和社会稳定具有重要意义。

4.4.1　建设目标

以吐哈地区现有气象业务系统为起点,采用国内外先进的人工影响天气技术装备和手段,按照一体化、集约化原则,建设由地面人工影响天气作业网、监测网、信息传输通讯网、区地人工影响天气指挥中心、科技支撑系统、装备保障系统 6 部分组成、相互协调的东天山人工影响天气业务技术体系。进一步提高吐哈地区人工影响天气作业能力和综合技术水平,使吐哈地区人工影响天气工作在设施、规模、水平和效益上取得跨越式发展,为吐哈地区农、林、牧、工业增加降水,增加大、中型水库蓄水量,缓解水资源短缺,改善生态环境,促进吐哈地区经济社会发展发挥作用。

项目建成并投入业务运行后,可提高空中水的转化率,增加吐哈区域内的降水量,初步估计:每次作业过程增加影响区单位面积降水量 10%～15%,每年可增水 $14×10^8～63×10^8$ t。

4.4.2　建设内容

综合气象监测:在吐鲁番市和巴里坤县大河沿子镇各建一部 C 波段多普勒天气雷达;新建 35 套 6 要素自动气象站;建设 2 套双通道微波辐射计;组成东天山南北区域气象监测网,为吐哈地区提供中小尺度天气监测、预报预警和人工影响天气作业指挥和效果评估的基础资料。

地面催化作业:在东天山山系建设 30 套远程遥控地面碘化银烟炉;新增 18 套移动火箭发射装置,与现有的 2 门三七高炮、28 套地面烟炉、46 套固定火箭和 11 部移动火箭发射装置,组成基本能覆盖东天山作业目标区域的地面催化作业网。

信息传输通信:依托不断升级扩充的气象宽带业务网和公用网,建立连接自治区、地区、县级人工影响天气部门之间业务骨干网,建立地区指挥中心和县级作业基地之间,指挥中心与作业外场之间的可视会商和实景监测系统。

作业指挥中心:在吐鲁番和哈密市各建立 1 个人工影响天气指挥中心,建立作业指挥系统,具备预报、预警和技术支持功能。能够提供人工增水作业所需的短期气候趋势预测、天气预报、空中水汽条件预报、作业短时潜势预报、作业区判识监测预警和云水数值预报、催化作业效果评估等产品。

科技支撑:根据地面自动气象站、气象卫星、天气雷达等监测资料,揭示东天山区域云的宏微观结构、水汽输送和水分转化以及地形云形成发展的热力和动力机制,建立可播云增水物理模型,为人工增水提供作业决策依据,提高增水作业的科学性和有效性。

后勤装备保障:在吐鲁番和哈密市各建立 1 个作业保障中心,在伊吾、巴里坤、托克逊、鄯善县各建 1 个保障基地,构成全方位的保障体系。保证人工增水作业天气监测、信息传输、作业指挥、催化作业、效果评估等各个环节的正常有效运行,为吐哈地区空中云水资源开发利用项目顺利实施提供安全可靠的技术支援和后勤保障服务。

4.4.3　建设工程效益

项目建成后,将明显增加东天山区域的降水量,增加河水流量和地下水储量,缓解水资源短缺的矛盾,促进经济可持续发展,增加农牧民收入、改善生态环境、促进旅游业的发展,直接经济效益可达数亿元。

4.5　阿克苏地区联合防雹作业示范区建设

阿克苏地区强对流天气活动频繁,是全疆冰雹重灾区之一。全地区雹灾损失比例大,降雹次数占南疆的近三分之二,全疆三成以上;受雹灾危害面积占南疆三分之二以上,占全疆四成左右。2009 年阿克苏地区遭遇了历史罕见的冰雹天气,全地区受雹灾面积 74.9 万亩,总损失 3.8 亿元。9 月 5 日阿克苏市南部 4 乡镇、场冰雹受灾农枚民人口 2.5 万人,农作物受灾面积 8.6 万亩;农业、林果业的直接经济损失高达 1.3 亿元;新和县受灾面积 5 万亩;库车县受灾 4.6 万亩。7 月 27 日乌什县 2 乡、场先后出现冰雹,1.0 万亩农作物受灾,棉花、玉米、蔬菜等损失 378.9 万元。2009 年 8 月 20 日新和县出现雹灾,受灾面积 14.5 万亩,总损失 3432 万元。

4.5.1　建设原则

(1)打破县、市行政界限,统一指挥,统一调度,增强结合部的防御力度,提前防御,形成联防格局。

(2)加强流动作业点建设,建成固定和移动作业点密切配合的联合防雹作业体系。

(3)增强火箭发射装置的火力,加大单位时间内的作业催化量,建成以 XR－08 型人工影响天气通信终端为主要设备的通信网。

4.5.2　业务运行体系建设

地区人工影响天气办公室负责示范区的技术交流、雷达探测、天气预报、空域申请、作业区域划分、联防经费筹集等进行协调;监督防区内各单位制度建设和管理,把安全问题放在人工影响天气联防工作的首位,杜绝安全责任事故的发生。

业务运行机制。联合防雹运行所需的设备和弹药由地区人工影响天气办公室统一调配。2010 年地区联合防雹作业示范区建设由东、西两个联防示范区组成。西部联合防雹示范区包括乌什、温宿、阿克苏市防区,由地区、雷达一站两部雷达联合监测防区内的天气状况并进行作业指挥;东部联合防雹示范区包括拜城、新和防区,由雷达二站、拜城雷达站联合监测防区内的天气状况并进行作业指挥。东、西部联合示范区通过通信网络实现信息的共享与交流。

4.5.3　建设内容

1.新增 22 个人工防雹作业点

2 个联合防雹示范区新增设固定作业点 5 个、流动作业 17 个。其中西部联防示范区新增固定作业点 3 个,流动作业点 10 个;东部联防示范区新增固定作业点 2 个,流动作业点 7 个。

2.通信组网建设

阿克苏地区人工防雹作业通信联络方式长期以来使用甚高频电台,严重滞后于其他人工影响天气装备和技术的发展,远不能满足目前人工防雹作业指挥和通信联系的要求,需新增 33 套 XR－08 人工影响天气通信终端,以提高联合防雹作业的通信和指挥能力。

该项目总投入 413 万元,由自治区和当地政府共同投入,已于 2012 年完成建设任务。

4.6　乌鲁木齐河流域人工增水工程

乌鲁木齐是世界上距离海洋最远的内陆城市,同时也是一个典型的干旱缺水城市。近年来,乌鲁木齐市现有的水资源严重衰减,污染加剧,使水资源的环境容量和承载能力大大降低,严重地影响和制约着乌鲁木齐市社会经济的可持续发展,政府对水资源开发利用提出了更高要求。

　　为了加快发展本市人工影响天气事业，认真贯彻执行 2005 年 4 月 5 日国务院办公厅印发的《国务院办公厅关于加强人工影响天气工作的通知》精神，按照《新疆维吾尔自治区人工影响天气发展规划》和市政府 2005 年 6 月 10 日印发的《关于加强乌鲁木齐市人工影响天气工作的意见》的具体要求，编制了《乌鲁木齐河山区人工增水工程》。本工程的实施对提高乌鲁木齐人工影响天气的科技水平和效益，更好地服务于防灾减灾、缓解水资源短缺特别是乌鲁木齐生态环境的保护和治理，全面建设小康社会以及促进人与自然和谐发展等具有重要的现实意义。

4.6.1　项目建设目标

　　通过工程项目的实施，建成由降水天气监测预测系统、通信指挥系统、催化作业系统、效果评估和科研系统、科技服务和技术保障系统组成的乌鲁木齐现代化人工增水业务技术体系。开展科学、有计划、成规模的人工增水工作，建立完善的业务流程和技术方法，全面提升乌鲁木齐人工影响天气能力，进一步为本市经济可持续发展和生态环境的保护与治理提供科技和资源支持。

　　乌鲁木齐河山区人工增水工程的实施，重点放在对本市经济发展和生态环境保护起决定性作用乌鲁木齐河水系流域的集水区域。另外，在冬季（12—2 月）结合自治区北疆沿天山一带的飞机人工增雪作业，开展飞机、火箭人工增雪，增加本市乌鲁木齐河流域的降雪量。按此方案设计，人工增水受益面积可达 300 km² 以上，增水效益 20%。

4.6.2　建设的主要内容

　　乌鲁木齐河流域人工增水工程：一个体系（现代化人工增水作业指挥体系）下的五个子系统，重点建设该体系中的乌鲁木齐人工增水作业指挥中心以及沿乌鲁木齐河流域的三大片区四个增水基地。

　　一个体系：即现代化人工增水作业体系，将《乌鲁木齐河山区人工增水工程》作为一个系统工程进行设计和建设，使之成为一个系统化、现代化、可持续发展的有机整体。建成适合乌鲁木齐地区实际情况的现代化人工增水作业体系。

　　五个子系统：依据《新疆人工影响天气发展规划》要求，现代化的人工增水体系分为降水天气监测预测预警系统、综合信息收集分析处理与决策指挥系统、人工增水作业催化系统、人工增水效果评估与改进系统、科技服务与技术保障系统。

　　1.降水天气监测预测预警系统

　　针对本工程特点，在常规天气预报基础上，依托现有的气象现代化建设，利用卫星云图、数值天气模拟、新一代天气雷达观测、地面自动气象站、作业点地面探测仪器等，提高中小尺度天气监测能力，准确预测伴随降水天气系统的云况，降水的具体落区和量级以及其他物理量的状况。尽可能不错过每一次有利的天气作业时机，准确把握作业部位，作业剂量，作业时间。在新一代天气雷达上开发人工增水作业指挥系统。

　　2.综合信息收集分析处理与决策指挥系统

　　健全以无线通讯、计算机网络为主，其他通讯手段结合应用的通讯网络，对开展人工增水作业工作过程中所产生的探测资料，天气资料和作业资料等各类信息进行收集整理，将各类人工增水工作信息汇总收集齐全，并能将各类信息及时送达有关领导和相关部门。根据本市人工增水作业的实际，针对各地开展作业的不同特点，对人工增水工作进行业务指挥。

在新一代天气雷达远程终端上开发的人工增水计算机辅助指挥系统,根据降水回波的分类,确定云中含水量、降水潜力、最佳作业时机、作业部位、用弹量、需要作业的炮点、准备作业的炮点等,达到科学指挥、合理作业的目的。

3.人工增水作业催化系统

采用火箭、微型遥控无人驾驶飞机和碘化银燃烧烟炉等地面催化播撒装备,以及在有条件的情况下,租用飞机等各种作业工具和不同类型催化剂,选择条件合适的天气过程和云体部位,对目标云进行人工催化。需要在乌鲁木齐河山区重点建设三大片区四个增水基地。

三大片区:南山高海拔冰川区域、中天山乌鲁木齐河流域区、乌鲁木齐河近南山冲积扇平原区。

四个增水基地:在原有基础上扩建大西沟一号冰川、白杨沟、小渠子、永丰四个增水基地。每个基地除固定一个火箭发射点外,都在其附近综合考虑气象、水文、交通、空域等条件后,再建立 2~6 个车载式流动火箭作业点,分属各基地管理。

4.人工增水效果评估与改进系统

根据所收集的各类信息资料,对增水作业效果进行评估,同时对准备开展人工增水作业工作的计划和要引进的新技术、新装备进行可行性评估,指导各点的人工增水工作。对人工增水作业效果的评估,采用统计检验和物理支持的方法进行,建立乌鲁木齐市云降水数值模式检验评估的方法,为科学作业,不断提高实战水平奠定基础。

5.科技服务与技术保障系统

关于人工增水方面的先进理论技术和装备在本市的应用,要适合本市的环境条件,应该有一个适应、调整和推广的过程。应建立一个技术应用推广,服务和保障机制,逐步提高人工增水业务技术水平,增大科技含量,维护人工增水作业体系的正常运转。

4.7　生态安全工程——"西北区域"人工影响天气能力建设

本建设项目覆盖陕、甘、宁、青、新、新疆兵团及内蒙古西部四盟市(简称"西北区域",下同),在西北区域内建立飞机和地面作业、监测、作业指挥、效果检验、技术支撑保障等构成的人工影响天气作业体系,为西北区域生态安全、山区冰川、流域来水、抗旱救灾、森林防火等提供有效保障。"西北区域"人工影响天气能力建设项目作为保护生态安全、开发利用空中云水资源及《气象发展规划(2011—2015 年)》、《全国生态功能区划》、《全国新增 500 亿千克粮食生产能力规划(2009—2020 年)》气象保障体系项目——人工增水与防雹工程的重要组成部分,遵循科学发展观,坚持以人为本,面向构建和谐社会、建立社会主义新农村、保障国家粮食安全的需求,建设基本覆盖整个西北区域的飞机和地面作业、监测、作业指挥、效果检验、人工影响天气实验和人员培训等构成的人工影响天气作业体系,全面提升西北地区人工影响天气科技水平和服务能力,为西北地区生态建设和保护、开发利用空中云水资源、粮食安全、抗旱减灾、森林防火等提供有力保障。

4.7.1　项目建设目标

本项目建成后,将达到以下的预期目标:在目前年增水 $130\times10^8\sim156\times10^8$ m³ 基础上,通过增加作业面积,延长作业时间,年降水增加 $10\%\sim15\%$,达到年增水 $240\times10^8\sim266\times10^8$ m³

的人工增水能力,同时显著提高人工防雹保障农牧业生产、农民增收的能力和水平,为实现"西北区域"生态安全目标的落实及提高农牧业生产能力作出更大贡献,极大地提升我国飞机人工影响天气作业和空中云水资源监测、开发等能力,西北区域飞机人工影响天气作业可覆盖面积由现有 $113×10^4 km^2$ 扩展到 $209×10^4 km^2$(除边境禁飞区外),作业期由目前的季节性作业拓展到全年性作业,作业对象由现在的层状云、对流云为主拓展到除不适合飞行外的具有西北特点的山区地形云;显著提升地面作业匹配、弥补飞机作业的能力,有效消除农牧业主产区地面增雨防雹作业盲区,全面提升人工防雹智能识别指挥能力,地面作业的增水面积和防雹可保护面积增加 $36.7×10^4 km^2$;有力地促进我国人工影响天气自主创新,在人工影响天气作业效果检验和新装备研发等方面,为西北区域和全国人工影响天气业务发展提供科技支撑;建立较为完善的区域级人工影响天气业务系统,在西北地区形成统一协调、区域联防、跨省区作业的人工影响天气业务能力和运行机制,基本实现国家对区域人工影响天气作业的统筹协调和业务指挥。

4.7.2　建设内容与规模

西北区域人工影响天气能力建设项目主要为七项内容:飞机作业能力建设、区域人工影响天气飞机作业保障中心建设、人工影响天气作业指挥业务系统建设、地面人工影响天气作业能力建设、观测系统建设、效果检验外场试验区建设和人工影响天气联合开放实验室建设。

(1)飞机作业能力建设:国家新购置高性能作业飞机 7 架,地方使用自购小型作业飞机 1 架,继续租用 7 架作业飞机,形成"西北区域"内拥有 15 架增雨(雪)飞机的新格局,飞机进行必要改装,相应适量安装机载探测、播撒、地空通信设备。

(2)区域飞机作业保障中心建设:在"西北区域"建立 1 个区域级、6 个跨省区人工影响天气飞机作业保障中心,建设业务楼、飞机作业地面保障系统、配套设施;在其他 13 处起降人工影响天气作业飞机停靠地,建立飞机作业保障基地、配置机场综合气象保障系统。

(3)人工影响天气作业指挥业务系统建设:在现有条件基础上,建设或升级完善区域、省、市、县四级人工影响天气作业指挥系统。建立"西北区域"级(1 个)、省级(7 个)、市级(60 个)、县级(381 个)四级人工影响天气作业指挥系统。

建设区域级(1 个)、省级(7 个)、市级(70 个)人工影响天气视频会商系统,其他市县使用天气会商系统。

(4)地面人工影响天气作业能力建设:增加地面人工影响天气作业装备,配备 37 高炮 691门,火箭发射装置 1586 部、地面碘化银燃烧炉 1047 部,配备无线上网气象信息显示终端 548套、GPS 定位系统 1477 套、作业点实景监控 2342 套,绘制射界图 3107 张;完善地面作业点基础设施建设,建立标准化作业点 2897 个。配置空域申请设备,建设作业点安全体系 2897 套;人工影响天气弹药安全存储保险柜 3398 个;人工影响天气弹药安全储运箱 335 个。

(5)观测系统建设:新建 9 部 C 波段和 38 部 X 波段移动车载雷达观测系统;49 部小型车载雷达;6 部云雷达;16 套微波辐射计;20 套 GPS 探空;90 套雨滴谱;88 套 GPS/MET 水汽探测设备;6 个 GPS/MET 数据处理中心;13 套激光测云仪;9 套降水化学分析仪;3221 套测电板;25 套探空火箭接收系统;六要素、二要素自动气象站各 252 套;7 部风廓线雷达;16 套自动土壤水分观测站;7 套机载云微物理粒子探测系统;8 套机载云宏观成像分析仪;1 套甚高频语言通讯设备;12 套北斗导航系统。

（6）效果检验外场试验区建设："西北区域"建设 4 个效果检验外场试验区，各作业效果评估对比观测区，配备 6 要素自动气象站、雨滴谱仪、自动土壤水分观测站、全自动国产 GPS 探空系统、移动 X 波段双偏振多普勒雷达系统、微波辐射计、风廓线雷达；统一开发效果检验评估系统软件。建立 1 个人工影响天气效果评估中心。

（7）人工影响天气联合开放实验室建设：通过建设风洞、云室、燃烧室并配备相应检测试验观测设备，进一步完善大气科学室内、外场试验基础设施建设。

第 5 章　科学研究与外场试验

　　新疆维吾尔自治区人工影响天气办公室在长期的农业抗旱、防雹、增雨（雪）、森林灭火工作中组织开展了大量的试验研究工作，积累了丰富的理论基础与实践经验，科研和技术创新工作取得了丰硕成果。20 世纪 70 年代末期，新疆人工影响天气工作者就以新疆昭苏地区为主要防雹试验区，采用垂直气流仪、平移气球和小块积云示踪法，配合 701、711 雷达对冰雹云气流场进行综合探测，获取了大量的宝贵资料，邀请了国内云物理方面的专家和学者，分析研究了这批珍贵的观测和试验资料，出版了《新疆昭苏地区冰雹和冰雹云若干问题的研究》，内部编印了新疆《人工影响天气研究报告集》上、下册，为开展冰雹、冰雹云及人工防雹的科学研究奠定了坚实的基础。1983—1985 年新疆人工影响天气办公室作为主要参加单位完成了国家重点课题"北方层状云人工降水试验"，该课题在新疆进行了 3 个冬季的观测研究，以飞机探测为主体，在改装的苏制伊尔—14 飞机上安装了机载粒子测量系统，辅以雷达、探空及地面降雪强度和降雪微观结构观测，系统地总结了新疆冬季层状云的天气、气候特征及降雪机制，取得了可喜的成果。分别获国家科技进步二等奖、中国气象局科技进步一等奖。

　　以下重点介绍自 20 世纪 90 年代以来，由新疆维吾尔自治区人工影响天气办公室承担并获省部级或新疆气象局奖项的课题项目。

5.1　新疆阿克苏地区沙雅多普勒天气雷达人工防雹作业指挥系统

　　1995—1997 年由中国气象科学研究院中尺度气象研究所和新疆人工影响天气办公室共同承担，由张沛源、伍志方共同主持完成。1997 年 6 月 30 日邀请南京气象学院、中国人民解放军总参大气环境研究所、中国气象科学研究院、阿克苏地区世界银行执行办公室、阿克苏地区科委、新疆维吾尔自治区气象局、自治区人工影响天气办公室 9 位专家对课题成果进行鉴定，获得较高评价。该课题获 1997 年度新疆气象科技进步一等奖，同年获新疆维吾尔自治区科学技术进步二等奖。

　　鉴定意见：

　　新疆阿克苏渭干河灌区库车、沙雅、新和三县是国家商品粮生产基地的重要组成部分，又是冰雹灾害多发区。研制先进有效的雷达防雹作业系统，不仅对当地棉花的稳定增产有重要意义，而且对提高新疆和全国人工防雹的科学性和有效性，具有示范和带动意义。课题选题准确，直接面向经济建设。项目完成了 714CD 多普勒天气雷达与 711 常规雷达的对比观测、714CD 多普勒天气雷达雹云识别参数和指标研究、高炮作业参数计算、雷达回波参数自动提取和防雹作业指挥自动化技术研究、714CD 雷达数据格式分析和数据处理方法以及雷达原有软件系统的吸收和改造等多项研究工作，其工作规模和工作量大。系统涉及雷达气象、人工影响天气以及雷达、计算机、通讯网络等多门学科，综合性强。在研制过程中解决了雷达历史资料转化、雷达自动识别雹云方法、确定高炮作业参数、冰雹数值模式预报、作业指挥自动化技术等难度大的科学技术问题,具有创新性。经过一年的试运行表明,该系统处理速度快,识别准确率高,性能稳定,产品质量好,可满足防雹作业要求;且系统采用 C 语言编写,在商业机运行,可很方便地移植到其他的数字化天气雷达上使用,因而具有很好的推广应用前景。该系统经过 1996 年在渭干河灌区三县近 50 个防雹点的实际使用,明显提高了防雹作业的准确性和有效性,减少了盲目作业次数,社会经济效益大。总之,该项目针对人工防雹中的关键性技术环节在国内首次利用常规探测和多普勒雷达提供的基本资料和产品,研制了集冰雹预报、雹云识别、作业指挥以及资料处理分析为一体的人工防雹作业指挥系统,其选题准确,设计周密,技术方法先进,实用性强,在整体上居国内同类系统领先水平,在雹云识别和防雹作业指挥自动化方面达到国际同类系统的先进水平。

5.1.1　系统总体结构

该系统是集雷达技术、计算机技术、网络技术、人工防雹理论和雷达气象原理为一体的高科技产品,以计算机为载体,通过网络与雷达通讯,根据人工防雹理论、经验和雷达气象原理,设计多种算法,采用计算机编程、图像显示和图像自动识别技术研制。该系统由以下四个子系统组成。

1. 人工防雹实时作业指挥子系统

该子系统启动后,首先显示高分辨率的库车、沙雅、新和防雹区的行政、交通、流域、地貌为背景的炮点位置分布图,同时直接提取雷达实时观测压缩数据,进行综合分析,自动识别雹云,并进行各种计算,以数据形式直接显示雹云的具体位置,需要作业的炮点代码以及高炮作业的方位、仰角和用弹量,并发出警报。同时在炮点位置分布图上显示出回波分布图,实现了人工防雹实时作业指挥的需要。

2. 雷达数据处理和显示子系统

该系统通过人机交互方式,处理 714CD 雷达 9 种扫描方式的数据资料,生成和显示 80 多种多普勒天气雷达产品,供冰雹短时预报、防雹作业、雹云分析研究使用。

3. 冰雹预报子系统

该系统利用库车探空资料,通过雹云一维和二维时变模式制作冰雹预报,根据 TS 评分方法,冰雹预报准确率提高到 69.3%。

4. 回波参数和雹云自动识别结果存储及显示子系统

该系统主要存储和显示人工防雹实时作业指挥子系统提取的回波数值和自动识别结果,供防雹人员查阅,以便提高雹云自动识别的准确性和进一步改进参数指标。

5.1.2　解决的主要科学问题

利用 711 雷达和 714CD 雷达外场对比观测和分析研究,找出其间的定量差异,然后用 711 雷达在沙雅的 5 年观测资料,进行定量转换作为 714CD 雷达的强度观测资料,供研究使用。

制定沙雅多普勒天气雷达雹云自动识别方法。利用沙雅 711 雷达的 5 年探测资料和北京多普勒天气雷达的研究结果,通过统计分析,并参考国内外雹云识别的经验,制定了沙雅多普勒天气雷达超级单体和多单体雹云识别判据参数。

确定高炮作业的仰角、方位角和用弹量的计算方法。由于目前防雹原理的不确定性和成雹过程的多样性,确定具体作业部位和计算用弹量十分困难和复杂,通过查阅国内外有关研究成果,结合 714CD 雷达的性能,经过研究对比,推算出作业的仰角、方位角和用弹量的计算公式。

提高冰雹预报水平。根据当地的实际情况,引进雹云一维和二维时变数值模式,通过大量试验,改进各种参数,使之适用于渭干河灌区的冰雹预报。

5.1.3　关键技术

(1)714CD 雷达的原始数据文件是经过厂家保密压缩的,数据文件无法直接使用,必须进行处理。在项目实施期间,厂家更换了软件系统,改变了所有数据格式,为此,课题组又投入大量精力和时间,分析几万组数据,最终解决了 714CD 雷达数据排列格式和含义问题。

(2)计算机自动提取回波参数技术。计算机自动从雷达图像中提取回波参数十分复杂,该系统采用边界提取技术、非规则区域的面积计算和最大距离求算技术,自动找出回波单体,并对每个单体提取 67 种回波参数。

(3)单体和多单体自动识别技术。如何让计算机自动识别出单体和多单体,目前国内外还没有这方面的报道。课题组开发出相应的加工处理技术,使计算机自动进行图像识别。

(4)解决 DOS 操作系统常规内存不能大于 640 K 的编程问题。由于人工防雹作业指挥系统计算量很大,而 DOS 操作系统常规内存限制在 640 K。因此,通过减少与硬盘之间的操作次数,充分利用扩展内存、程序模块化和改变计算方法等解决这一困难。

5.2　多种弹型防雹增雨火箭发射系统

新疆维吾尔自治区人工影响天气办公室为解决生产需求,通过大量咨询、调研,综合分析并提出研制多种弹型防雹增雨火箭发射系统的申请,于 2003 年 5 月立项。在项目组全体成员的共同努力下,经过两年的研制和外场试验,2005 年 6 月圆满完成了项目任务书规定的要求。“多种弹型防雹增雨火箭发射系统”项目由新疆人工影响天气办公室承担,由杨炳华主持。2006 年新疆维吾尔自治区科技厅成果办邀请有关专家进行现场勘验,自治区科技厅邀请新疆电力设备厂、新疆第三机床厂、新疆电机行办、成都信息工程学院、内蒙古自治区五五六厂、自治区气象局、乌鲁木齐市人工影响天气办公室共 7 位专家组成鉴定组,对项目成果进行了鉴定,鉴定认为该项产品达到了国内领先水平,属国内首创。2006 年获得两项国家实用新型专利,同年获新疆维吾尔自治区科学技术进步二等奖。

鉴定意见:

课题组针对国内发射装置“一弹一架”配备模式,通过集成创新,研发出了“多弹一架”的设备装置,是国内唯一具有此功能的新产品。其创新点为:

(1)在一个发射架上可发射四种不同型号的火箭弹。

(2)车载流动式和地面固定式合用一个发射架体。

研究的火箭控制器保证了“多弹一架”发射需求。2005 年通过了由中国气象局组织的验收,同年该装置获新疆气象科技进步一等奖,2006 年申请了国家“实用新型”专利。该装置,可在同等的自然环境条件下,节约成本,缩短作业时间,可达到高效催化的目的,用户使用后得到一致好评。课题组提供的相关标准为产品的批量生产和质量提供了技术管理的保证。项目组提交的材料齐全完整,数据资料可靠,难度大,分析、论证很科学。产品的经济和社会效益很大,达到了国内领先水平,属国内首创。规模与工作量大,很成熟、可行,应用价值很大。

5.2.1　成果的简要技术说明

多种弹型防雹增雨火箭发射系统是人工影响天气新一代作业工具,在适当条件下通过该系统将火箭弹携带的碘化银运载到目标云系中释放,达到对云进行催化的目的。该系统可以由用户根据具体作业的目的来选择装填和定向发射国内四个厂家不同型号的火箭弹;发射轨道口径可以根据需要进行调整;车载流动式作业与地面固定式作业共用一个架体。主要解决了目前国内火箭弹品种多,作业工具通用性差的问题,是国内唯一具有兼容性能的火箭发射系统。这种新型的火箭发射系统,创新地改进了火箭作业工具的通用性,代表了这一产品的先进性和技术发展趋势。

5.2.2　关键技术

(1)火箭发射架定向器采用六轨道设计方案,实现用一部火箭架同时装载六枚直径不同火箭弹的目的。设计了距离可调式挡弹器,保证火箭弹点火片与轨道点火装置距离的一致性,解决了不同企业生产的火箭弹点火片与尾翼的距离不同的问题。

(2)车载流动式与地面固定式共用一个架体结构。火箭发射架主支撑机构采用筒式和大旋转盘,利用车载滑轨和地面机架实现两者的转换。

(3)消除点火开关积碳的设计。目前国内各厂家采用机械式按钮开关来完成,使用一段时间后,发射开关会产生积碳现象,影响发射电流的畅通。该项目采用 RC 延时电路和无触点固态继电器,消除了发射开关触点积碳,稳定地提供了点火能量,确保了发射的成功。解决了发射开关在通过发射电流时能畅通的到达火箭发射架并充分点燃火箭的难题。

(4)发射控制器设计。采用 DC/DC 模块升压、大电容储能、固态继电器点火的电路设计,发射控制器有三种供电方式,以内置电瓶为主,保证了火箭弹的回路阻值检测和点火发射能量的供给。

5.2.3　创新点

(1)装载四种型号火箭弹。定向器分上下两层,每层有三个轨道,上层可装填 $\phi 56$(mm)直径的火箭弹三枚,下层依次装填 $\phi 82$(mm)直径火箭弹、$\phi 66$(mm)直径火箭弹、$\phi 82$(mm)直径火箭弹各一枚。整个定向器(除轨道托架外)首次采用铝合金材料制作,不锈钢螺丝连接,从根本上解决了生锈的问题,提高了发射架的稳定性。

(2)可调式轨道口径,通过更换不同的导轨垫块和更改组合式轨道撑架的尺寸来完成,从而改变了发射架定向器,六发射轨道中不同火箭弹的装载容量。设计了三种不同规格的可活动式导轨垫块,采用铝合金材料制作,保证大小尺寸的一致性。这种结构设计的另外一个特点,就是如果有新的弹种(新型号的火箭弹)出现,稍加改动,就可实现装填,达到了轨道口径扩展的目的。

(3)共用架体结构,车载流动式利用滑轨最下面的四个圆形垫块,焊接在车厢板上,若要改变车载流动式为地面固定式,可将滑轨卸下,用螺丝将发射架固定在地面机架上。

(4)综合考虑了国内几种火箭弹的点火方式和能量要求,兼容了各厂家火箭发射控制器的技术特点,同时满足了 WR－98 型、HJD－82(A)型、RYI－6300 型和 BL－1 型火箭弹的检测和点火的技术标准。

5.3 飞机人工增雪信息空地传输系统的研制及应用

该项目由新疆人工影响天气办公室承担,由王旭主持。2008 年 3 月 7 日由自治区科技厅组织专家,对该项目进行成果鉴定。鉴定委员会认真审阅了完成单位提交的全套技术资料和相关材料,听取了项目负责人的介绍,并到现场进行了实地勘验,对相关问题进行了质疑。项目研究成果自 2006 年至 2008 年冬季,在新疆冬季飞机人工增雪作业指挥中投入使用,累计飞行作业 23 架次,110 小时。催化作业影响面积 607100 km²,系统运行稳定良好,有效地提高了飞机人工增雪作业的质量和效益,受到政府部门书面表扬,带来了十分明显的社会经济效益。该项目获得 2007 年度自治区科技进步二等奖。

鉴定意见:

(1)该项目提供的技术资料和鉴定文件齐全。项目选题准确,总体思路、技术路线科学合理。该项目通过对飞机人工增雪信息空地传输系统的研制并将其投入到实际业务工作中,对提高飞机人工增雪科学性和实效性有很大的推动作用,为新疆空中水资源的开发和生态环境的改善做出了贡献。

(2)项目将 GPS 定位技术、北斗卫星的通信和短信功能、GIS 技术和数据库等多种技术高度集成于一体,研制完成了"飞机人工增雪信息空地传输系统"。通过该系统实现定位数据和空中探测数据的采集、数据和短报文的实时空地传输和交互,将多源数据和信息集成于同一平台显示和管理。

(3)系统采用全中文窗口式操作界面,性能稳定、功能齐全、使用方便,能在全国飞机人工增水作业中推广应用,推广应用价值很大。

(4)作业指挥人员在 GIS 平台电子地图上,实时监控作业飞机,综合分析雷达、卫星、机载探测资料和其他多种气象资料,实现对作业飞机的实时指挥,选择不同的作业方式和作业量进行增雪作业,提高了增雪催化作业的科学性和有效性。

(5)通过空地传输系统,实现全天候、无缝隙、远距离的信息空地传输,做到稳定可靠和安全地指挥飞机进行人工增雪作业。

该项目创新点表现在:对 GPS、北斗卫星、GIS 和数据库等多种技术进行集成,在 GIS 平台上实时监控作业飞机,并在 GIS 平台实现多源数据的显示和管理;通过高速集成一体化的空地信息传输系统,指挥人员综合使用雷达、卫星和机载探测等多种气象资料,实现了对作业飞机的实时指挥,有效提高了飞机人工增雪作业的科学性。

该项目研究成果起点高、难度大、工作量大,研制的系统成熟,推广应用价值很大。坚持边研究、边应用的原则,产生的社会效益大。研究成果属国内首创,总体上达到国内领先水平。

5.3.1 研究任务

实时记录飞机飞行位置、速度、航向、高度、距离、时间等资料;显示温度和湿度资料。将北斗卫星作为一个通信平台,使飞机飞行等资料实现无地域、无空间限制的全天候空地传输和短报文通信。

5.3.2　技术成果介绍

该项目通过对 GPS 定位、北斗卫星的通信功能、GIS 和数据库等多种技术集成,研制完成新型高速集成一体化的飞机人工增雪信息空地传输系统。在 GIS 平台实现多源数据的显示、管理以及实时监控作业飞机;全天候、无缝隙、远距离和稳定可靠的空地数据和信息的传输;通过高速集成一体化的空地信息传输系统,指挥人员综合使用雷达、卫星和机载探测等多种气象资料,实现了对作业飞机的实时指挥,有效提高了飞机人工增雪作业的科学性。项目研究成果起点高、难度大、工作量大,研制的系统成熟,研究成果属国内首创,总体上达到国内领先水平。

研究成果应用于实际业务工作中,通过新疆三年冬季飞机人工增雪作业试验,累计增加降水量 4×10^8 t,产生了明显的社会效益,为新疆空中水资源的开发和生态环境的改善做出了贡献。

项目研制的信息空地传输系统,无需做任何改动,可直接移植到其他省(区、市)的飞机人工增水作业指挥中,投入业务使用。目前国家和各省(区、市)对人工增水业务非常重视,而有利于人工增水作业的天气条件常常在几个不同省(区、市)同时出现,或者从一个省(区、市)移动到另一个省(区、市)。项目研制的系统能够适用于大范围多架飞机的联合增水作业,同时,也适用于跨省(区、市)的飞机人工增水作业的指挥。

5.4　PMS 云粒子探测资料微机处理软件系统

该课题由新疆维吾尔自治区人工影响天气办公室承担,由张建新主持。1991 年 3 月通过自治区气象局组织的验收,获 1991 年度新疆气象科技进步二等奖。中国气象科学院游来光、马培民两位资深专家参加了鉴定会。

鉴定意见:

(1)该处理系统是我国第一次在国内普及的微型计算机上实现的 PMS 云粒子探测系统的数据处理软件包。超额完成了课题任务书的要求,为更广泛地开展 PMS 云粒子探测资料的处理和利用,促进我国各省(区、市)云物理学及人工影响天气科研工作水平的提高有重大作用。

(2)该处理系统功能齐全,处理结果可靠实用,用户界面友善,易于掌握,使用方便,处理功能有所创新。

(3)软件绝大部分使用 C 语言编写,模块化结构,可移植性强,易维护,灵活性、可扩充性好,运行速度快。在新疆是第一个用 C 语言编写的大型应用软件包。

(4)处理系统成功地解决了微型机上连接 1/2 英寸工业磁带机的难关,为扩大微机的用途开创了新的道路,较好地解决了二维探头点阵图像在普通 24 针打印机及屏幕挤出显示的问题。

(5)外场实际使用结果也表明该处理系统运行可靠,可及时地为外场研究工作者提供各种观测资料,极大地促进了研究工作的进行。

鉴定组一致认为,该处理系统达到了国内领先水平。

5.4.1　基本思路

PMS 云粒子探测系统是从事云与降水物理学和人工影响天气试验研究最理想的探测工具,新疆于 1986 年从美国引进,但没有引进相应的处理设备和应用软件系统。利用引进的 PMS 云粒子探测系统对新疆冬季降雪云进行多年的观测,收集了大量珍贵资料,没有软件处理系统,无法处理。因此,进行 PMS 云粒子探测系统软件开发,实现 PMS 云粒子磁带信息在 IBM 微机上处理,使 PMS 云粒子探测系统发挥其作用,促进我区人工影响天气和云物理研究水平的提高。

5.4.2　主要功能

(1)FSSP 数据处理;

(2)管理数据处理;

(3)ASASP 数据处理;

(4)2D－C 数据处理;

(5)2D－P 数据处理;

(6)温度、露点温度数据处理;

(7)二维图像屏幕显示;

(8)二维图像屏幕打印输出;

(9)原始磁带信息浏览;

(10)二维图像信息加载转储;

(11)各类数据处理结果存盘任选,并可同时打印输出。

5.5　新疆人工影响天气系统 711 雷达数字化改造工程

由新疆维吾尔自治区人工影响天气办公室承担,付家模主持。获 1998 年度新疆气象科技进步一等奖。

新疆人工影响天气工作使用的 711 雷达是 20 世纪 70 年代生产的,当时 X 波段常规天气雷达的元器件都是用电子管组成的,技术落后,器件老化,随着人工影响天气工作的不断发展,这种雷达已不能满足各地探测需求。为此,本课题于 1996—1997 年对新疆阿克苏地区、拜城县、玛纳斯县、乌苏市、塔城地区、博尔塔拉蒙古自治州、昭苏县、自治区人工影响天气办公室(车载)8 部雷达进行数字化改造,改造后的 XDR－X 雷达,具有常规气象雷达所有功能,克服了 711 雷达用三相动力电供电的困难,同时其具有地物杂波处理、微机控制、软件丰富、中文提示、回波资料采集简便等性能。探测速度快、判断直观,提高了作业指挥效益。

获取的雷达资料已经数字化处理,配置有线、无线高速传输接口,为雷达资料的存储、传输、分析、应用提供了方便,达到了雷达资料共享的目的。

主要研究任务:

(1)分批引进成都气象学院研制的 XDR－X 系统,对新疆 711 雷达进行数字化改造,为冰雹云的自动识别、分析和建立作业指挥系统以及新疆雷达组网拼图奠定基础。

(2)进一步开发该系统的硬件和软件,提高其先进性和实用性。

（3）通过雷达升级改造过程,培养技术人才,保障基层雷达正常运转。

5.6　XDR—711 数字化雷达观测指挥系统升级项目

该项目由新疆维吾尔自治区人工影响天气办公室承担,由刘国进主持。2003 年通过自治区气象局组织的验收,验收组认为该项目的完成,提高了雷达指挥系统的业务应用和软硬件的标定,该系统在操作、分析和作业指挥方面总体达到了国内先进水平。该项目获 2003 年度新疆气象科技进步二等奖。

验收意见:

（1）本项目经过实地测试,表现出该指挥系统的准确性和及时性。体现出该系统对新疆地区的本地化应用和项目选取的准确性。

（2）对该系统选择的硬件和软件进行了安装和调试,达到了前后台的连接,解决了资料的收集和作业指挥两不误的效果。

（3）系统软件完成了 DOS 操作系统向 Windows 操作系统的升级,拥有强大的应用软件功能,加大资料存储量,方便对资料的二次处理。

（4）该系统不论在操作、分析和作业指挥方面总体达到了国内先进水平。

（5）该系统资料信息量大,有后台能够生成所需要的二次产品,便于天气过后的效果分析,提高指挥作业效果。

5.6.1　主要任务

引进成都信息工程学院新技术研究所最新研制的 XDR—X 波段天气雷达数据处理系统,对新疆塔城地区、吐鲁番地区、博尔塔拉蒙古自治州、石河子市、乌苏市、玛纳斯县、沙湾县、特克斯县、昭苏县和自治区人工影响天气办公室(车载)10 部数字化雷达进行软件升级,升级后的系统具有立体信息回波组合图和强度、方位、仰角自动标定功能,直观地给出立体、平面和垂直结构图,增强了对雹云识别和作业指挥能力,进一步提高了 XDR—X 天气雷达的实用性。

5.6.2　技术关键

利用 XDR—X 波段数字化雷达原理,改造和完善现有雷达的资料采集和处理系统。采用 windows 操作平台支持的应用软件。

5.6.3　主要特点

（1）DOS 操作平台升级为 windows 操作平台;

（2）具有强大的内存管理功能,可同时运行多个程序,速度快;

（3）实时资料在前台存储的同时通过网络传送到后台,实现资料共享;

（4）前后台通过网卡和双绞线相连,形成双机对等互连的小对等网;

（5）界面为标准的 windows 菜单界面;

（6）系统软件具有资料数据完整性。

5.7　新疆天山山区人工增雨综合技术研究

国家科技部社会公益研究专项资金项目"新疆天山山区人工增雨综合技术研究",由新疆人工影响天气办公室和新疆沙漠研究所共同承担,由张建新主持。2004 年受科技部委托,中国气象局科技发展司组织,邀请北京大学赵柏林院士、国家海洋局巢纪平院士等九位专家组成验收专家组,于 2004 年 6 月 28 日通过验收。

验收意见:

(1)初步建立了山区人工增雨试验业务化体系,包括播云作业决策指挥系统、实时监测系统、播云作业系统、通讯系统、效果评估信息系统和后勤技术保障服务系统以及山区降水天气监测预报辅助业务系统等,为进一步规范新疆山区人工增水作业工作奠定了基础。

(2)进行了外场人工增雨播云实验,通过对中天山山区的云和降水的宏观观测、数字化雷达、双通道微波辐射仪观测和地面大气冰核、雨滴谱观测,经分析研究,初步建立了适应中天山山区人工增雨可播性判据的指标,为增雨作业提供了科学依据。

(3)对天山山区人工增雨效果做出阶段性的统计学评价,对乌鲁木齐河流域 1994—2002年的人工增水做了效果检验。

验收专家组认为:该项目对天山山区的云降水微物理结构、天气条件、人工影响潜力和人工增雨效果评估进行了研究;针对山区特点改进和完善了人工催化设备,建立了山区人工增雨试验业务化体系,为今后的天山山区人工增雨业务奠定了良好的基础。项目完成了合同书中规定的研究任务,基本达到了考核目标,经费使用合理,文档资料齐全,一致同意通过验收。

该项目在山区人工增水的预报、云层判别、催化作业、效果检验等关键技术环节上取得了明显的进展,提高了新疆山区人工增水业务化水平和增雨(雪)效果,并为西北地区和全国的山区人工增水提供技术支持。

该项目获得 2005 年度新疆气象科技进步一等奖。

5.7.1　主要成果概述

1.初步建立了天山山区人工增雨试验业务化体系

该体系有播云作业决策指挥系统、山区降水预报辅助系统、实时监测系统、播云作业系统、通讯系统、效果评估信息系统和后勤技术保障服务系统组成。该业务化体系的建立在山区人工增水的天气预报、云层识别、催化作业、效果检验等几个关键技术环节上取得了明显进步,从而提高了新疆山区人工增水的业务化水平和增雨效果。

2.建立了天山山区降水天气监测预报辅助业务系统和业务流程

系统集成了以下 9 个子功能:预报指导综述、典型个例、中期数值预报、MM5 数值预报、实况资料、中尺度滤波、辅助资料、降水预报、外接程序。其中新开发研制的有天山山区典型降水天气历史数据库、中尺度滤波系统、天山山区和乌鲁木齐大气可降水量以及冰汽混合比、山区大气层结信息自动处理提取等创新成果。

3.可行性研究明确肯定天山山区具有人工增雨可行性

研究表明:

(1)在干旱灌溉型地区实施人工增雨应采取储水实施的对策。在规划、实施人工增雨计划时必须事先统筹考察当地的自然降水条件,以及对蒸发在降水转化为地表水过程中的影响进行评估。

（2）中天山北坡的自然降水的产水能力具有很强的季节性。在暖季高于1500 m山区降水具有产水能力,其能力随高度升高而增大,其产水能力在盛夏最高;低于1500 m的地区不具有产水能力。在冷季高于1500 m的山区降水不具有产水能力;而在700～1500 m的平原和浅山区地带具有产水能力。

（3）地形的作用影响中天山北坡的云和降水分布。在暖季地形对降水的影响是非常突出的,而在冷季地形的影响不甚明显。

（4）中天山北坡的降水主要集中在暖季,冷季降水却很少。山区年降水随高度减少,主要是冷季深山区降水稀少影响,而暖季的影响不甚明显。

（5）中天山山区有极丰富的地形云资源和优越的降水条件。根据云和降水条件分析表明:中天山北坡由天气系统造成年降水日数和年阴天日数均为80 d左右,暖季和冷季分别各占40 d左右;在山区地带暖季因到地形影响造成的降水日数随高度增加,大约在40～70 d,阴天日数大约在14～28 d。

（6）新疆天山山区的大气中水汽资源并不缺少,而且很充沛,具有成云致雨的必备条件。研究表明:中天山山区7月份晴天平均大气水汽含量为22.04 mm,与目前公认的亚洲大气中的水汽含量25.4 mm接近;晴天的平均大气水汽量具有明显的日变化。

（7）云液水的连续变化观测表明,不同类型降水性云的降水临界值不同,且相对稳定;云中液水由0.5 mm开始上升到降水临界值的降水酝酿期的时间,可以作为天山山区人工增雨实施播云作业的重要参照指标。

（8）山区大气冰核和雨滴谱的观测结果为实施引晶播云提供了有力的物理证据支持。平均冰核浓度仅为0.32个/L,比国内北方地区以及位于北半球的法、美、日等国低1～2个量级,明显低于产生最大功效降水所需的冰核浓度;山区云系具有明显的小滴、高浓度、窄谱的胶性稳定结构。新疆山区云的这些微物理结构特征完全符合R. Braham等许多人通过观测研究之后得出的关于内陆山区云具有明显增水潜力的结论。

5.7.2　初步建立了中天山山区人工增雨(雪)可播性判据

通过两个季节对中天山山区的云和降水的宏观观测、数字化雷达和双通道微波辐射计观测,经分析总结,初步建立了适应中天山山区人工增雨(雪)可播性判据的指标。分别见表5.1、5.2、5.3。

表 5.1　云宏观指标

云类型	总云量(成)	低云量(成)	云顶温度(℃)	云底高度(m)
层状云 混合云	≥10	≥8	−10～−24	≤500
对流云	≥8	≥5	−10～−24	≤500

表5.2　雷达回波指标

回波顶高(km)	15 dBz 回波厚度(km)	强回波强度(dBz)	强回波顶高(km)
≥4.0	≥2.0	≥18	≥3.5
≥4.0	≥2.5	≥20	≥3.5
≥6.0	≥3.5	≥30	≥4.5

表5.3　微波辐射计云液水含量指标

云类型	三七高炮	地面烟炉
层状云 混合云	0.8 mm	0.5 mm
对流云	1.5 mm	0.5 mm

5.7.3　对山区人工增雨效果做出阶段性的统计学评价

(1)在统计效果评价中提出了统计变量周期选择和排序方法,明显提高了统计检验的功效。通过分析表明,乌鲁木齐河在9年催化试验期内,以0.05的统计显著性水平,乌鲁木齐河历史序列试验比乌鲁木齐河与三屯河的回归试验的检测水平高。

(2)对增水目标区内大西沟气象站人工增水前后夏季降水量变化的历史序列试验评价表明,作业期间降水量在 $\alpha < 0.005$ 的统计水平上显著增加,90%概率的绝对增量为18.3 mm,相对增率为19.9%。增水期间降水总日数较历史期增加5.3天,增长9.1%,且降水日数增加的幅度随降水等级的增大而增大,与人工增水原理的预期结果一致。

5.7.4　研制人工催化设备

(1)遥控式地面碘化银发生器。

(2)火箭发射装置。

5.8　新疆冰雹分区预报业务系统研制

该项课题由新疆维吾尔自治区人工影响天气办公室承担,由热苏里主持。获得2008年度新疆气象局科学研究与技术开发二等奖。

2008年8月,新疆维吾尔自治区气象局组织有关专家进行了课题验收。

验收意见:

(1)课题根据新疆地理、地形特征和历史降雹资料,把全疆的降雹区分成了9个区域,并把降雹强度划分为3个等级,为今后我区强对流天气(冰雹)的定点、定量预报服务,尤其为防雹作业条件预报打下了基础。

(2)对阿克苏河流域和奎—玛两河流域冰雹的天气气候特征、环流形势背景、天气系统的移动路径、高低空配置等进行了详细分析,初步得出了每个降雹区域降雹天气气候规律,并用乌鲁木齐、克拉玛依和阿克苏等三个探空站的资料,计算筛选出15个该区域最有利于冰雹产生的物理因子,利用多指标叠套法,建立了预报方程。

(3)利用数据库快速开发工具 DELHPI,以 Access 作为系统后台数据库,建立了系统指标库、冰雹灾害索引数据库,建立了以 Micaps 系统为基础的人机交互和自动判别相结合的降雹天气定点(区域)及定量(强度)分区预报业务系统。

5.8.1　背景分析

新疆是冰雹灾害多发地区之一,每年南北疆均有雹灾发生。新疆位于中高纬度地区,四周有高山峻岭,又处在欧亚大陆腹地,有天山横亘新疆中部,山地之间夹有许多大小盆地和河流,像这样地理位置和地形条件加之以戈壁为主的下垫面以及天山山脉的作用,致使新疆的气候形成了具有明显差异的南北疆两大气候区。南北疆包含许多光热资源、水分资源、下垫面等各有其色的具有局地地形特征的小气候区域,像冰雹这样有利的大尺度环流背景条件下,中尺度系统和地形等共同作用下激发出来的中小尺度系统所造成的局地性强,能够造成较大灾害的特殊天气事件来说,按南北疆两大气候区来进行天气气候方面的分析研究是极为粗糙而不合理的。本课题为了进一步全面地掌握像冰雹这样在一定的大尺度环流背景下发生在具有特定的地理、地形特征环境区域内的特殊天气现象的天气气候特征和预报方法。

5.8.2　研究内容

(1)根据地理、地形特征和历史降雹资料(气象站和非气象站的)对该地区的降雹天气进行了有强对流天气预报意义的、较为合理的区划并对降雹强度等级进行了划分。

(2)对奎玛两河流域和阿克苏河流域冰雹灾害的天气气候特征、时空分布规律及降雹特征进行分析,为每个不同区域的冰雹预报提供背景依据。

(3)对以上两个区域冰雹的成因机制、预报指标、因子等进行详细分析研究,指出了冰雹天气的发生机制和演变规律。

(4)建立冰雹分区预报业务系统,系统结构采用积木式和框架式结构相结合的办法,使系统既实用又可扩充,系统由五个库(即数据库、个例库、知识库、解释库和推理机)15 个子程序组成。

5.9　XR－08 人工影响天气作业信息传输系统研制

针对目前新疆人工影响天气通讯网模式,各地通讯工具一直沿用 60 年代的短波和超短波电台,以各地(州、市)为单位,指挥各自辖区内的炮点、流动火箭车实施地面作业。

受地理环境、天线、频率影响,陈旧的通讯工具阻碍空域申报、快速指挥作业和信息传递,容易失去催化的最佳时机。随着现代通讯技术的进步,利用中国移动的 GSM/GPRS 网络、GPS 全球定位系统、GIS 地理信息系统资源,开发信息快速传递技术,实现任何地点、任何时间都能保障信息畅通。新疆维吾尔自治区人工影响天气办公室承担了"XR－08 人工影响天气作业信息传输系统研制"课题,由任宜勇主持。2008 年 12 月通过自治区气象局组织的验收。同年获得新疆气象科技进步一等奖。

验收意见:

(1)该项目完成的人工影响天气作业信息传输系统依托移动通讯设备、计算机技术、无线和有线通信网络,实现了指挥中心与作业点之间的作业信息互传,能够对作业现场进行监控,增强现场作业指挥能力,有利于提高人工影响天气作业实施的准确性和及时性。

(2)该项目利用雷达回波图结合作业条件和天气实况,实现指挥中心统一调度移动作业点,提高了人工影响天气作业的科学性和系统性,为开展人工影响天气联防作业提供了技术支撑。

(3)该项目自主研制的移动通讯设备是集 GSM/GPRS、GPS、GIS、摄像头、CPU 基于一体的信息传输系统,具有语言通话、定位导航、信息数据传输、显示和管理功能。产品性能安全可靠、成本低,具有很大的推广应用价值。

5.9.1　研究内容

(1)利用 GSM 网络完成语音通讯工作;

(2)利用 GPRS 网络完成数据传输工作;

(3)利用 GPS 网络和 GIS 完成定位功能工作;

(4)利用 ADSL 网络完成计算机网络的连接;

(5)实现信息的传输和显示。

5.9.2　成果介绍

该传输系统,是有效利用 GSM/GPRS 网络通信技术、GPS 卫星定位技术和 GIS 地理信息系统技术,将人工影响天气基础知识和作业技术方法进行融合而研制的通讯产品。通过中国电信 ADSL 和中国移动 GSM/GPRS 网络,实现了实时数据和语音传输、远程雷达资料传输、作业资料存储、人工影响天气作业调度指挥、作业现场安全监测、自动生成作业参数等。并以此为基础,构成一个统一、集中、数字化、智能化的人工影响天气网络系统。

5.9.3　系统硬件结构和软件流程

见图 5.1、5.2。

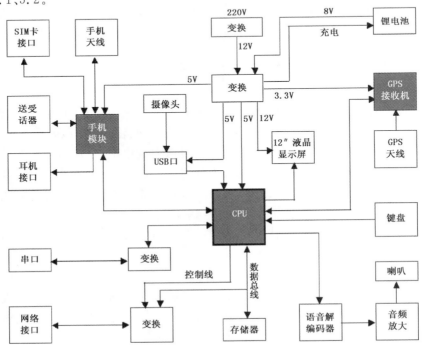

图 5.1　作业信息传输系统硬件结构框图

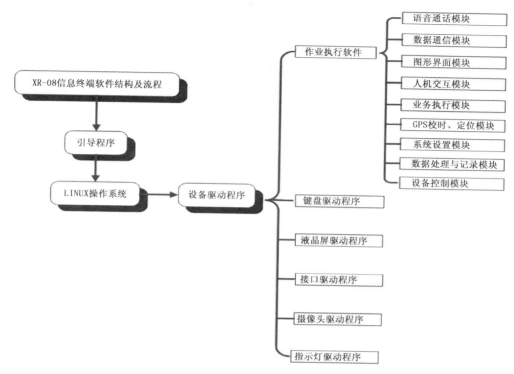

图 5.2　作业信息传输系统软件流程图

5.9.4　技术指标

1. 环境条件

存贮温度：$-30 \sim +70℃$；

工作温度：$-10 \sim +60℃$；

相对湿度：$<95\%$，无凝露；

防震，防霉。

2. 电气参数

电源电压：$10 \sim 36$ Vdc；

标准工作电压：12 Vdc；

工作电流：<800 mA；

GPS 天线增益：30 dB；

GPS 天线电缆：$3 \sim 5$ m、50Ω 同轴电缆；

GPS 天线的电缆接头：BNC；

GPS 通道：16 通道；

GPS 热启动：$\not> 20$ s；

GPS 冷启动：$\not> 50$ s；

GPS 数据更新率：1 s/次，连续自动；

GPS 速度精度：0.1 m/s；

GSM 工作频段:900~1800 MHz;

GSM 天线:50Ω 全向吸盘天线;

天线电缆:直径 5/7mm 的 50Ω 同轴电缆;

GSM 天线接头:SLl6-K7/J7。

3. 定位参数

经度、纬度:单位为度分秒(° ′ ″),精度:0.01″;

速度:单位为千米每小时(km/h),精度:0.1 km/h;

航向:单位为度,精度:0.1°;

时间:采用 UTC 时间,表示为 YYYY-MM-DD hh:mm:ss,精度:1 s。

4. 精度误差

终端定位精度<10 m,差分后定位精度<3 m;

移动速度<5 km/h,精度误差<0.3 km/h;

移动速度>5 km/h,精度误差<0.1 km /h。

5. 信息存储容量

64M NAND FLASH 同时存放 2400×2400 PIXEL 电子地图、10000 次作业数据、200 张雷达回波图、200 张作业现场图片、500 条文字信息,每条信息最多为 1400bit 等信息。

6. 信息交互时间 <5 s(平均时间)。

7. 图像传输时间

雷达回波图传输时间 10~30 s/幅;

现场图片传输时间 10~20 s/幅。

8. 重传时间及次数

重要指令 5 s,重传 3 次;

一般指令 30 s,重传 3 次。

5.10　人工影响天气弹药存储柜

为了保证人工影响天气所使用的炮弹、火箭弹存储、运输、使用的安全,新疆维吾尔自治区人工影响天气办公室承担了人工影响天气弹药存储柜研制任务,由杨炳华主持。2010 年 12 月 29 日,新疆维吾尔自治区气象局组织有关专家进行了验收。该项目获得 2010 年度新疆气象科技进步二等奖。

验收意见:

(1)该项目研制的人工影响天气弹药存储柜,具有防火、防盗、防破坏、防静电、防渗透功能,参考了 GB10409-2001(中华人民共和国《防盗保险柜》国家标准)相关资料,符合人工影响天气安全作业技术规范。

(2)该项目研制的人工影响天气弹药存储柜,设计新颖,采用了分体小柜组合和两门互控的技术,整柜无直接穿透性缝隙,柜体整体结构稳定,安全可靠。

(3)该项目研制的人工影响天气弹药存储柜,有针对性地解决了目前人工影响天气作业点三七增雨弹、人工防雹增雨火箭弹的安全管理和存储问题,实用性强,易于成果转化,为人工影响天气安全作业提供了技术支撑。

5.10.1　成果概述

XR－10 型人工影响天气弹药存储柜,采用分体式小柜内组合结构,根据实际需要可组合成大小两种容积的柜体,供用户选择使用。两门互控技术,提高了门的安全性。六个高度可调式柜腿,用于柜体与地面的水平。执行 GB10409－2001 防盗保险柜有关标准;门锁设计符合 GA/T73 要求;柜壁墙外层钢板抗拉强度≥235 MPa;夹层是轻质防火材料,耐高温≤1200℃,有效隔热;里层木板阻燃、防静电;整柜无直接穿透性缝隙、防渗透;结构稳定,易于运输和安装;柜体大小尺寸可方便进入现有人工影响天气作业点库房;柜体容积满足装载一次天气作业的正常用弹量;具有防火、防盗、防破坏、防静电的功能。

5.10.2　创新点

(1)两门互控技术。在两门锁闭时,由于右门扇的左门边压在左扇门的右门框上,左门扇右边门框内的 3 个活动门闩进了左门扇右门框的栓孔内,两把锁分装两扇门,实现了两门的互控,无法单独开启任何一扇门,提高了门的安全性。

(2)组合缝隙处理。存储柜由三节小柜分体式叠压内组合而成,整柜无直接穿透性缝隙。

第6章　业务技术培训与学术交流

实现新疆人工影响天气大区向强区的迈进,关键是人才。为提高人工增雨(雪)、防雹作业科学水平,遵守作业规范,提升业务、管理和基层作业人员知识水平及操作技能,新疆各级人工影响天气单位多途径、多渠道开展业务技术培训和学术交流活动,推进了人才队伍建设。

6.1　业务技术培训

6.1.1　培训情况简要介绍

早期的培训工作根据需要不定期开展,曾先后在乌鲁木齐市、玛纳斯县、新疆气象学校等地举办培训班,每期培训学员过百人。培训内容主要是人工影响天气基础理论、三七高炮、火箭、雷达基本原理及应用等。同时,曾在无锡无线电二厂举办过4期雷达技术培训班,每期培训学员40人左右。

20世纪90年代以来,随着人工影响天气工作的发展,利用三七高炮、火箭发射装置、雷达开展人工影响天气作业的地县越来越多,培训需求不断增加。培训一线作业人员,有利于专业技术队伍的提高,依托本部门技术培训和部门外高校,对各级人工影响天气部门的专业技术人员分批进行培训,注重将基层作业人员尤其是将火器操作人员的培训纳入培训计划中。通过继续教育和培训手段达到了提高新疆人工影响天气业务人员整体水平和素质,同时,培训师资力量得到加强,技术培训工作取得了明显成效。

1998年自治区实行人工影响天气"三证"(即作业点"许可证",作业工具"合格证"以及作业人员和雷达操作指挥人员"上岗证")制度后,培训工作日益规范,业务技术培训成为年度目标任务的一项重要工作。培训形式以自治区统一组织、各地(州、市)和县(市)自行组织的短期培训班为主,同时与高等院校合作办班。培训种类主要包括岗位资格培训、工人技术等级培训、业务技术培训等。尤其是近年来,为满足新疆人工影响天气事业快速发展的需要,新疆人工影响天气办公室每年组织培训全区各类人员约500人,对拓宽新疆人工影响天气事业发展、培养应用型、复合型人才队伍建设发挥了重要作用,彰显了新疆人工影响天气工作的技术能力优势。

6.1.2　培训程序

人工影响天气业务技术培训包括确定培训内容、目标、计划、考核及评价等。

6.1.3　培训原则

（1）按照《人工影响天气管理条例》规定和发展的目标需求；

（2）培训工作要严格按章办事，杜绝培训走过场现象；

（3）设置明确的培训目标；

（4）因需施教，注重实效；

（5）培训效果的反馈和培训结果的强化；

（6）结合本地实际，加强队伍建设。

6.1.4　培训目标

为适应新疆人工影响天气工作的发展需求，进行有计划、有组织的业务和技术培训。对各级从事人工影响天气技术人员进行高层次的技术培训和更新知识培训，通过继续教育和培训达到提高业务技术人员整体素质和水平的目的。对基层作业人员特别是火器操作人员集中培训，执行每年作业期前的培训、考核和上岗证年度注册规定，通过考核，持证上岗。

6.1.5　培训类型

1.基础知识培训

云、降水动力学和微物理学基础：云形成的微物理机制、降水机制、冰雹形成过程；人工影响天气基本原理：人工增加降水原理、人工防雹原理、人工增雨和防雹试验研究；云和降水物理探测：雷达观测、冰雹云识别、雷达回波分析及雷达故障分析与排除；介绍数值模式在人工影响天气中的应用，人工影响天气效果检验等。

2.岗位资格培训

《人工影响天气安全管理规定》第四条中规定：作业人员每年应在作业期前进行培训、考核和上岗证年度注册，禁止无证上岗。

培训内容包括：有关法律、法规和规定；作业业务规范、作业装备、仪器操作技能和安全注意事项；基本气象知识。

3.业务提高培训

针对专业性强的关键技术岗位强化业务技术培训，通过与高等院校合作，进行再教育和知识更新培训。加强国内、外技术和学术交流，不断提高、更新、充实人工影响天气技术技能知识水平。

4.新技术培训

随着人工影响天气科学技术和其他科学水平的发展，新理念、新技术、新方法不断涌现。对人工影响天气工作前沿技术、新理念、新方法进行学习培训，普及推广，提高业务技术水平和创新能力。

6.1.6　培训形式

1.举办短期培训班

（1）区地县技术培训班

各地对技术培训认识逐步由上级要求转变为自身需求，人工影响天气"三证"制度落实到位,作业前的上岗培训工作已形成制度,规范化管理步入良性循环轨道。

据不完全统计,全疆每年作业前南北疆约有50％的地县级人工影响天气单位,有计划地多次组织开展技术培训工作,其中,有的地县自行组织进点前的高炮、火箭上岗作业培训,有的是组织区域性或跨地区的业务技术和作业资格培训。培训时间短则3～5天,长则20～30天,每期培训20～100人,如图6.1所示。

图6.1　新疆区地县人工影响天气技术培训班现场

（2）全疆技术培训班

自治区级业务管理和技术培训工作根据业务发展需求举办,举办的培训班主要有:人工影响天气理论知识培训班、人工影响天气法律法规知识培训班、人工影响天气岗位培训班等,每期40人左右。

2000年10月,举办"全疆数字化雷达培训班",培训学员40名。

2001年12月—2002年1月,新疆人工影响天气办公室举办"人工影响天气业务理论知识培训班",全办职工参加,并组织考试。

2002年3月,举办"全疆雷达观测作业指挥培训班",培训学员40名。

2003年9月,新疆人工影响天气办公室业务技术人员参加了中国气象局组织的全国气象部门人工影响天气师资培训和考试,合格人员领取了中国气象局培训中心印发的"人工影响天气岗位培训合格证书"。

2003年12月—2004年2月,新疆人工影响天气办公室按照要求,组织全体职工系统学习了"人工影响天气岗位培训教材",培训以电视授课、教员辅导和自学结合等形式开展,历时两个月。

2005年3月,举办"全疆人工影响天气综合管理信息系统"推广培训班,培训学员50名。

2006年3月,在阿克苏地区库车县举办南疆片人工影响天气火器操作人员上岗培训班,来自阿克苏地区和巴音郭楞蒙古自治州的120余名学员参加培训。通过考试,有112名学员取得了上岗资格证。培训内容主要是人工影响天气基础理论、高炮、火箭技术基础理论和操作方法。

2008—2012年,新疆人工影响天气办公室与新疆气象学会联合举办了3期全疆人工影响天气综合业务技术培训班,共培训人员340余人。培训内容为:人工增雨、防雹火箭作业基础知识;火箭作业技术方法;火箭弹和火箭发射控制器的构造、原理、安全要求以及通讯设备的介绍等。第二期和第三期增加了多种弹型防雹增水火箭发射系统、火箭作业故障处理、XR—08型通信终端、各类型地面碘化银烟炉的原理和使用方法、标准化作业点建设、弹药存储柜使用方法、基层信息作业业务平台应用、弹药储运安全程序、作业安全管理等。全疆人工影响天气业务技术培训班现场如图6.2所示。

图 6.2　新疆人工影响天气办办公室举办全疆人工影响天气业务技术培训班现场

（3）全疆工人技术等级培训班

随着人工防雹、增雨（雪）作业的人员不断增加，各地县作业队伍参差不齐。为加强人工影响天气技能培训工作，提高作业人员基础理论水平和实际操作能力，改善技术工人待遇，稳定队伍发展。经自治区事业工考办批准，1997 年 6 月 21 日成立了"自治区气象行业机关事业单位工人等级岗位培训考核站"（以下简称"自治区气象行业工考站"）。

1997 年 12 月，自治区气象行业工考站在新疆气象学校举办"第一期（汉语）人工影响天气工人技术等级岗位培训班"，培训学员 90 人。审批通过 17 名初级工、36 名中级工、23 名高级工。

1998 年 2—3 月，自治区气象行业工考站在新疆气象学校举办"第二期（维语）人工影响天气工人技术等级岗位培训班"，培训学员 80 人。审批通过 22 名初级工、58 名中级工。

2004 年 3 月，在阿克苏市举办了"全疆人工影响天气系统技术工人等级培训班"，设高、中、初三个等级，来自基层的 193 名技术人员参加了培训。考试合格人员领取了由自治区人事厅工考办印发的"工人等级合格证书"。工人等级培训如图 6.3～6.5 所示。

图 6.3　工人等级考核基地挂牌　　图 6.4　工人等级考核班合影　　图 6.5　工人等级考核班现场培训

2010 年 10 月 20 日—11 月 25 日，"气象行业人工影响天气技术工人等级培训考核班"在新疆气象培训中心举办。来自全疆各地的 107 名学员分别参加了晋升初、中、高级技术工人等级的考核培训。其中，87 人参加了自治区人力资源与社会保障厅职业技术鉴定中心组织的《职业道德》考试。审核批准 14 名初级工、25 名中级工、68 名高级工。

（4）与高等院校联合举办培训班

2009—2013 年，新疆人工影响天气办公室与南京信息工程大学连续五年联合举办了 5 期业务技术培训班。每年的 2—4 月份开展培训，时间约一个月，培训地点设在南京信息工程大学，每期培训 40～50 余人，5 期共为新疆培训业务技术人员 230 名。培训班场景如图 6.6 所示。

图 6.6　新疆人工影响天气办公室与南京信息工程大学联合举办人工影响天气业务技术培训班

2.工作现场培训

在各地的雷达安装调试、维护维修,通讯系统组网安装调试工作中,以及每年进行的高炮、火箭发射系统审验工作中,自治区人工影响天气技术人员或厂家技术人员及时对当地人工影响天气单位业务及作业人员进行现场培训。基层业务现场培训场景如图 6.7 所示。

图 6.7　新疆人工影响天气基层业务现场培训场景

3.开展学历教育

通过继续教育的手段达到提高技术人员业务水平,为发展中的新疆人工影响天气工作提供有力的科技支撑。新疆人工影响天气办公室积极支持和鼓励年轻同志报考高等院校,接受高学历教育。学习以函授方式,一年内集中面授两次,每次 20 余天,学制 2～3 年,提高学历教育主要有三种形式:

(1)脱产、函授学习大学专科,学制 2 年,主要学校是成都信息工程学院和新疆本地大学。

(2)在职函授专升本,学制 3 年,主要学校是成都信息工程学院,南京信息工程大学等。

(3)在职攻读硕士、博士学位,学制 3 年,主要学校是兰州大学,南京信息工程大学等。

6.1.7　技术竞赛

近年来,为提高业务技术水平和安全作业技能,提升队伍综合素质,新疆有组织有计划地举行了两次全疆人工影响天气业务技术竞赛,组织参加了 1 次全国人工影响天气高炮安全作业知识竞赛。

2000 年 10 月 28 日在昌吉回族自治州玛纳斯县举行了"首届新疆人工影响天气系统业务技术竞赛"。全疆 10 个地(州、市)50 名选手参加了竞赛。竞赛分笔试和实际操作两部分,笔试内容为综合业务技术知识、雷达应用知识、高炮和火箭基本原理及应用;实际操作项目为雷达、高炮、火箭等探测、作业装备的操作。

2005 年 10 月 24—26 日,在阿克苏市举行"第二届全疆人工影响天气业务技术竞赛"。来自全疆 14 个地(州、市)的参赛选手、裁判员和特邀代表共 120 余名代表参加了竞赛活动,其中参加比赛的选手 70 名。竞赛内容主要包括四个项目:(1)综合基础理论笔试;(2)雷达单项理论笔试、雷达回波分析、观测、机务、计算机口试与实际操作;(3)三七高炮单项理论笔试、实际操作;(4)火箭单项理论笔试、实际操作。业务技术竞赛及颁奖现场如图 6.8 所示。

图 6.8　首届新疆人工影响天气系统业务技术竞赛及颁奖现场

2006 年 11 月 17 日,中国气象局在广西桂林主办首届"全国人工影响天气高炮安全作业知识竞赛",全国 28 个省区 82 名选手参加竞赛。新疆代表队获得了两个一等奖和一个二等奖的优异成绩。新疆代表队参赛选手是从当年 9 月份全疆人工影响天气部门参加"全国人工影响天气高炮安全作业知识竞赛"的初赛中选拔出来的。在新疆人工影响天气办公室的精心组织下,经过一个多月的勤奋苦学,通过 10 天的集中培训,最终以扎实的理论功底,出色的临场发挥,为新疆人工影响天气增光添彩。获奖情况如 6.9 图所示。

图 6.9　首届全国人工影响天气高炮安全作业知识竞赛新疆获奖队员

6.1.8　培训教材

新疆人工影响天气业务技术培训教材的甄选和组织实施,根据培训单位计划和工作需要,由新疆维吾尔自治区人工影响天气专业技术培训授课老师确定。新疆人工影响天气业务技术培训使用的教材主要来自两方面:一是由新疆人工影响天气办公室组织编撰的培训教材,二是由中国气象局或其他省区人工影响天气专业人员编撰的培训教材(此处不做介绍)。

新疆人工影响天气办公室编撰的培训教材

(1)《人工影响天气三七高炮实用教材》马官起主编,2005 年 10 月由气象出版社出版。

内容提要:全书共八章,主要讲解了三七高炮的构造与工作原理、操作方法、高炮作业应具备的条件及应用、维护保养、检查、故障分析判断与排除、易损零件的修理、高炮的报废标准及销毁办法;炮弹的构造、使用、购买、装卸、运输、押运、贮存、销毁;高炮和炮弹的安全管理等。封页如图 6.10 所示。

(2)《增雨防雹火箭作业系统实用教材》马官起主编,2008 年 7 月由气象出版社出版。

内容提要:全书共十章,主要介绍了人工影响天气增雨防雹火箭弹、发射架、发射控制器的构造、性能、工作原理、操作、维护和应用。同时讲述了火箭作业系统的技术检测,增雨防雹火箭弹的日常管理等。封页如图 6.11 所示。

　图 6.10　人工影响天气三七高炮实用教材封面　　图 6.11　增雨防雹火箭作业系统实用教材封面

(3)《火箭人工增雨防雹知识》,新疆人工影响天气办公室和新疆气象学会于 2008 年 10 月编印。

内容提要:全书共七章,主要介绍了火箭人工增雨防雹作业的基础理论知识、安全规范和实际操作要求。

(4)《多种弹型防雹增水火箭发射系统应用》新疆人工影响天气办公室编撰,2009 年 6 月编印。

内容提要:全书共九章,系统介绍了多种弹型防雹增水火箭发射系统及相关内容。《多种弹型防雹增水火箭发射系统应用》是 2009 年新疆人工影响天气办公室主持承担中国气象局气象新技术推广项目,为配合该项目的实施,普及火箭人工影响天气技术,提高各地人工影响天气业务人员相关知识和业务水平,特此编写该书作为培训教材。

(5)《人工增雨防雹知识》新疆人工影响天气办公室编撰,2010 年 10 月编印。

内容提要:全书共十五章,系统介绍了多种弹型防雹增水火箭发射系统、XR－08 型人工影响天气通信终端、地面碘化银烟炉的结构、工作原理、使用方法等相关内容;人工影响天气基础理论知识、火箭人工增雨防雹业务技术规程等。

(6)《新疆人工影响天气业务培训教材》新疆人工影响天气办公室编撰,2011 年 10 月编印。

内容提要:全书共十一章,系统介绍了新疆人工影响天气地面固定作业点标准化建设、基层人工影响天气综合信息管理平台、人工影响天气安全管理、WBG－1 型危险品保险柜、XR－11 型人工影响天气弹药保险柜报警装置、人工影响天气弹药保险柜静电泄放装置、人体静电消除装置、XR－08 型人工影响天气信息终端、XR－05 型多种弹型防雹增雨火箭发射装置、地面碘化银烟炉作业点建设及应用等相关内容。

2008—2011 年新疆人工影响天气办公室编撰的技术培训教材如图 6.12 所示。

图 6.12　2008—2011 年新疆人工影响天气办公室编撰的技术培训教材

此外，由中国气象局下达的与《人工影响天气三七高炮实用教材》和《增雨防雹火箭作业系统实用教材》相配套的高炮、火箭作业安全培训多媒体教材项目，目前已由新疆人工影响天气办公室按计划完成了脚本编写和外场拍摄。多媒体现场拍摄如图 6.13 所示。

图 6.13　人工影响天气作业安全培训多媒体教材现场拍摄场景

6.2　学术交流

新疆人工影响天气学术交流活动形式多样，内容丰富。在定期组织全疆区域业务学术交流的基础上，积极开展跨省区学术报告会，密切与高校合作建立产学研基地，加强国际之间的学术交流和考察。学术交流活动的蓬勃开展,营造了良好的学习氛围,活跃学术思想,推动了新疆人工影响天气科学研究工作的发展,带动了整个人工影响天气学术水平的提升。

6.2.1　新疆区域学术交流

2000 年 9 月 27 日,在石河子市召开奎玛联防作业业务技术交流会,奎玛联防区各单位人工影响天气业务技术人员对 2000 年的冰雹天气过程进行了分析、总结。

2006 年,在克拉玛依市召开奎玛联防区业务技术交流会,共有 8 个单位参加,交流学术论文 14 篇。内容涉及火箭防雹作业试验、强对流天气预警和天气条件分析、雷达回波演变特征及作业指挥。

2007 年 9 月 9—10 日,在奎屯市召开奎玛流域人工影响天气技术研讨会。共有 10 篇论文进行大会交流。会议期间,邀请了北京应用气象研究所许焕斌研究员,主讲爆炸及声对云的作用原理、冰雹形成机制、防雹指挥等内容。

2008 年 9 月 23 日,在石河子市举行奎玛流域人工影响天气业务技术交流会。来自奎玛流域人工影响天气联防区的兵团农六师、农七师、农八师、石河子市、乌苏市、克拉玛依市、玛纳斯县、沙湾县的气象及人影部门的 20 余名代表参加了技术交流会,会上有 10 余篇技术总结进行了交流。

6.2.2　跨省区学术交流

1998 年 10 月,新疆人工影响天气办公室派员参加在庐山召开的“98 中国云物理人工影响天气 40 年进展和展望”学术研讨会。

2000 年 11 月,新疆人工影响天气办公室参加在西安召开的“第十三次全国云降水物理和人工影响天气科学讨论会”,向大会提交 5 篇论文,其中 2 篇在会上进行了交流。

2004 年 10 月 17 日,新疆人工影响天气办公室与成都信息工程学院就人才培养、科学研究、人工影响天气现代化建设和资源共享等方面开展合作,合作协议在成都信息工程学院签署。合作范围包括人工影响天气业务技术体系中的预测和决策指挥、人工催化作业、效果评估、技术保障与科技服务、科技创新等方面。在局校合作的第一阶段,新疆人工影响天气办公室与院方新技术研究所就研制“新疆人工影响天气指挥雷达及临近预报综合信息系统”进行合作,范围涉及研制、生产、更新 15 套雷达系统及综合信息系统等科研开发、人员培训等多项内容,协议金额达到 110 万元,从 2004 年 10 月起分三年实施。

2005 年 1 月,乌鲁木齐市召开“北京—新疆人工影响天气学术交流会”,重点对乌鲁木齐实施人工消雾的可能性作了初步的探讨,对发展规划、飞机人工增雪、水库人工增雨、奥运人工影响天气服务等内容进行了交流。并汇编了《新疆—北京人工影响天气学术交流论文集》。

2005 年 11 月 6—10 日,贵阳市召开“第十四届全国云降水物理和人工影响天气科学会议”。新疆人工影响天气办公室提交 2 篇学术论文进行大会交流。同时,由新疆人工影响天气科技服务中心自行设计研制的 XR—05 型火箭发射系统作为人工影响天气创新产品在会议期间进行了展示,引起了全国人工影响天气界的高度关注。

2006 年,新疆人工影响天气办公室参加全国人工影响天气作业效果评估研讨会和人工影响天气业务技术高级研讨班、中国气象学会年会等学术交流活动,交流论文 4 篇。

2006 年 7 月 26 日,新疆人工影响天气办公室和气象学会联合主办了学术讲座会。中国气象科学研究院研究员陈万奎,原新疆气象局局长、正研级高工张家宝,应邀分别做了题为"科学规模化人工增雨基础与实践"和《新疆气象手册》中人工影响天气内容简介的学术报告。兵团人工影响天气办公室、乌苏市、沙湾县、玛纳斯县、五家渠等基层有关单位的业务技术人员专程来乌参加了报告会。

2007 年 10 月 22 日,"贵州—新疆人工影响天气学术交流会"在乌鲁木齐市召开。重点就贵州、新疆飞机人工增雨(雪)、人工影响天气作业装备安全管理、标准化炮点建设、冰雹天气过程分析和人工影响天气通讯软件系统等内容进行了交流、探讨。双方共提交 14 篇论文报告。贵州、新疆、兵团人工影响天气办公室及有关单位的领导和业务人员共 40 余人参加了会议。

2008 年 10 月 8—11 日,"中国人工影响天气事业 50 周年纪念大会暨第十五届全国云降水与人工影响天气科学会议"在吉林长春召开。新疆人工影响天气办公室提交 5 篇论文参加交流。

2009 年 6 月 26 日,新疆维吾尔自治区气象局与成都信息工程学院合作协议签字仪式在乌鲁木齐举行。合作协议签字仪式如图 6.14 所示。

图 6.14 新疆气象局与成都信息工程学院合作协议签字仪式

2010 年 8 月 5 日,新疆人工影响天气办公室与南京信息工程大学大气物理学院签署合作协议,成立产学研新疆人工影响天气基地的挂牌仪式在乌鲁木齐举行(图 6.15)。

图 6.15 新疆人工影响天气产学研基地挂牌仪式

2012年7月,乌鲁木齐召开"南信大大气物理学院产学研新疆人工影响天气基地学术报告交流会"。本次学术交流会共分5个专题讲座、10篇论文交流,交流场景如图6.16所示。

图6.16 "南信大大气物理学院产学研新疆人工影响天气基地学术报告交流会"现场

6.2.3 国际学术交流

1983年9月,新疆人工影响天气办公室施文全应邀在兰州高原大气物理研究所参加加拿大云物理考察团访华学术交流会,在会上作了"新疆昭苏地区冰雹和雹暴的若干特征"的学术报告。

1985年8月12—14日,新疆人工影响天气办公室郑国光到美国夏威夷参加"第四届世界气象组织人工影响天气学术讨论会",论文题目为《冰雹微结构、阻力系数和下落末速度的实验研究》。参加这次会议的有来自中国、美国、法国、苏联等16个国家的70多位学者。

1989年5月8—12日,"第五届(WMO)人工影响天气和应用云物理科学会议"在北京召开。新疆人工影响天气办公室高子毅、王鼎丰、施文全、张建新、迟玉明5位代表参会。高子毅、王鼎丰分别作题为"克拉玛依白杨河流域山区人工增水试验"和"新疆沿天山冬季降雪的统计特征"报告。张建新《一次弱冷锋云与降雪的微物理结构》和王鼎丰《新疆的冰雹》论文参加交流。26个国家的200多位学者参加会议。

另外,新疆多位专家在一些国际学术交流会上提交了论文:

1983年,在美国召开的"国际云物理年会"上,新疆人工影响天气办公室提交施文全与他人合作完成的《冰雹微结构的分析和研究》论文。

1983年,加拿大召开"第21届国际雷达气象会议",施文全、付家模提交了论文。

1984年,瑞士召开"第22届国际雷达气象会议",施文全、杨传明等提交《一种新的雹云类型的雷达研究》论文。

1984年,苏联召开"国际云物理年会",提交了施文全与他人合作的《冰雹胚胎和类型》、《雹块微物理和雹云单体关系的初步探讨》论文。

1985年,美国召开"第四届(WMO)人工影响天气科学讨论会",施文全、郑国光等提交《中国冰雹微结构研究》论文。

1988年,联邦德国召开"第十届国际云物理讨论会",高子毅、张建新提交合作论文《新疆冬季层状云的基本特征》。

1989年5月20—25日,应中国国家气象局邀请,苏联水文气象委员会人工影响天气局局长博尔采夫率苏联人工影响天气专家代表团一行5人来新疆访问。访问期间,参观了乌鲁木齐气象雷达数据传输和显示系统、云粒子测量系统、气象卫星图像交互系统和玛纳斯雷达站、奎屯河—玛纳斯河流域联合防雹指挥中心以及石河子二龙泉人工防雹站。双方还进行了座谈交流。

1989 年 7 月 27 日至 8 月 10 日,新疆气象局的施文全和国家气象局科学研究院专家访问了苏联高山地球物理研究所和实验气象研究所,就进一步加强合作等问题与苏方有关专家交换了意见,签署了意向协议书。

1989 年 7 月 28 日至 8 月 11 日,以吾甫尔·司马义为团长,徐羲慧、徐德源、郑国光为团员的新疆气象局专家代表团到苏联哈萨克共和国水文气象局,进行考察访问并顺访乌兹别克、吉尔吉斯共和国水文气象局。专家代表团参观了这 3 个加盟共和国的水文气象局、水文气象中心、水文气象研究所,以及附近的 8 个水文气象观测站、高空气象探测站和雪崩观测站,并对其大气探测、气象通信、天气预报、农牧业气象、气候分析和预测、人工影响天气、计算机技术等业务和科研工作进行考察。双方就气象业务科研、服务的组织管理、行业管理以及高山和边远站管理、职工政治思想教育等问题进行了较广泛的交流。签订《中华人民共和国新疆维吾尔自治区气象局专家代表团和苏维埃社会主义共和国联盟哈萨克共和国水文气象局专家代表团关于组织气象科技合作的备忘录》。

1989 年 9 月 26 日至 10 月 10 日,苏联哈萨克共和国水文气象局专家代表团亚历山大诺维奇、尼加扎列维奇、维克多利维奇、安德列维奇等一行 4 人回访中国新疆维吾尔自治区气象局,参观了新疆气象科研所、气象台、通信台、资料室、气象卫星地面站等单位,就大气探测、气象通信、天气预报、农牧业气象、气象资料整编、气候分析与预测、人工影响天气、计算机应用技术、卫星资料接收处理等业务、科研、管理诸方面进行交流,签署《苏维埃社会主义共和国联盟国家水文气象委员会哈萨克共和国水文气象局与中华人民共和国新疆维吾尔自治区气象局专家代表团关于气象科技合作的工作会谈纪要》。

1999 年 2 月 15 日,新疆人工影响天气办公室李斌赴泰国参加"第七届 WMO 人工影响天气科学大会"。

1999 年 3 月 27 日,以色列专家 Daniel Dosenfeld(丹尼尔·道森菲尔德)博士应邀来我区进行技术交流(如图6.17)。内容为人工增雨的原理、方案设计、效果评估技术方法以及以色列人工影响天气工作进展情况。

图 6.17　以色列人工影响天气专家 Daniel　　　图 6.18　俄罗斯斯塔森克博士一行 3 人
Dosenfeld 博士应邀来我区进行技术交流　　　　　　　来疆进行学术交流

2000 年 8 月 13 日,新疆人工影响天气办公室常务副主任冯振武应会议召集人 Isooc 博士邀请,赴美国内华达州里诺市参加"国际气象和大气科学协会云和降水委员会第 13 次云和降水会议"。

2000年8月17日,俄罗斯水文气象总局人工影响天气司司长斯塔森克博士一行3人来疆访问,在新疆人工影响天气办公室进行了学术交流,并就人工影响天气领域的合作,洽谈了初步意向(如图6.18)。

2000年8月31日,新疆人工影响天气办公室副主任张建新,高级工程师瓦黑提·阿扎买提作为中国人工影响天气代表团(10人)成员赴俄罗斯纳尔契克市高山地球物理研究所,参加了中俄人工影响天气学术交流会,参观考察了俄罗斯的人工防雹、防泥石流和防雪崩工作,以及中央高空观象台在莫斯科的双波长雷达站。

2002年10月,新疆人工影响天气办公室副主任瓦黑提·阿孔买提随中国人工影响天气代表团赴俄罗斯参加人工影响天气培训活动。

2004年6月2—23日,应俄罗斯水文气象局副局长佳欠钦科的邀请,新疆人工影响天气办公室冯振武、刘国进、瓦黑提·阿扎买提、杨炳华、廖飞佳等专家赴俄进行了人工防雹技术培训(如图6.19)。培训团先后在俄高山地球物理研究所、水文气象科学生产联合体、台风所地球物理观象总台、水文气象局等四个单位接受了以人工防雹新技术为主的人工影响天气应用技术培训,较系统地学习了俄罗斯人工防雹、人工增雨(消云)基础理论和应用技术,参观了克孜布隆防雹基地和北高加索防雹指挥中心,观看了火箭发射演示。

图6.19　新疆气象局9名人工影响天气专家赴俄罗斯进行人工防雹技术培训

2011年1月4—23日,应以色列嘉利利国际管理学院院长Dr. Joseph Shevel的邀请,经新疆外专局、国家外专局和中国气象局国际合作司批准,以新疆气象局纪检组长赵明为团长的新疆干旱地区人工增雨业务技术培训代表团一行10人赴以色列进行了为期20天的人工增雨业务技术专业培训(如图6.20)。其中,新疆人工影响天气办公室的廖飞佳、张春良、王友新、黄刚为代表团成员。

图6.20　新疆气象局10名专家赴以色列进行人工增雨业务技术专业培训

　　代表团在以色列期间,在以色列嘉利利国际管理学院进行了干旱地区人工增雨业务技术培训,实地参观考察了以色列特拉维夫大学、耶路撒冷希伯莱大学、以色列人工增雨作业业务中心、嘉利利人工增雨外场作业区、魏茨曼研究所等大学和研究机构,内容涉及以色列农业发展、以色列的水经济、气候资源与利用研究、人工增雨业务技术、人工增雨效果评估、云雾降水微物理研究、应对气候变化研究等。

第7章　装备保障与应急服务

装备保障与服务是人工影响天气工作顺利开展的基础,新疆人工影响天气办公室遵循行业管理的有关法律、法规和规章,加强了装备物资的采购供应、设备的年检、维护管理,制定了突发事件和重大气象灾害应急服务方案,使人工影响天气工作在防灾减灾中发挥了重要作用。

7.1　装备物资的采购与供应

7.1.1　采购与供应的原则

新疆作业规模较大,装备物资种类繁多、数量大。执行统一采购制度,要求使用装备标准统一、安全实用、质量可靠。

装备物资的采购与供应的原则:

(1)增雨弹、火箭弹、碘化银烟条等火工品的购置,由新疆人工影响天气办公室统一组织,向国务院气象主管机构定点的生产企业购买,经国务院气象主管机构鉴定并由其验收单位验收合格的产品。其他任何部门、单位或个人不得擅自购置或转让。

(2)三七高炮、火箭发射装置、地面碘化银燃烧烟炉、飞机播撒装置、雷达、弹药储存柜等专业装备及其他的非专业装备,按照当地政府采购有关规定和程序进行。

(3)禁止非法倒买倒卖作业装备。因作业需要进行调配的,区内由新疆人工影响天气办公室批准。跨省(区、市)须由相关省(区、市)人工影响天气办公室共同批准。

7.1.2　弹药的采购、供应、运输与储存

1.弹药的采购

(1)编报全疆三七炮弹、火箭弹、地面燃烧碘化银烟条、飞机播撒碘化银烟条和烟弹等年度需求计划,上报国务院气象主管机构。

(2)按照中国气象局有关物资采购的规定形成采购供货合同。

2.弹药的供应

(1)装备管理人员负责弹药准购、准运、储存、协调和销售的办理,支付运输过程中各种费用,同时负责管理装卸及弹药现场警卫人员、押运人员。开具《新疆维吾尔自治区人工影响天气办公室弹药发放通知单》一式3份,一份留存,科技开发服务中心和金太阳民爆仓库各留一份。

(2)动态运输过程中负责与自治区公安厅特行大队、乌鲁木齐市公安局枪爆科、达坂城区公安分局治安大队、金太阳民爆仓库、各厂运弹车辆(车皮)押运员、军代室值班参谋、恒基运输公司调度、军区转运站装卸队长、新疆气象局保卫科、科技开发服务中心管理人员的联系。

（3）签署发货单（厂家发货单一式 2 份），签字盖章（新疆维吾尔自治区人工影响天气办公室公章）后交押运员一份，新疆维吾尔自治区人工影响天气办公室留存一份。

（4）填写入库单 4 份，金太阳民爆仓库保管员、科技开发服务中心、装备管理、结算中心各执一份记账。

（5）建总账和分类账（包括建立向厂家汇款账目），账目日清月结，账物相符。装备管理、科技开发服务中心、结算中心、金太阳民爆仓库保管四方对账，收发量多时一月一对，少时三月一对，特殊情况随时核对。每年和厂家对账一次。年底汇总在《×××年新疆维吾尔自治区人工影响天气办公室炮弹、火箭弹进销一览表》上，三方签字存档。年终上报弹药进出统计报表。

（6）科技开发服务中心接到《新疆维吾尔自治区人工影响天气办公室弹药发放通知单》后，开具《新疆维吾尔自治区气象局物资供应站发货单》4 联单 1 份，管理员留下第一联存档，购弹药人员持 2～4 联到结算中心开具发票。第二联是购货单位报销凭证，第三联是库房发料凭证交购弹人员，第四联是发货单位会计记账凭证由会计留存。购弹药人员凭第三联到金太阳民爆仓库领取弹药。

（7）结算中心收到购弹单位汇款后，通知装备管理人员，并根据《新疆维吾尔自治区人工影响天气办公室弹药发放通知单》《新疆维吾尔自治区气象局物资供应站发货单》开具发票。签收装备管理人员交来的入库单。购弹单位汇款未到账，视为欠款，购弹药人员急需购买弹药时，需写欠款报告，由主管领导签字同意后方可办理相关财务手续。

（8）金太阳民爆仓库负责弹药接收。押运员交接入库弹药品种、数量单据。卸车前保管员要车上点验，数量无误方可卸车。卸车后，押运员、金太阳民爆仓库保管员、装备管理人员三方在入库单和交接单签字，各执一份记账。

（9）弹药发出。金太阳民爆仓库保管员验证购弹药人员提交的《新疆维吾尔自治区人工影响天气办公室弹药发放通知单》及《新疆维吾尔自治区气象局物资供应站发货单》无误后，根据"发旧存新、发零存整"的原则发货。购弹药人员和金太阳民爆仓库保管员在装车过程中点验，装车完毕双方再在车上点验，在确认数量无误后签字放行。

（10）针对跨年领取弹药的特殊情况，凭原票据和补办手续发货。对运输车辆存在剩余弹药情况，金太阳民爆仓库保管员应出具双方签字的凭据各留一份，并应及时报告装备管理人员。

3. 弹药的运输

（1）新疆人工影响天气办公室在当地公安部门办理爆炸物品准购、准运、押运手续后，寄发各生产厂家。各厂家按危险品运输规定，组织专用车辆运输到指定地点。

（2）各地在购买、运输弹药之前，必须向当地人民政府和公安部门申报，并在当地公安部门办理爆炸物品准购、准运、押运手续后，再到新疆人工影响天气办公室购买调运。

（3）购弹单位负责人办理相关手续后，需与公安部门指定的运输公司（新疆恒基运输公司）签订运输合同，运输公司根据危险品运输规定和合同实施弹药的运输。

（4）装运炮弹、火箭弹时弹头的朝向应与汽车行驶方向垂直。装载不得超高、超重。弹药在运输途中要注意防火、防盗、防爆，运输车辆不能停靠在居民区、繁华区，并自始至终要有专人武装押运。装运爆炸物品的车辆必须是专用的封闭式的爆炸物品运输车。

4. 弹药的储存

（1）弹药必须存放在当地公安部门认可的弹药库内，严禁和其他易燃易爆物品同库存放、严禁人员居住。流动火箭作业车上携带的火箭弹,用专用的火箭弹保险箱临时存放。作业点的弹药存放在安装有人体静电消除装置和报警装置的弹药存储柜内。

（2）弹药的储存按新品、堪用品、报废品,不同厂家、不同年代、不同批次分垛存放。炮弹码垛高度在 2 m 以下,火箭弹码垛高度不得超过 4 层,炮弹、火箭弹、碘化银烟条应分开存放。储存有效期炮弹为 5 年,火箭弹以产品说明书为准。

（3）地（市）、县两级人工影响天气主管机构要有专人负责人工影响天气弹药的管理,严格验收、登记、建账,出入库手续齐全。使用时,根据弹药的储存有效期,本着"发旧存新、发零存整"的原则发放。

（4）新疆人工影响天气办公室购买的弹药,统一储存在自治区公安部门认可的金太阳民爆仓库。

7.1.3　其他装备物资的采购、供应、运输与储存

其他装备物资,按当地政府采购规定办理;供应按签订的合同书执行;运输与储存,按产品说明实施。

7.2　作业装备和作业设备的年检

（1）科技开发服务中心负责年检工作。该中心组织有资质的技术人员或委托地（州）有关部门有资质的技术人员对高炮、火箭发射装置进行年检;地面碘化银燃烧烟炉年检委托有关生产厂家。

（2）对全疆雷达的各项技术指标进行检测及标定,确保各雷达主要技术参数正常,资料有可比性;通信电台由使用按有关无线电台设台要求严格管理,由新疆人工影响天气办公室或其委托单位进行定期检验或标定。

（3）新疆人工影响天气办公室或其委托的单位对通信终端、静电泄放装置、弹药存储柜、报警装置等进行定期检验或标定。

（4）年检合格的由新疆人工影响天气办公室签发年检合格证。年检不合格的,应当立即进行检修,经检修仍达不到规定的技术标准和要求的,由新疆人工影响天气办公室按有关规定予以报废。火器年检现场如图 7.1 所示。

图 7.1　火器年检组对三七高炮、火箭发射装置进行年检

7.3　人工影响天气应急服务

新疆人工影响天气应急服务主要指突发事件如森林、草场、火灾等和突发性气象灾害的应急服务。

7.3.1　应急服务工作机制

应急服务的工作机制包括应急服务预案、技术装备、组织实施等。

1.应急服务预案

（1）新疆人工影响天气办公室应急小组工作职责

①贯彻落实新疆气象局突发性气象灾害（公共事件）应急指挥部的决定。

②按照职责分工和管理权限，参与突发性气象灾害（公共事件）应急预案的组织实施。

③协助新疆气象台、新疆气候中心、新疆气象信息中心做好监测和预警工作。

④根据发生突发性气象灾害的种类，及时了解作业区域天气气候背景，制定详尽的现场作业方案。

⑤根据应急内容，完成全疆人工影响天气系统各类作业队伍的协调任务，进行现场指挥作业。

⑥负责移动式天气雷达、火器作业装备、通讯装备、后勤保障等各项准备工作。

⑦协助有关部门做好灾情收集、上报和信息发布工作。

⑧完成应急行动后，对开展的人工影响天气作业进行作业效果评估。

（2）基本技术装备

①探测装备：移动（固定）气象台，移动（固定）天气雷达，GPS 定位系统、气象卫星接收系统。

②作业装备：移动火箭发射系统、高炮。

③通讯装备：短波（超短波）电台、移动电话、通信终端、计算机通讯网络。

（3）应急指挥体系

新疆人工影响天气办公室应急小组在新疆气象局突发性灾害（公共事件）应急指挥部的领导下工作，是组织、处理突发性事件的实施机构。由新疆人工影响天办公室业务中心、科技开发服务中心和气象局科技发展处、气象台、气候中心、气象信息中心及各地（州）、市、县人工影响天气机构组成。

应急小组人员组成：

组　　长：新疆人工影响天气办公室主任。

副组长：新疆人工影响天气办公室常务副主任。

成　　员：新疆人工影响天气办公室业务中心和科技开发服务中心、气象局科技发展处、气象台、气候中心、气象信息中心的领导及各地、州、市、县人工影响天气办公室主管领导。

（4）分级响应工作流程

①新疆维吾尔自治区人工影响天气办公室应急小组负责对本工作流程的启动、设计作业方案、下派现场指挥分队机动指挥地（市）级应急中心、县级应急机构的探测装备和火器。

②有关单位应根据新疆维吾尔自治区人工影响天气办公室应急小组的部署，做好本单位

应急抢险安排,建立相应的工作流程和制度,确定联系人,并将名单报送新疆维吾尔自治区人工影响天气办公室应急小组。

分级响应工作流程,如图 7.2 所示。

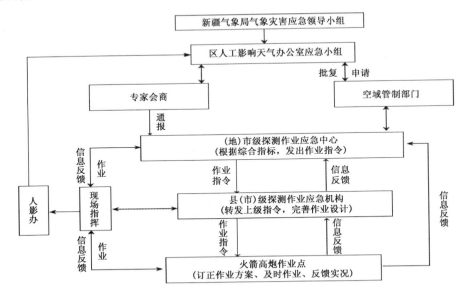

图 7.2 　人工影响天气分级响应工作流程框图

(5)预警机制

①当出现突发性气象灾害事件时,人工影响天气作业应急抢险的所属有关部门应在 5～10 分钟之内通过通讯网络,将收集到的灾情信息及时上报到新疆人工影响天气办公室应急小组,并在突发性事件发生 1 小时内,以文字或图片形式报告所监测到的受灾区当时天气条件和天气发展趋势等情况。

②新疆人工影响天气办公室应急小组应立即将灾情信息报告新疆气象局突发性灾害(公共事件)应急指挥部。

③在接到新疆气象局突发性灾害(公共事件)应急指挥部"启动应急预案"命令后,新疆人工影响天气办公室应急小组和有关地、州、市、县人工影响天气办公室要在 10～20 分钟内做好固定、移动火器、移动雷达等快速反映的各项准备,落实好待发人员,在规定的时间内到达指定位置,完成实施作业前的一切准备工作。

④新疆人工影响天气办公室应急小组负责对空域管制部门的联系和协调,各作业点必须得到空域批复后方可实施作业。

⑤有关雷达观测人员要密切注意突发事件区域的回波演变,有关移动(固定)气象台、遥感监测的预报值班人员要密切监视突发事件区域天气的发生、发展,对有利于在突发事件区域实施作业的天气条件,应及时向新疆人工影响天气办公室应急小组、所属有关专业部门上报预测和监测信息。

(6)突发性应急抢险事件发布内容、形式、途径

①发布内容是指发生或即将发生的森林火灾、草场火灾、高温热浪、沙尘暴、大气环境污染

等。包括影响时间、影响范围及强度。

②发布形式和途径是指预案启动(终止)指令下达 10 分钟之内,以书面(传真)形式向新疆气象局突发性灾害(公共事件)应急指挥部、突发事件所在区域政府等相关部门、中国气象局预测减灾司上报。

(7)应急通讯

①参与突发性事件应急抢险的单位应当保障预案启动后的通讯畅通,建立 24 小时值班制度。

②以新疆气象局局域网络为主体,建立跨部门有线和无线相结合的反应快速、灵活机动、稳定可靠的应急通讯系统,确保应急抢险期间通讯畅通。

(8)应急保障

①加强对探测装备、作业装备、通讯装备的管理、维修、检测和保养,配置备份应急装备,建立健全应急保障措施。

②有关地(州、市)县气象局、人工影响天气办公室根据应急抢险工作的需要,做好对灾区的雷达观测、滚动预报、跟踪服务,在灾区建立移动雷达站和移动气象台,为灾区作业提供信息保障。

③应急抢险事件处置工作需要的专项资金,应当列入预算,由政府财政预以保障。

(9)应急抢险效益评估

①各地(州)境内的应急抢险效益评估工作,由各地(州)人工影响天气主管部门评估小组作出,并报新疆人工影响天气办公室应急小组审定。

②跨地(州)区域的应急抢险效益评估由新疆气象局突发性灾害(公共事件)应急指挥部和新疆人工影响天气办公室应急小组负责。

③应急抢险效益评估内容应包括:灾情过程描述、观测、预报服务过程,实施人工影响天气作业后减轻灾情,生态损失三个方面。评估结果应于过程结束后 24 小时内上报。

(10)应急结束

应急抢险结束后,新疆人工影响天气办公室应急小组提出终止应急预案的建议,报新疆气象局突发性灾害(公共事件)应急指挥部批准后,向相关部门及社会公布。

2. 应急服务管理

(1)应急服务期间,随时组织开展人工影响天气作业(飞机或地面),业务值班实行无空隙 24 小时值班。密切监视天气,及时收集各地信息、下发各种作业指导产品。

(2)新疆人工影响天气办公室应与气象台共同协商,就增水潜势及作业天气预警产品的保障达成协议。气象台提供增水潜势及作业天气预警产品时,要保证人工影响天气作业指挥人员,能应用相关产品确定人工影响天气作业区域和时机。

(3)新疆人工影响天气办公室业务中心首席值班员需参加气象台的重大天气会商,组织作业天气讨论,制定重要天气工作安排,做好气象信息的收集、传递与作业指挥工作。

3. 应急演练

根据新疆气象局突发性气象灾害(公共事件)应急指挥部的安排,新疆人工影响天气办公室应急小组下属应急分队多次参加应急演练,锻炼了队伍,提高了队员素质,为更好地参加各种应急服务打下基础。如图 7.3、7.4 所示。

图 7.3 应急分队参加区气象局大院的应急演练

图 7.4 2012 年 8 月 23 日应急分队在乌苏进行应急演练

7.3.2 应急服务

1. 应急抗旱服务

2009—2011 年,启动人工影响天气应急工程。通过增加作业装备、扩大作业范围、加大作业强度和开展全年无间隙人工增水作业。历经三年建设,作业覆盖区的降水量增加了 10% 以上,年增加水资源 $10 \times 10^8 \sim 15 \times 10^8$ t,使山区草场、林地、农田的旱情得到缓。

2. 森林(草场)火灾应急服务

2000 年以来,新疆境内多次发生森林和草原火灾。自治区人民政府迅速组织当地武警部队、干部群众积极灭火,与此同时,气象局突发性气象灾害(公共事件)应急指挥部要求在火灾区组织开展人工增雨作业。人工影响天气办公室接到命令后,迅速组织有关地(州、市)县(市)人工影响天气部门派出应急队伍,连夜赶赴火灾现场,实施人工增雨灭火作业。在 2000 年塔城丘尔丘特草场灭火、2002 年阿勒泰地区冲乎尔森林灭火、2004 年阿勒泰地区喀纳斯森林灭火、2011 年阿勒泰地区禾木乡森林灭火中发挥了极大的作用,收到较好的效果,得到自治区领导的表扬和嘉奖。如图 7.5、7.6 所示。

图 7.5 2000 年 8 月 8 日在塔城地区参加森林灭火应急服务

图 7.6 2011 年 9 月 23 日在阿勒泰地区喀纳斯参加森林灭火应急服务

7.4 人工影响天气设备故障的应急维修

为保证人工影响天气设备在紧急情况下的正常运转,科技开发服务中心成立作业工具及设备故障维修应急小组并建立了相应制度,每年进行全疆巡检,发现问题及时进行检修。如图 7.7 所示。

图 7.7 技术人员检修三七高炮、火箭发射装置、雷达天线

1. 常规维护

每年 3—7 月,科技开发服务中心派出技术人员,随同"火器年检组"奔赴全疆各地,对作业使用的三七高炮、各类火箭发射装置、雷达、无线通信终端等进行维护保养,排除各种故障,保证了上述设备的正常使用。

2. 故障应急

除对设备的正常维护、保养外,接到基层设备突发故障通知后,科技开发服务中心安排技术人员进行处理,了解故障现象后,指导当地技术人员进行自检,如果当地无法排除故障,立即派出技术人员赶赴现场进行抢修。

第8章　地面固定作业点标准化建设

为更好地服务于新疆的经济建设,进一步提高新疆人工影响天气作业的科技水平和效益,规范新疆人工影响天气地面固定作业点标准化建设,改善基层作业点工作和生活条件,强化作业点安全生产和保障能力,2011年新疆维吾尔自治区人工影响天气办公室出台《人工影响天气地面作业点建设规范【DB65/T0000－2011】》地方标准,并开始在全疆范围内(新疆生产建设兵团除外)开展地面固定作业点标准化建设工作。目前已完成了高炮、火箭作业点新建和局部改造共98个,地面碘化燃烧银烟炉作业点36个。

8.1　建设依据

地面固定作业点标准化建设是指在地面固定设置的高炮、火箭、碘化银烟炉作业点,其建设严格依据有关标准和规范。

8.1.1　建设规范

人工影响天气地面作业点建设规范【DB65/T0000－2011】

8.1.2　安全管理

人工影响天气安全管理规定【中国气象局发(2003)56号】

8.1.3　工作管理

新疆维吾尔人工影响天气工作管理办法【新疆人民政府令第82号】

8.1.4　爆炸物品管理

民用爆炸物品安全管理条例【中华人民共和国国务院令第466号】

8.1.5　弹药运输、贮存

火工品包装、运输、贮存安全要求【GJB2001－1994】

8.1.6　弹药库

小型民用爆破器材仓库安全标准【GB15745－1995】

8.1.7　防雷

建筑物防雷设计规范【GB 50057－1994】

8.1.8　自动气象站建设

区域气象观测站建设指导意见【新疆维气象局测函(2009)248 号】

8.2　建设设计要求

8.2.1　地面高炮、火箭固定作业点

1. 场地选择

(1)作业点应视野开阔,在高炮及火箭射击的前方不得有障碍物,如:建筑物、电线杆、树木等。作业时,炮弹及火箭的弹落点,要避开人口稠密的村庄、学校、水库、重要电力设施、国道和重点文物保护单位等。

(2)作业点周围应设立允许射击方位标志和警戒标志。

(3)作业点与居民点的安全距离应在 500 m 以上。

(4)有效进行人工影响天气作业的地点。

2. 占地面积

高炮、火箭地面固定作业点占地面积按作业实际情况可在 300～2000 m² 之间,呈正方形或长方形。

3. 作业方向

根据新疆天气气候特点,以正西、西北、正北面为主要作业方向。

4. 房屋抗震

作业点房屋需抗 8 级地震,由于是地面 1 层建筑,宜采用钢筋水泥或砖混单层结构,屋顶宜为砼结构。

5. 门窗

院门和炮库的门是两扇铁制门,弹药库和缓冲房的门是铁制安全防盗门,其他房间的门可为木门。在弹药库和缓冲房的两侧墙上各开长 0.5 m、宽 0.2 m 的窗,安装铁护栏,便于通风;其余房间的窗,装防震玻璃。

6. 建房位置

考虑到采光和中国人建房习惯,办公、生活居住的房间尽量建在座北朝南的位置;房间面积统一;弹药库、炮库建于院角,尽量远离生活居住区;房墙与院墙之间有 1～3 m 的隔离带。

7. 高炮作业平台

高炮作业平台建在水泥地面上,在相对于高炮作业平台的 4 个支撑点位置分别挖 0.3 m ×0.3 m×0.3 m 的方坑,内装沙石或垫木,用于高炮作业时的防震。

8. 火箭作业平台

火箭作业平台用混凝土建成大小 0.6 m×0.6 m,平台应尽量前移靠外墙,在平台上相对于火箭发射架固定架的 4 个安装位置,预埋 4 个地脚螺栓,用于火箭发射架固定。

9. 监控装置

5 个固定摄像头安装院内 4 个合适的位置,确保重点部位的监视。利用摄像录像机管理,摄像资料暂以半年为期限方式保存,设置外部接口,便于图像资料的读取和今后的传送。其工

程必须统一由通过自治区公安厅注册认证的单位具体设计和施工。

10. 弹药储存

弹药库内设危险品保险柜,缓冲房内设静电泄放装置和报警装置。

11. 避雷装置

防雷以保护弹药库为主,尽量覆盖作业点全院建筑,其工程必须由符合甲级资质条件的或乙级资质条件的单位负责设计和施工。

12. 院内地面

院内地面用于车辆通行和人员活动的区域,应铺设 3～5 cm 厚的水泥地面,其余部分可种植花草和植树,不宜太高。

13. 凉棚

在高炮和火箭作业平台附近建设简易凉棚,作业时暂存炮弹和火箭弹,防止曝晒和雨淋;大门口附近再建个可放置自行车和摩托车的简易凉棚。

14. 院墙

院墙为砖混单层结构,高为 2～3 m,上装 0.5 m 铁丝网,另配房梯,便于对空观察天气。

15. 作业值班室

值班室是重要的办公场所,安放主要办公设备,并在值班室挂制整齐的各项规章制度(如值班制度、岗位职责和射界图等)。

16. 标志

弹药库门上要张贴明显的防火、防爆、防雷等警示标志;作业点的大门上要张贴非工作人员免进的警示标志;作业点正中央的墙上或屋顶上安装新疆人工影响天气标志。

17. 电力配置

电力配置掌握在 5000 瓦以下。房间为 15～30 瓦节能灯,路灯和探照灯为 LED 灯,设在大门口和人经常活动的区域,探照灯照射高炮、火箭作业台,供夜间作业使用。

18. 土建工程

土建、电力布线等工程,要按照选定的设计方案,由当地建筑设计部门设计建筑施工图,并依据设计建筑施工图进行建设。

19. 装备物资

作业点除增雨弹、火箭发射装置等专用设备外,其余工作和生活用品,可由各地的地面固定作业点具体实施单位按有关规定自行采购。

8.2.2　地面碘化银燃烧烟炉固定作业点

1. 场地选择

(1)依据当地云水资源条件选择作业区。由于地形云的形成与谷风盛行关系密切,原则上选择于地形云形成、发展的山峰下方的山谷或河谷源区,以便有较多的播云机会。

(2)选择山谷或河谷的主体走向,主要考虑西北—东南向和北—南走向的山谷和河谷。通常这类走向的山谷或河谷,山谷风特征明显,利用谷风将催化剂带入云中。

(3)考虑到山区降水转换为地表水的能力,烟炉作业点应设置在海拔高度 1500m 以上的山区。

(4)根据 20 世纪 80 年代初前苏联在中亚泽拉夫森山对地形云液水的分布研究认为,在山脊迎风侧 1～6 km 的低、中云中,含水量趋向山脊而增大。地面烟炉布设应距离盛行地形云的山峰不大于 5 km,以便 1～2 m/s 的谷风能在 1～1.5 h 内使催化剂送到期望播云高度—5℃。

(5)根据目标区的大小,合理布置地面发生器数量。发生器间隔距离以相距 5～8 km 为宜。距离增水目标区不超过 20 km。

(6)因为是在山区作业,选择布设作业点时要适当兼顾考虑作业点交通、人员生活以及安全问题。

(7)手机信号比较好,可观测到星。

(8)有效的光照射。

8.2.3　占地面积

碘化银烟炉地面固定作业点占地面积按作业实际情况可在 300 m² 左右,呈正方形或长方形。

8.2.4　作业平台

碘化银烟炉应安装在埋入地下的 1600 mm×1600 mm×400 mm 的混凝土预制墩上。上露 100 mm,在相对于碘化银烟炉底座的 4 个安装位置,预埋 4 个地脚螺栓,用于碘化银烟炉的固定。

8.2.5　避雷装置

防雷以保护碘化银烟炉和附近的部件为主,其工程必须由具备资质条件的单位负责设计和施工。

8.2.6　围栏

用钢筋或其他金属材料焊接成围栏,高度 1～2 m 左右,围在烟炉作业点的四周,起到对烟炉及附属设备的保护作用。

8.2.7　栏内地面

栏内地面用砖铺平。

8.2.8　标志

在围栏门口的两侧贴上的警示标志。

8.3　方案设计

新疆地形复杂,气候多变,各地进行人工影响天气的作业存在多样化。建设方案的设计,应根据当地的天气气候特点、作业目的、农作物保护区面积等实际情况而定。

8.3.1　高炮、火箭地面固定作业点标准化建设设计方案1

以山区人工增雨作业为主：

主要针对建在山区或平原征地困难的地区，并且只有一部火箭作业的地面固定作业点，其建设平面设计、房间屋内物品设置、建设效果如图8.1、8.2、8.3所示。

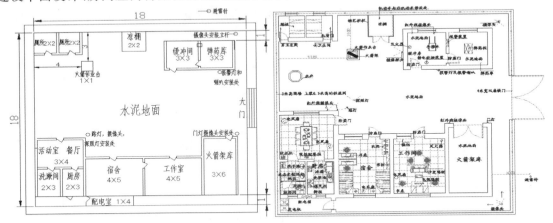

图8.1　建设平面设计图　　　　　　图8.2　房间屋内物品设置设计图

图8.3　方案1建设总体效果图

8.3.2　高炮、火箭地面固定作业点标准化建设设计方案2

以人工增雨作业为主，兼顾人工防雹作业：

主要针对建在平原或征地相对困难或认为不需要占地面积那么大，只有一部固定火箭发射装置和一部车载流动火箭发射装置，并且作业量都不大的地面固定和车载流动作业点，其建设平面设计、屋内物品设置和建设效果，如图8.4、8.5、8.6所示。

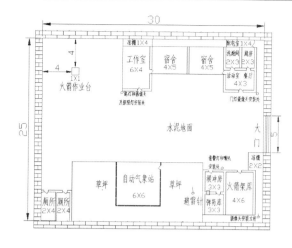

图 8.4　建设平面设计图

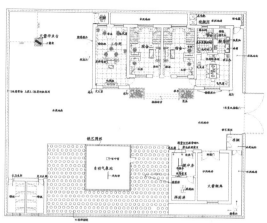

图 8.5　房间屋内物品设置设计图

图 8.6　方案 2 建设总体效果图

8.3.3　高炮、火箭地面固定作业点标准化建设设计方案 3

以人工防雹作业为主,兼顾人工增雨作业:

主要针对建在平原或征地不难的地区。一部固定火箭发射装置、一部车载流动火箭发射装置和一部三七高炮作业并存的较大的地面固定和车载流动作业点,也可作为中心作业点,其建设平面设计、屋内物品设置和建设效果,如图 8.7、8.8、8.9 所示。

方案 1、2、3 设计图说明:

1. 平面图:上北、下南、左西、右东。

2. 建筑面积和位置尺寸:图中已标出。

3. 房间和房间用品配置:

(1)弹药库:水泥地面高出其他地面 10 cm。内设弹药存储柜 1 部,危险品保险柜用于存

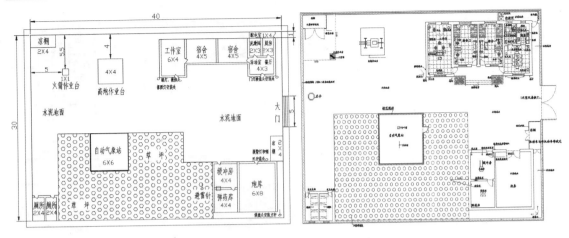

图 8.7　建设平面设计图　　　　　　　图 8.8　房间屋内物品设置设计图

图 8.9　方案 3 建设总体效果图

储弹药,门为铁制安全防盗门。

(2)缓冲间:是弹药库的外间,水泥地面高出其他地面 10 cm。内装小推车、灭火器、人体静电消除装置、报警装置各一部,门为铁制安全防盗门。

(3)工作室:内设 2 张常规办公桌、6 把靠背椅、4 节铁皮柜子;沙发、茶几、电视柜、方桌、挂衣架、落地电风扇、灭火器各 1 个,墙上贴挂各项制度,门为铁制安全防盗门,有条件的单位地面可铺瓷砖。

(4)宿舍:住两人。内设单人床 2 张、蚊帐 2 顶、常规办公桌 2 张、靠背椅 2 把、柜子 2 节、挂衣架 1 个、落地电风扇 1 个。门为木门,从工作室进出,也可单独设门,有条件的单位地面可铺瓷砖。

(5)厨房:内设煤气罐、煤气灶、面板、灭火器、电冰箱、微波炉、电磁炉各 1 个及其他炊具;小火炉 1 个,在厨房和宿舍的隔墙上安装 1 个铁皮火墙(冬天值班使用)。厨房后墙和院墙之间的空地,可堆放一些木柴和煤。门为木门,从活动室、餐厅进出,有条件的单位地面可铺瓷砖。

(6)洗漱间:内设淋雨喷头 1 个;洗脸盆、脸盆架各 2 个;洗衣机 1 台。洗漱间外屋面安装太阳能热水器 1 部。门为木门,从活动室、餐厅进出,有条件的单位地面可铺瓷砖。

(7)活动室、餐厅:内设 2 个落地电风扇、2 方桌(合并一起)、6 把靠背椅。门为铁制安全防盗门,有条件的单位地面可铺瓷砖。

(8)炮库:主要用于存放作业用的高炮或火箭架,也可临时存放小型机动车。

(9)避雷设施:在弹药库附近安装避雷设施,用于弹药库防雷(具体按防雷设计实施)。

(10)院门:宽度为 4 m,铁制。

(11)作业平台附近凉棚:用于暂时存放增雨弹和火箭弹。门口的凉棚用于停放机动车和非机动车。

(12)厕所:汗厕,2 间(各为 2 m×2 m=4 m²,男、女各 1 间),门为木门。

(13)作业平台:火箭作业平台和高炮作业平台,建在西北角,本台上布设方位标示牌和禁射区域。

(14)院墙:高 2～3 m,上装 0.5 m 高的铁丝网。

(15)靠北墙中央建设 2 m×2 m=4 m² 凉棚一座,作业时暂放火箭弹。

(16)地面:除草坪以外的地面,均铺厚度为 3～5 m 厚的水泥地面。

(17)压井:在院内合适的位置,打一口压井或电机井,提供工作和生活用水。

(18)房内外墙颜色:房内墙刷成白色,房外墙刷成橘红色。

(19)设计与施工:房屋土建工程、防雷设施、摄像监控设施、电气线路等设施,要有符合资质条件的单位具体设计和施工。

8.3.4　碘化银燃烧烟炉地面固定作业点标准化建设设计方案 4

根据作业需要,将在下述区域设立地面碘化银燃烧烟炉固定作业点,满足不受任何影响和限制的全天候作业条件。

(1)航线密集、空域申请困难的作业区域;

(2)在山区或人长期生活困难而又必须实施人工增水作业区域;

(3)在雹云形成源头,高炮和火箭射程达不到而又必须进行满足初始回波条件的早期人工催化作业区域。

1.地面碘化银燃烧烟炉

国内现有陕西中天火箭技术有限公司生产的 ZY－2 型地面焰条播撒系统、内蒙古北方保安民爆器材有限公司生产的 RYJ－1 型景观烟炉和江西新余国泰火箭技术有限公司生产的 DL40－1 型立式地面烟炉催化系统,三种产品都具有 GSM 通信技术点火控制和北斗卫星通信技术点火控制方式,并已投入业务使用。

地面碘化银燃烧烟炉主要由地面焰条、地面播撒装置、点火控制器等组成。地面播撒装置为户外固定设备,地面焰条提前放置在地面播撒装置内,在具备作业条件的情况下,通过室内计算机软件发出检测、点火信号,点燃焰条。焰条产生的烟雾携带碘化银粒子,在播撒器的导引下,以上升气流为载体进入目标云中,实现人工增雨、防雹的作业目的。

有关各厂家地面碘化银燃烧烟炉、地面焰条的构造原理、操作使用,本章不做详细介绍。下面以江西新余国泰火箭技术有限公司生产的 DL40－1 型立式地面烟炉催化系统为例,介绍碘化银烟炉的地面固定作业点标准化建设。

2.DL40－1 型立式地面烟炉催化系统安装基础

用钢筋混凝土浇筑成甲、乙两块 1300 mm×950 mm×200 mm 的水泥预制板,在这两块水泥预制板上都预留 4 个 φ30 的对应于烟炉支架的连接孔。预制板的大小和孔的具体位置尺寸,如图 8.10 所示。

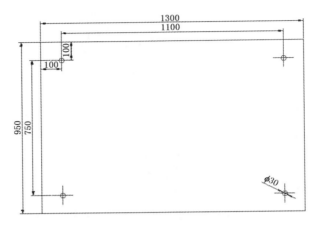

图 8.10　甲、乙水泥预制板平面尺寸图

(1)配套附属部件的制作

用长度 500 mmφ20 的钢筋加工成如图 8.11 所示的地脚螺栓 4 根,8 块平垫每块可用 5 mm 厚的钢板,切割成 100 mm×100 mm 的正方形,中间开 φ20 的孔,具体尺寸如图 8.12 所示。8 个标准 M20 镀锌螺帽和 8 个标准 φ20 不锈钢弹性垫片从市场购置,待用。

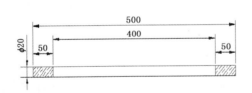

图 8.11　4×M20×500 mm 地脚螺栓尺寸图

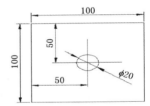

图 8.12　8×φ20 平垫尺寸图

(2)DL40－1 型立式地面烟炉催化系统安装基础的安装

烟炉安装位置确定后,先挖 1300 mm×950 mm×300 mm 的深坑,再将 4 根 M20×500 mm 的地脚螺栓安装在甲混凝土预制板上,如图 8.13 所示。夯实坑的底部,把甲预制板放入坑中,再将乙预制板平压在甲混凝土预制板上,让甲的 4 根地脚螺栓穿过乙的 4 个 φ30 孔,留出 50 mm 长的螺栓,用于烟炉支架连接孔配装,如图 8.14 所示。混凝土预制板周围用土填平,上留 100 mm 的平台高度。

3. 烟炉控制器支撑杆安装基础

用钢筋混凝土浇筑成一个 400 mm×400 mm×400 mm 的立方体水泥墩,在这个立方体水泥墩上预留 3 个 φ30 的孔,对应控制器支撑杆底座连接孔。水泥墩的大小和 3 个孔的具体位置尺寸如图 8.15 所示。

(1)配套附属部件的制作

用长度 500 mmφ20 的钢筋加工成如图 8.16 所示的地脚螺栓 3 根,6 块平垫每块可用

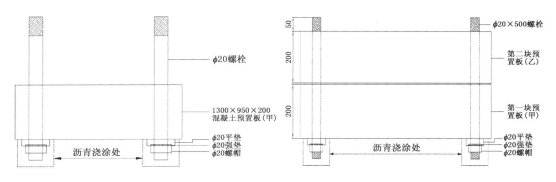

图 8.13　甲预制板与螺栓组合示意图　　　图 8.14　甲、乙预制板组合示意图

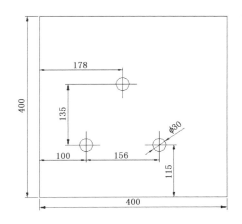

图 8.15　混凝土预制墩平面尺寸图

5 mm厚的钢板,切割成 100 mm×100 mm 的正方形,中间开 φ20 的孔,具体尺寸如图 8.17 所示。6 个标准 M20 镀锌螺帽和 6 个标准 φ20 不锈钢弹性垫片从市场购置,待用。

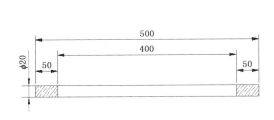

图 8.16　3×M20×500 mm 螺栓尺寸图

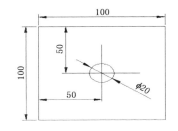

图 8.17　6×φ20 平垫尺寸图

(2) 烟炉控制器支撑杆安装基础的安装

在烟炉安装基础的北边 1500 mm 处,挖一个 400 mm×400 mm×300 mm 的深坑,夯平坑的底部,将 3 根 M20×500 mm 的地脚螺栓安装在 400 mm×400 mm×400 mm 的混凝土预制墩上,如图 8.18 所示。再将此墩埋入坑内,周围用土填平,上留 100 mm 的平台高度。

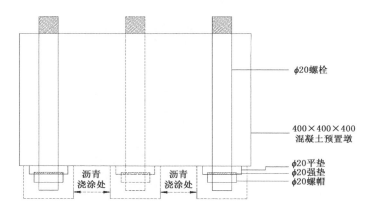

图 8.18 控制器安装基础和地脚螺栓组合示意图

4.拉线底座基础

由于烟炉高大,在野外受风影响较大,可用拉线加以稳固,在烟炉和控制器支撑杆周围设6个点,用于放置拉线底座。

用 200♯ 钢筋混凝土浇筑成 6 个 400 mm×400 mm×400 mm 的预制水泥墩,每个水泥块中间都预留一个 $\phi20$ 的孔,预制水泥墩的大小和孔的具体位置尺寸如图 8.19 所示。

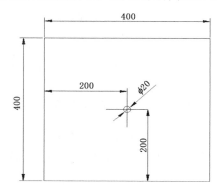

图 8.19 拉线底座基础混凝土预制墩平面尺寸如图

（1）配套附属部件的制作

6 根 $\phi10×700$ mm 的拉线环,每根可用长度 700 mm、$\phi10$ 的钢筋制作,上端 200 mm 弯成圆环状,下端 50 mm 加工成与标准 M10 螺帽匹配的螺丝,如图 8.20 所示。6 块平垫每块用5 mm厚的钢板,切割成 100 mm×100 mm 的正方形,中间开 $\phi10$ 的孔,如图 8.21 所示。6 个标准 M10 镀锌螺帽和 6 个 M10 标准不锈钢弹垫在市场购置,待用。

（2）拉绳,绳卡和紧绳器的制作

拉绳可用 $\phi3\sim5$ mm、长度为 60 m 的钢丝绳在市场购置。60 m 的钢丝绳根据现场拉线底座的位置、烟炉底座安装基础位置、控制器支杆上的拉线位置割成 6 根（每根可再分成两根）使用（每根的长度在现场确定）。

绳卡共需 24 个,紧绳器选行程 100 mm,需 6 个;可依据钢丝绳的直径从市场购置。

（3）拉线安装基础的安装

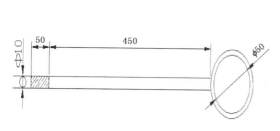

图 8.20　拉线环尺寸图

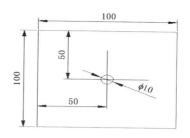

图 8.21　拉线环平垫尺寸图

在烟炉安装基础周围和控制器支撑杆安装基础周围,按 120°走向挖 6 个 400 mm×400 mm×300 mm 深坑(每 3 个坑的位置可根据当地风向风速情况确定)。将 6 个拉线环安装在 6 个拉线底座安装基础上,如图 8.22 所示。拉线环朝上,分别埋入 6 个坑内,周围用土填平,上留 100 mm 的平台高度,待用。

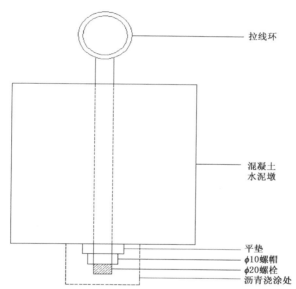

图 8.22　拉线环、混凝土预制墩组合示意图

5.防锈处理

由于烟炉放置在野外工作,长时间受风吹、日晒雨淋,其安装基础上的地脚螺栓、平垫、螺帽等部件容易生锈,影响使用寿命。故在安装过程中进行这方面的防锈处理十分必要。

(1)烟炉安装过程中防锈处理

考虑到 1300 mm×950 mm×200 mm 钢筋混凝土预制板上 4 个 $\phi30$ 的孔与烟炉支架连接孔对应的位置不够准确,用 M20 的地脚螺栓配装,其间留有 10 mm 的偏差调整量。

在烟炉安装过程中,先用烟炉支架的 4 个 $\phi20$ 的孔配装钢筋混凝土预制板上的 4 个 M20 地脚螺栓。调整好后,取出烟炉支架,在预制板 4 个 $\phi30$ 的孔与 M20 地脚螺栓空隙处,灌进加热的沥青,再套进 4 块平垫,继续浇涂。稍凉后,安装好烟炉支架,在地脚螺栓、不锈钢弹垫、M20 螺帽和烟炉支架孔组合处的 4 个部位分别用沥青浇涂。

（2）控制器支撑杆安装过程中防锈处理

用控制器支撑杆底座上 3 个 φ20 的孔，套装控制器的安装基础钢筋混凝土预制墩上的 3 个 M20 的地脚螺栓。调整合适后，取出控制器支撑杆底座。在水泥预制墩的 3 个 φ30 孔与 M20 地脚螺栓空隙处，用加热的沥青灌满至水泥预制墩上平面，再套上 3 个平垫继续浇涂。稍凉后，安装控制器支撑杆底座。在地脚螺栓、不锈钢弹垫、M20 螺帽和控制器支撑杆底座组合处的 3 个部位用沥青分别浇涂。

（3）拉线环安装过程中防锈处理

调整好 6 个拉线杆的方向，在 6 个水泥预制墩 φ20 的孔与 M10 杆环间隙处，用加热的沥青浇满在水泥预制块的上平面，即可。

6. DL40－1 型立式地面烟炉的整体安装

（1）设备安装地形条件要求

选用一块 3000 mm×5000 mm 的长方形平地，其条件是：①手机信号比较好，可观测到星；②有上升气流；③有效的光照射。

（2）设备安装相关位置

烟炉安装基座位置应在 3000 mm×5000 mm 的长方形平地的中央靠东（南）边，控制器安装基底应在 3000 mm×5000 mm 长方形平地中央靠西（北）边，两基座相隔 1500 mm，拉线底座分别设在烟炉安装底座和太阳能板支杆安装底座周围的 6 个点，如图 8.23 所示。

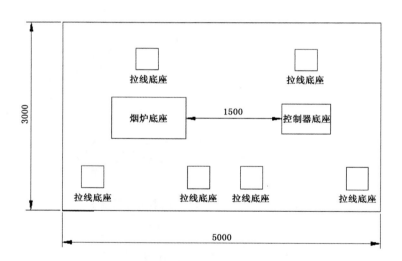

图 8.23　烟炉底座、控制器底座和拉线底座位置示意图（单位：mm）

（3）设备安装步骤

按图 8.23 所示的位置，先把围栏安装好，再进行烟炉安装和烟炉拉线安装，然后完成控制器安装和拉线安装，最后调试整个系统。

（4）所需部件

见表 8.1。

表 8.1　DL40－1 型立式地面烟炉安装所需部件一览表

品名	材质	规格（mm）	数量	用途	备注
烟炉安装基础	钢筋混凝土	$1300 \times 950 \times 200$	2	烟炉支架安装	制作
控制器安装基础	钢筋混凝土	$400 \times 400 \times 400$	1	控制器安装	制作
拉线安装基础	钢筋混凝土	$400 \times 400 \times 400$	6	拉线杆环安装	制作
烟炉地脚螺栓	钢筋	$M20 \times 500$	4	连接烟炉支架	制作
控制器地脚螺栓	钢筋	$M20 \times 500$	3	连接控制器底座	制作
拉线环	钢筋	$M10 \times 700$	6	连接拉线底座	制作
平垫	钢板	$\Phi20 \times 100 \times 100$	14	配套	制作
平垫	钢板	$\Phi10 \times 100 \times 100$	6	配套	制作
螺帽	标准镀锌	M20	14	配套	制作
螺帽	标准镀锌	M10	6	配套	购置
弹垫	不锈钢	$\Phi20$	14	配套	购置
弹垫	不锈钢	$\Phi10$	6	配套	购置
拉绳	细钢丝组合	$\Phi5$	60	烟炉等拉线	购置
绳卡	铁质镀锌	与 $\Phi5$ 拉绳配套	24	卡紧拉绳	购置
紧绳器	铁质镀锌	行程 100	6	调整拉绳松紧	购置

7. DL40－1 型立式地面烟炉围栏

DL40－1 型立式地面烟炉安装好后,为保护烟炉和其附属设备,还要布设围栏。

(1)围栏

围栏高 1.8～2.0 m,栅栏间距不小于 12 cm。顶部向外弯折 45°(类似高速公路护栏),所围面积为 4000 mm×6000 mm。门开向西面,门宽 80 cm。门右侧为警示牌,警示牌面积为 600 mm×800 mm,位于围栏中上部,设计如图 8.24、8.25、8.26 所示,样板实物如图 8.27 所示。

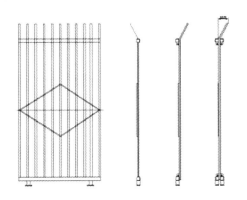

图 8.24　围栏部件图

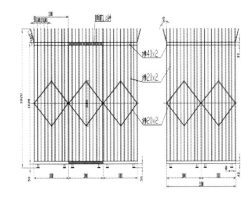

图 8.25　围栏连接图

(2)警示牌

警示牌为黄底红字,位于门右侧中上部,尺寸为 800 mm×500 mm。用维、汉双语书写。警示语:"气象人工影响天气设施受法律保护,凡盗窃、损毁、破坏本设施者,将追究法律责任"。

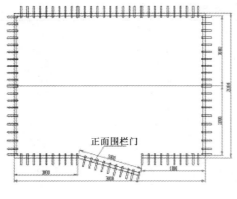

图 8.26　围栏总体尺寸图

图 8.27　围栏实物图

8.4　高炮、火箭作业点装备配置

地面固定作业点是个准军事化的作业基地,使用装备为非专业和专业两大类。

8.4.1　非专业装备

非专业装备是指一般的办公用品和生活用品,如:计算机、打印机、办公桌椅、床、电视机、炊具等,按有关规定自行采购。

8.4.2　专业装备

专业装备是指专用于作业、安防等设备,如增雨弹、火箭弹、烟条、双管 37 mm 高射机关炮、火箭发射装置、烟炉等,见表 8.2。

专业装备由上级人工影响天气主管机构按中国气象局有关规定进行采购。

表 8.2　地面固定作业点标准化建设专业装备一览表

产品名称　内容	型号	生产厂家	备注
增雨弹	JD－89Ⅱ型	符合条件	采购
增雨弹	JD－07 型	符合条件	采购
增雨弹	83 型	符合条件	采购
增雨弹	07 型	符合条件	采购
火箭弹	WR－98 型	符合条件	采购
火箭弹	HJD－82 型	符合条件	采购
火箭弹	RYI－6300 型	符合条件	采购
火箭弹	BL－1 型	符合条件	采购
烟弹	机载	符合条件	采购
烟条	地面	符合条件	采购
烟条	ZY－1 型(机载)	符合条件	采购
烟条	ZY－2 型(地面)	符合条件	采购
烟条	Y400－2 型(地面)	符合条件	采购
烟条	机载	符合条件	采购
37 mm 高射炮	1965 式	符合条件	采购

续表

内容 产品名称	型号	生产厂家	备注
火箭发射装置	WR 系列	符合条件	采购
火箭发射装置	HJD 系列	符合条件	采购
火箭发射装置	RYI 系列	符合条件	采购
火箭发射装置	BL 系列	符合条件	采购
火箭发射装置	XR 系列	符合条件	采购
地面碘化银烟炉	ZY－2 型	符合条件	采购
地面碘化银烟炉	RYJ－1 型	符合条件	采购
地面碘化银烟炉	DL40－1 型	符合条件	采购
自动气象站	ZQZ－A 型	符合条件	采购
防静电服	在 GB1335 选定	符合条件	采购
人影弹药储存柜		符合条件	采购
报警装置		符合条件	采购
通信终端		符合条件	采购
射界图		符合条件	设计制作
作业安全区域图		符合条件	设计制作
新疆人工影响天气标志		符合条件	设计制作
警示标志		符合条件	设计制作
人体静电消除装置		符合条件	设计建设
监控		符合资质条件的单位具体设计和施工	设计建设
防雷		符合资质条件的单位具体设计和施工	设计建设

8.5　高炮、火箭作业点监控系统

　　基层作业点拥有三七高炮、火箭发射装置、电子通信设备、增雨弹、防雹增雨火箭弹等重要装备，各点大部分布设在农村和偏远的地区，存在安全隐患。

　　根据固定作业点标准化的 3 个设计方案，设立高炮、火箭作业点监控系统，对作业点实现 24 小时的监控。

8.5.1　监控装置

　　1. 选用设备

　　远红外固定式摄像头 5 个；安装要牢固，防自然力破坏；工作可靠，耐用，维护检修少。

　　2. 安装位置

　　作业点院内 4 个合适的位置，确保重点部位的监视。

　　针对地面固定作业点标准化建设总体设计方案中【方案 1】、【方案 2】、【方案 3】的具体情况，红外摄像头安装位置设计，分别如图 8.28、8.29、8.30 所示。

　　3. 摄像管理

　　监视器安放在工作室内，用摄像录像机管理，有大容量的数据卡和多样化外部接口。外网未通前，正常情况下，县人工影响天气办公室每月收集一次监控图像数据；外网通后，监控的图像数据上传县人工影响天气办公室。

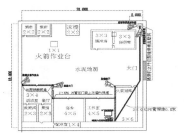

图 8.28 【方案 1】设计图　　图 8.29 【方案 2】设计图　　图 8.30 【方案 3】设计图

8.5.2　设计和施工

按有关规定,必须是新疆维吾尔自治区公安厅注册认可的单位负责设计与施工。

8.6　高炮、火箭作业点作业安全图

8.6.1　射界图

每个地面固定作业点都要有射界图。射界图,要根据当地的地图和地理环境,在实地考察核实的基础上进行绘制,不同的建筑物、村庄等要用不同符号标注,如图 8.31 所示。

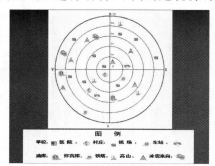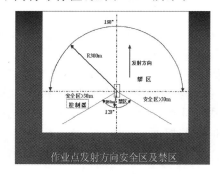

图 8.31　10 km 射界图　　　　图 8.32　火箭作业人员作业安全区域图

8.6.2　火箭作业人员安全区域图

火箭作业存在安全隐患,作业人员处在安全区才能进行作业。针对一部火箭发射装置,其作业的安全区和禁区如图 8.32 所示,每个火箭作业人员必须牢记在心,并严格遵守。

8.7　高炮、火箭作业点标志

在作业点大门上或两侧的墙上要挂牌,标明"×× 地区××县××号"作业点,在弹药库的门上要挂"禁止烟火"警示标志。

8.8　经费预算

由于地面固定作业点标准化建设在原址改建或选址新建,存在经费预算较大的不确定性。所以,高炮、火箭地面固定作业点标准化建设的经费预算,以新建标准化作业点为准,暂不考虑监控、自动气象站、指挥系统等建设内容,分四个方案进行预算:

8.8.1　方案 1 经费预算

1. 土建工程

房屋、围墙、水泥地面等 20 万元。

2. 防雷工程

重点防护弹药库 5 万元。

3. 安防工程

人工影响天气弹药储存柜、报警装置、静电消除装置合计 6 万元。

4. 其他方面

通信设备、办公和生活用品等 5 万元。

合计:36 万元。

8.8.2　方案 2 经费预算

1. 土建工程

房屋、围墙、水泥地面等 26 万元。

2. 防雷工程

重点防护弹药库 5 万元。

3. 安防工程

人工影响天气弹药储存柜、报警装置、静电消除装置合计 6 万元。

4. 其他方面

通信设备、办公和生活用品等 5 万元。

总计:42 万元。

8.8.3　方案 3 经费预算

1. 土建工程

房屋、围墙、水泥地面等 34 万元。

2. 防雷工程

重点防护弹药库 5 万元。

3. 安防工程

人工影响天气弹药储存柜、报警装置、静电消除装置合计 6 万元。

4. 其他方面

通信设备、办公和生活用品等 5 万元。

总计:50 万元。

8.8.4　方案 4 经费预算

1. 土建工程

制作钢筋混凝土预制块、其他部件、安装等 5 万元。

2. 防雷工程

重点防护烟炉 2 万元。

3. 防护工程

围栏制作,安装等合计 3 万元。

总计:10 万元。

8.8.5　经费预算编制说明

(1)本次地面固定作业点标准化建设(新建)的经费预算,不是地面固定作业点标准化建设(新建)的全部经费预算,今后还将完善其他方面的标准化建设;改造的地面固定作业点标准化建设的经费预算,要根据当地作业点具体改造的内容来审定。

(2)土建工程预算是依据房屋为抗 8 级地震房,围墙、水泥地面按面积等进行预算,防雷工程是依据"第一类防雷建筑物防雷工程"进行预算的,人影弹药储存柜、通信设备、办公和生活用品等是依据市场产品销售价进行预算的。

(3)本次预算不是最终预算,需根据当前物价上下浮动,进行跨年度的调整。

8.9　建设说明

地面固定作业点标准化建设是新疆人工影响天气工作的一件大事,无论是总体设计方案本身,还是在具体实施中,由于专业知识缺乏,加之经验不足,存在不少问题,尚需在实际建设工作中进一步的完善和改进。

(1)由于建设经费有限,新疆地面固定作业点标准化建设分三期工程完成。

第一期:完成地面固定作业点标准化建设的土建工程(含安防、通信、办公用品和生活设施配套);

第二期:完成监控和自动气象站建设等重要设施;

第三期:完成信息共享平台、作业指挥系统等建设。

(2)本着谁积极、谁有条件、谁的建设经费到位,谁就先建设的原则实施。不论新建、整体改造、还是局部改造一并考虑在内。由于固定作业点标准化建设要在 3～5 年内完成,各地要根据自身条件把握好建设的重点和计划,量力而行。

(3)新疆人工影响天气办公室将根据各地实际的情况,择优选取,研究确定具体实施单位,然后派人到当地落实固定作业点标准化建设的有关事宜;建设过程中,将进行不定期检查、监督;建设完成后,组织验收。

(4)有关办公用品和生活用品的购置,各具体建设单位依据实际需求按有关规定自行采购。

(5)为有效推进地面固定作业点标准化建设,计划在南、北疆各选一个作业点进行模范地面固定作业点标准化建设,新疆人工影响天气办公室将给予支持。

8.10　建设要求

（1）实施地面固定作业点标准化建设的单位,其建设内容、经费预算等方面的确定,按固定作业点标准化建设的通知文件精神执行;在具体建设方面,可依据当地实际情况,选择标准化建设 3 种设计方案中的其中 1 种方案实施,在当地建筑设计单位设计土建施工图,然后按设计的土建施工图进行建设。

（2）各地（州、市）人工影响天气办公室,要成立领导小组,专人负责,纳入重点工作的范畴之内,认真总结经验、严格把关,对所属县（市）人工影响天气办公室的地面固定作业点标准化建设工作在经费、物资等方面要给予重点支持,保证其顺利开展,圆满完成。

（3）标准化建设的设计方案,经反复征求意见而确定。各地地面固定作业点标准化建设的单位一旦选定其中 1 种方案,就要严格执行。在具体建设过程中,如要改动,须征得新疆人工影响天气办公室的同意后,方可实施。

（4）对高炮、火箭地面固定作业点,按爆炸物品存储管理的四防标准,各基层作业点要加强以防盗为主的安全防范,实现"四防"（即人防:24 小时必须有人看守,缓冲间的门锁钥匙和弹药库的门锁钥匙分两人管理;物防:缓冲间的门和弹药库都是铁制防盗门,弹药库里放置危险品保险柜,危险品保险柜里存储增雨弹和火箭弹,弹药库外有防雷设施;机防:缓冲间里配置无线报警装置,随后将安装监控系统;犬防:在靠近弹药库的附近盖一犬舍,养一条犬。）要确保增雨弹和火箭弹安全存储。

（5）考虑到防雷和监控工程的重要性,实施地面固定作业点标准化建设中的防雷工程,必须由符合资质条件的单位负责设计和施工;监控工程必须由符合新疆维吾尔自治区公安厅注册认证的单位负责设计和施工。

8.11　标准化建设验收

8.11.1　验收规定

1.适用范围

本验收规定只适用于依据《人工影响天气地面作业点建设规范》【DB65/T0000－2011】和《新疆人工影响天气地面固定作业点标准化建设总体设计方案》,在新疆区域内（新疆生产建设兵团除外）实施的地面固定作业点标准化建设的验收（不含地面碘化银烟炉作业点）。

2.验收内容

（1）《新疆人工影响天气固定作业点标准化建设》的有关文件;

（2）《新疆人工影响天气固定作业点标准化建设》验收程序;

（3）《新疆人工影响天气固定作业点标准化建设》验收标准;

（4）《新疆人工影响天气固定作业点标准化建设》验收资料存档;

（5）《新疆人工影响天气固定作业点标准化建设》（方案 1）、（方案 2）、（方案 3）、（局部改造）验收记录表;

（6）《新疆人工影响天气固定作业点标准化建设》验收总体评价表。

3. 证明材料

(1)由当地建筑部门出具的抗 8 级地震的房屋证明材料;

(2)由当地建筑监理部门出具的土建工程完成的证明材料;

(3)由甲级或乙级资质条件的单位出具的实施防雷工程的证明材料;

(4)由当地财务部门出具的标准化建设经费决算的证明材料。

4. 主要硬性验收内容

(1)占地面积不得小于方案中的规定面积;

(2)各房间面积不得小于方案中的规定面积;

(3)各房间间数不得小于方案中的间数;

(4)高炮或火箭作业平台必须符合要求;

(5)弹药库和缓冲间的门,必须是铁质防盗门,院门是铁质双扇门;

(6)弹药库里必须有弹药存储柜;

(7)防雷工程必须是具有甲级或乙级资质条件的单位负责设计与施工。

5. 主要软性验收内容;

(1)办公用品和生活用品;

(2)院内绿化。

6. 规定解释

本验收规定由新疆维吾尔自治区人工影响天气办公室负责解释。

8.11.2　验收程序

1. 验收申请

根据新疆人工影响天气办公室下发的《新疆人工影响天气地面固定作业点标准化建设总体设计方案》,各实施单位认真检查实施建设的(方案 1)、(方案 2)、(方案 3)、(局部建设)内容,对照验收标准、验收程序、验收记录表、验收总体评价表,准备好有关资质、建设、财务证明材料等,认为满足要求,可向新疆人工影响天气办公室提出地面固定作业点标准化建设验收申请,新疆人工影响天气办公室接到申请后,经核实和与地区人工影响天气办公室协商,才能组织验收。

2. 建设计划、施工及安防设备资质检查

在室内进行:

(1)计划任务书的检查

上级下达的"新疆人工影响天气固定作业点标准化建设"计划、有关的批示文件(包括政府领导、计划财务部门、主管部门等)。

(2)经费预算和决算检查

本地财务部门出具经费决算证明。

(3)建筑施工部门资质检查

土建、避雷装置等,提供相应的资质证明材料。

(4)安防设备资质认定

危险品保险柜、摄像监控装置、报警装置、防静电服等,提供相应的资质证明材料。

3. 建设工程检查

在作业点现场进行：

（1）土建工程检查

土建、电力布线等工程，要按照选定的设计方案，由当地建筑设计部门设计建筑施工图，并依据设计建筑施工图进行建设。

①作业点房屋需抗 8 级地震，由于是地面一层建筑，宜采用钢筋水泥或砖混单层结构，屋顶宜为砼结构。

②院墙为砖混单层结构，为便于对于观察天气，高为 2～3 m，上装 0.5 m 铁丝网，另配房梯，便于对空观察天气。

③院内地面用于车辆通行和人员活动的区域应为 3～5 cm 厚的水泥地面，其余部分可种植花草，若种树，不宜太高。

④院门和炮库的门是两扇铁制门，弹药库和缓冲间的门是铁制安全防盗门，其他房间的门可均为木门。在弹药库和缓冲间的两侧墙上各开 0.5 mm×0.2 mm 的窗，安装铁护栏，便于通风；其余房间的窗，装防震玻璃。

（2）弹药库、炮库、作业平台检查

①弹药库、炮库建于院角，尽量远离生活居住区；房墙与院墙之间有 1～3 m 的缓冲距离。

②高炮作业平台建于水泥地面，在相对于高炮作业的 4 个支撑点位置挖 4 个 0.3 m×0.3 m、深度为 0.3 m 的方坑，内装沙石或垫木，用于高炮作业时的防震；火箭作业平台尽量前移，以防炮弹掉于院内的安全隐患。

③火箭作业平台高于地面 0.5 m，用混凝土建成 0.6 m×0.6 m 的平台，在平台上相对于火箭发射架固定架的 4 个安装位置预埋 4 个地脚螺栓，用于火箭发射架固定。

（3）电力配置检查

电力配置掌握在 5000 瓦以下。房间灯为 15～30 瓦节能灯，路灯和探照灯为 LED 灯。路灯设在大门口和人经常活动的区域，探照灯照射高炮、火箭作业台，供夜间作业使用。

（4）专业装备检查

①37 mm 增雨弹；

②人工防雹降雨火箭弹；

③37 mm 机关炮；

④防雹增雨火箭发射装置；

⑤人工影响天气通信终端。

（5）安防装备检查

①人工影响天气弹药储存柜；

②人工影响天气弹药保险柜静电泄放装置；

③人体静电消除装置；

④弹药库报警装置；

⑤避雷装置（其工程必须由符合甲级或乙级资质条件的单位具体负责设计和施工）；

⑥摄像监控系统：5 个固定摄像头安装院内 4 个合适的位置，确保重点部位的监视。用摄像录像机管理，摄像资料暂以半年为期限方式保存，设置外部接口，便于图像资料的读取。其工程必须统一由通过新疆维吾尔自治区公安厅注册认证的单位设计和施工；

⑦防静电服；

⑧作业射界图；

⑨火箭作业人员安全区域图；

⑩警示标志及各种规章制度。

(6)非专业装备检查

办公用品和生活用品：计算机、打印机、办公桌椅、床、电视机、炊具等。

(7)四防安全检查

①人防：24小时必须有人看守，缓冲房的门锁钥匙和弹药库的门锁钥匙分两人管理；

②物防：缓冲房的门和弹药库都是铁制防盗门，弹药库里放置人工影响天气弹药储存柜，人工影响天气弹药储存柜里存储人雨炮弹和火箭弹，弹药库外有防雷设施；

③机防：缓冲房里安装无线报警装置和人体静电消除装置，缓冲房的屋檐下安装报警灯和报警喇叭，院内有监控系统。

④犬防：在靠近弹药库的附近盖一犬舍，养一条警戒犬；

(8)检查结果评价及验收意见

总体评价意见；验收结论。

8.11.3　验收标准(略)

(1)(方案1)验收记录表(略)；

(2)土建工程验收记录表(略;)；

(3)专业装备验收记录表(略)；

(4)非专业装备验收记录表(略)；

(5)安防安全验收记录表(略)。

8.11.4　验收总体评价表

由新疆人工影响天气办公室、地区人工影响天气办公室、县人工影响天气办公室组成三方验收小组，完成各项检查后，填写验收总体评价表，见表8.3。以此确定该作业点标准化是否通过验收。

表8.3　《新疆人工影响天气固定作业点标准化建设》验收总体评价表

作业点名称		代号		作业点负责人	
地址(地区、县、乡、村)				项目建设负责人	
经纬度		°N　　　　°E		海拔高度	m
建设规模(方案1)；(方案2)；(方案3)；(局部改造)。		火器种类	37高炮	固定火箭	移动火箭	其他
		火器型号				
		火器数量				

续表

经费预算	上拨		自筹		合计		经费 决算 证明	
经费决算	上拨		自筹		合计			
土建工程施工队名称				资质证明			土建工程 验收证明	
安防设施施工队名称 （防雷、消除静电、监控等）				资质证明			安防设施 验收证明	
安防设备资质认定	危险品保险柜		摄像监控装置		报警装置		防静电服	
分项验收结果	土建		专业装备		安防装备		非专业装备	四防要求
验收结果评价	同意验收				不予验收			
	存在问题及建议：							

验收组 成员	姓名	单位		姓名	单位			

新疆维吾尔自治区人工影响　　　　地（州、市）人工影响　　　　县（市）人工影响天气
天气办公室代表　　　　　　　　　天气办公室代表　　　　　　　办公室（防雹队）代表
签名　　　　　　　　　　　　　　签名　　　　　　　　　　　　　签名
盖章　　　　　　　　　　　　　　盖章　　　　　　　　　　　　　盖章

年　月　日　　　　　　　　　　　年　月　日　　　　　　　　　　年　月　日

8.11.5　验收工作存档资料

（1）新人工影响天气发〔2011〕20 号文件复印件 3 份；

（2）《新疆人工影响天气地面固定作业点标准化建设总体设计方案》里的有关方案复印件 3 份；

（3）实施单位申请某作业点标准化建设的申请材料复印件 3 份；

（4）弹药库防雷工程设计与施工的证明材料复印件 3 份；

（5）当地土建监理部门出具的土建工程完成的证明材料复印件 3 份；

（6）当地审计单位或财务决算单位出具的建设经费决算证明材料复印件 3 份；

（7）当地建筑部门出具的抗 8 级地震土建工程的证明材料复印件 3 份；

（8）作业点标准化建设验收记录表表复印件 3 份；

（9）新疆维吾尔自治区人工影响天气办公室、地区人工影响天气办公室和县人工影响天气办公室签字、盖章的验收总体评价表复印件 3 份。

上述资料，新疆维吾尔自治区人工影响天气办公室、地区人工影响天气办公室和县人工影响天气办公室各存档 1 份。

第二编

业务系统与作业技术

第 9 章　飞机人工增雨(雪)信息空地传输系统

飞机人工增雨(雪)作业的空地配合,就是要把飞机实际飞行探测的各种数据与地面接收到的卫星、雷达、传真、预报等资料进行交互分析,地面指挥中心可以实时监测飞机是否进入预定云层、预定作业区域作业。飞机则可以结合空中实际探测资料,与地面探测资料进行交互修正,确定最佳催化作业方案。空地传输系统是确保飞机增雨(雪)作业空地一体化的关键,对于确定最佳催化作业方案、确定催化效果、减少盲目飞行架次、提高飞机催化作业的科学性及时效性具有重要意义。

根据新疆飞机人工增雨(雪)作业的实际需要,新疆维吾尔自治区人工影响天气办公室研制出飞机人工增雨(雪)信息空地传输系统。自 2006 年至 2010 年冬季,在新疆冬季飞机人工增雪作业指挥中投入使用,飞机共飞行 72 架次、286 小时,累计催化作业影响面积 1817100 km²,系统运行稳定良好,有效地提高了飞机人工增雨(雪)作业质量和效益。

9.1　系统结构

9.1.1　硬件结构

该系统由北斗一号双星通信网络、北斗一号用户终端设备(天线)、GPS 信号接收机,GIS 系统、飞机机载端、增雪基地端、指挥中心指挥端设备组成,如图 9.1 所示。

系统集 GPS 定位跟踪、定位数据、飞机监控管理、增雪飞机显示、报文通信传输为一体的综合无线网络系统,如图 9.2 所示。

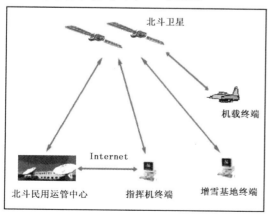

图 9.1　系统综合无线网络示意图

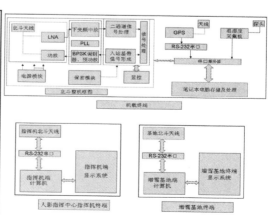

图 9.2　系统硬件结构框图

1. 指挥中心指挥机终端

指挥机终端是整个信息系统的核心,负责与北斗终端设备的信息、数据交换,信息的分类、记录和存储,界面显示如图 9.3 所示。

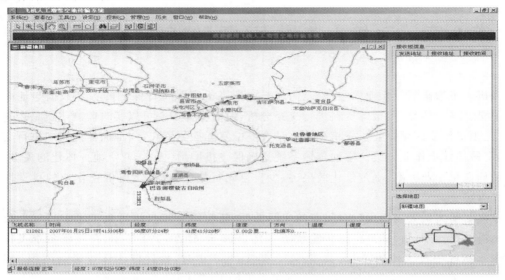

图 9.3　指挥中心指挥机终端界面显示图

2. 增雪飞机北斗终端机载系统

增雪飞机北斗机载系统是北斗终端和 GPS 两种卫星定位、传输系统的融合,有效地解决了北斗终端定位频度受限及定位精度不高的缺点,及 GPS 只能定位无法通信的问题,该系统通过 RS-232 串口服务器,可以直接与计算机连接,在计算机操作平台上对用户机进行操控,实物如图 9.4 所示。

图 9.4　机载终端显示系统实物图　　　　图 9.5　增雪基地终端显示系统实物图

3. 增雪基地北斗终端

该终端由北斗系统终端和输入、输出显示设备组成。接收来自指挥中心指挥机的各项信息、命令。接收、处理、显示来自飞机终端的所有信息(包括采集信息时间、经纬度、高度、温湿度、速度、飞行方向、云宏观信息、飞行信息等信息),并通过 GIS 系统实时显示在增雪基地终端计算机上。同时,可以随时向指挥机终端、飞机终端发送传输来自增雪基地的各种信息、命令,实物如图 9.5 所示。

9.1.2　软件结构

　　基于 C/S 体系结构开发应用,整个产品系统包含以下模块:用户界面模块、应用逻辑、应用元信息处理、数据访问、与具体应用平台接口(对于跨平台系统)、数据库、资源管理与调度,其结构如图 9.6 所示。

　　实现 Internet(因特网)接入,使因特网与北斗运管中心的双向、实时信息交流。整体软件系统设计流程,如图 9.7 所示。

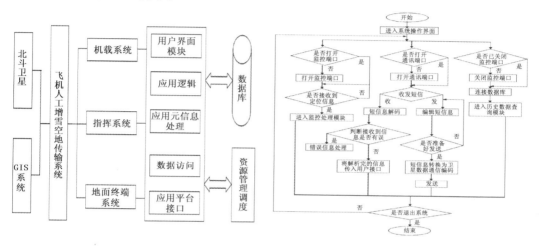

图 9.6　软件体系结构图　　　　　　　　图 9.7　软件系统设计流程图

1. RS—232 口数据采集

　　串口数据采集程序可以采用 Visual Basic 6.0 或 Visual C++6.0,平台为 Windows 2000。本系统采用 Visual Basic 6.0 进行了串口数据收发编程设计,数据采集与发送流程,如图 9.8 所示。

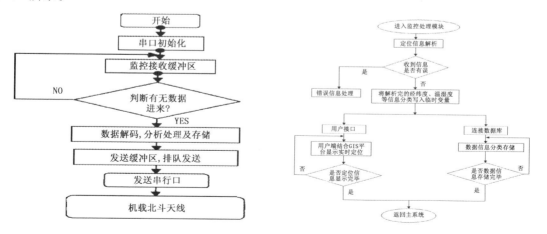

图 9.8　飞机机载计算机串行口数据采集与发送流程图　　　图 9.9　实时定位、监控软件设计流程图

2. 实时定位、监控

通过 GPS 卫星接收到定位数据,利用北斗卫星系统将数据发送至地面监控指挥中心,地面监控指挥中心在地图上相应显示监控目标所在位置及温湿数据,实现导航功能。实时定位、监控软件设计流程,如图 9.9 所示。

3. 实时数据交互

为了方便总结,添加了计算飞行距离、作业面积与催化面积的功能;机载终端与指挥机终端及降雪基地分机之间的实时数据和短报文通信回执功能;查询文本日志、和数据库功能。历史数据查询部分软件设计流程,如图 9.10 所示。

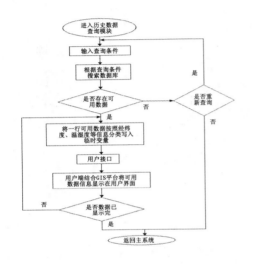

图 9.10　历史数据查询部分软件设计流程图　　　　图 9.11　人机交互界面图

4. 人机交互

本系统提供可视化的操作方式,不提供命令控制语句进行输入控制,从而用户只需要使用鼠标进行命令操作,用键盘输入系统接收的参数。用户主要通过窗体、控件、对话框等可视化元素进行交互,如图 9.11 所示。

在用户界面的显著位置上分别设置了地图操作按钮,包括放大、缩小、平移、测距、图层控制等基本地图操作,另还有飞机航线预设、编辑管理短信息、航线历史回放等扩展操作。

5. 接口

本系统采用快速原型开发工具 VB6.0 & VS.net2003 进行开发,所提供的不同层次的接口,都具有高度的集成性,没有采用低级语言设计和完成自定义的接口,因此接口设计大部分已经由不同方式的组件来完成。

(1)外部接口

C♯.NET 包括了支持程序,主要的支持程序为 VB6Runtime.DLL 及一些特殊 DLL,这些动态链接库通过 COM 的方式提供支持。任务项目程序通过 Active Data Object(ADO)接口访问数据库,ADO 对数据库访问对象进行了层次式的封装。

(2)内部接口

内部接口主要集中在两个方面,包括:(A)事件与操作事务处理单元间的接口;(B)事务处理单元与数据库的接口。事件与操作事务处理单元间的接口可以用如图 9.12 所示来描述。

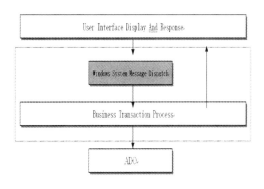

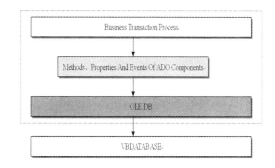

图 9.12　事件与操作事务处理单元接口框图　　图 9.13　界面层与数据处理层的接口框图

界面元素的事件,通过内置机制,并通过操作系统派发到程序的处理执行代码,这些代码将进行对应的数据访问的功能,并且把执行结果反过来显示在界面元素上,这一层次的接口是直接的,不通过构造对象来实现,ADO 对象与 OLE DB 的接口或者实现,对本系统来说是屏蔽的。事务处理单元与数据库的接口如图 9.13 所示描述。

9.2　工作原理

系统开机后,GPS 接收机通过 GPS 协议将所采集到的飞机运动信息(飞机经纬度、高度、GPS 时间、飞机运动速度、飞行姿态、方向、温湿度等)以每 5 s 采集一组的方式,经 RS—232 串行口依次送入多串口服务器。同时将云宏观信息、作业信息、短信信息、飞机飞行时间等随机送入多串口服务器,经机载资料采集笔记本电脑处理,通过 GIS 系统显示、记录,同时将多种信息按北斗通信协议格式组合数据包排队、打包,以每 20 s 发射一次的速度,再次通过多串口服务器送入北斗用户机终端发射到北斗卫星,北斗卫星将信息发往北斗地面控制中心加以确认,确认无误后再次发往北斗卫星,北斗卫星根据接收用户机 ID 号转往接收北斗用户机,接收用户机即再次分解数据包,按北斗通信协议对卫星数据进行解析转换,在接收计算机上按 GIS 系统方式显示、记录接收到的信息。同时,当飞机端给指挥机终端或增雪基地终端发送通信报文时,飞机端会收到指挥机终端或增雪基地终端的回执信息。至此,一组传输通信数据或报文的过程完成。

地面用户终端分为增雪指挥中心指挥机终端和增雪基地用户机终端。指挥机终端可以实时监控和查看、显示、记录飞机终端和增雪基地用户机终端的数据、报文通信。并显示、记录飞机终端和增雪基地终端的飞行轨迹、数据信息、通信信息。增雪基地终端可分别和飞机终端和增雪指挥部指挥机终端进行报文通信,并实时监控飞机终端。同时在增雪基地终端显示飞机终端的飞行轨迹、定位信息、数据信息和报文通信。

当飞机端发送的数据通信数据包信息被指挥机终端和增雪基地终端同时收到时,经北斗地面终端解密和信息处理单元脱格式得到各种数据,得到确认后实时显示、记录到地面计算机上。每 20 s 发射一次(发射频度由 ID 卡控制。ID 卡有 5 s、10 s、20 s、60 s 等多种卡),当飞机端给指挥机端或增雪基地终端发送通信报文和飞行宏观信息,指挥机终端或增雪基地终端收到的同时,会给飞机端发送一个确认准确无误收到信息的回执信息,告诉飞机端安全准确地接收到了。其工作流程如图 9.14 所示。

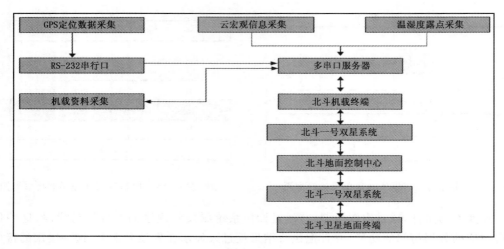

图 9.14　飞机人工增雪空地传输系统工作原理框图

9.2.1　性能指标

1.用户机性能指标

北斗一号机载用户机独特的减震结构和抗震处理使其具有远高于普通机型的抗冲击震动能力,可以承受高达 100 g 的冲击力。

(1)环境指标

工作环境温度:-40～+80℃ 天线;

存储环境温度:-55～+70℃;

冲击:≤40 g(半正弦波脉冲,11 ms 宽度)加强型≤100 g;

振动:≤1.5 g(5.5～200 Hz);

(2)性能指标

MTBF:≥25000 h;

平均功耗:4.6 W;

电源输入范围:直流 9～32 V;

2.GPS 性能指标

(1)技术指标-物理指标

尺寸:GPS15L/H:35.56 mm×45.85 mm×8.31 mm;

重量:GPS15L:14 g;

(2)技术指标-电气指标

输入电压(直流):GPS15L:3.3～5.4 V(±100 mV 波纹);

输入电流:GPS15L:峰值 100 mA,标称值 85 mA;

备用电池充电电压(直流):GPS15/15L/15H:2.8～3.4 V;

接收机灵敏度:最小可达-165 dBW;

(3) GPS 指标

接收机通道:GPS15L/H:12(打开秒脉冲后为 11),可接收 WAAS 信号;

(4)定位时间

重新捕获:≤2 s;

热启动:约 15 s(所有数据已知);

冷启动:约 45 s(初始位置、时间和历书已知,星历未知);

自动定位:GPS15/15L/15H 5 min (历书已知,初始位置和时间未知);

搜索天空:5 min(所有数据均未知);

更新率:1 s(GPS15L/H 的 NMEA0183 输出间隔从 1 s 到 900 s 可调)

(5)精度

定位精度:小于 15 m(95%)

速度精度:GPS15/15L/15H 0.05 m/s RMS(稳定状态)

差分精度:小于 5 m(95%)

PPS 精度:±1 μm(GPS15 无秒脉冲输出)

(6)动态性能

速度上限:1850 km/h

加速度上限:6 g

高度上限:18000 m

(7)接口

接口特性:GPS15L/H:RS－232 输出,输入可为 RS－232 或者具有 RS－232 极性的 TTL 电平。可选波特率为 300,600,1200,2400,4800,9600,19200,38400。

(8)环境境特性

温度范围:工作温度:－30～＋80℃;储存温度:－40～＋90℃;

9.2.2　功能

本系统充分利用了 GPS 和北斗系统的优点,将二者完美地进行结合。主要实现功能如下:

(1)实时显示记录飞机位置(经纬度)、速度、航向、高度、年、月、日、时、分、秒等基本资料。

(2)显示温度、湿度、露点(有仪器观测时)。

(3)使飞机飞行资料实现无地域、无空间限制的全天候空、地传输(20s/次)和短报文通信。

(4)实现 Internet 接入,使用因特网与北斗运管中心的双向实时的信息交流。

(5)建立原始资料库(原始图表资料库、航迹图、通信报文、)。

(6)实现机载终端、指挥机终端、增雪基地终端之间的实时数据和短报文通信。

(7)使用标准化数字地图,实现全中文窗口式操作界面。操作简便、界面清晰。

(8)实现对增雪飞机飞行姿态进行回放功能。

(9)可预设飞行航线及同时显示预设飞行航线于实际飞行航线。

(10)建立稳定的数据通信和文字通信。

(11)输出文字打印报告和飞行轨迹图。

9.2.3 特点

1.作业飞机向机载设备供电

由于飞机只能供给 27 V 直流电,造成多种设备不能直接使用。如 GPS 直流电 9 V,温湿仪交流 220 V,北斗用户机直流 9～36 V。笔记本交流电 220 V。在飞机直接能使用的只有北斗用户机。通过将 GPS、温湿仪、北斗用户机三种设备集成在一起,采用一种供电模块(如: 220 V)给三种设备同时供电。同时将飞机输出电压 27 V 使用逆变器转换为交流电 220 V 给笔记本和其他仪器使用。

2.北斗天线安装

北斗系统是卫星通信,天线必须放置在能面向天空的位置,飞机上空间小,由于受飞机机舱外壳的限制,不能进行打孔等各项硬操作。机舱内顶端是可以看见天空的且没有金属遮挡。在安装过程中,天线支架安装到机舱内顶端改装制作的支架上。

3.定位精度和通讯的兼顾

北斗系统定位精度大约在几十米内,在定位时不能通信,通信频率受 SIM 的限制。在硬件设备中增加 GPS 仪器,使用 GPS 的定位功能,GPS 定位精度小于 14 m,北斗只用作通信功能。

4.新疆地区作业区图叠加

在飞机作业前或作业中,需要参考原设计好的作业区域图,在软件中,GIS 部分需要叠加作业区域图。使用 MapInfo7.0 在原始的 GIS 数据基础新建一个图层作为作业区域图。取作业区域图的两点坐标,画成一条直线,三点坐标画成一个面;多点坐标形成面。最后生成数据库文件,供软件开发调用。

5.机载设备(GPS、温湿仪)数据采集显示

在飞机上采用笔记本和空地通信系统软件进行 GPS 和温湿仪的数据采集,温湿仪使用并口采集,修改采集时间为 5 s。GPS 设备使用串口采集,采集并存储为:1 s/1 次;数据在 GIS 上显示时采用 3 s/1 次。避免了多种设备多种接口同时在软件中应用,频率不一致,出现死机。

6.北斗数据传输

北斗通信字节为 70 K/s,发送数据之前,空中软件自动将数据压缩,将 3 条位置信息温湿度数据压缩为一条,通过北斗终端发送。地面端显示时,自动解压显示在地图上。克服了由于北斗 SIM 卡通信受频度及大小限制,通信时只能向地面传送一条位置和温湿度数据缺陷。

7.轨迹显示和轨迹回放

每次系统开启时,自动加载电子地图,并且在现在的 GIS 平台上,系统自动创建一个空层,当采集到 GPS 数据时,自动存放到 GIS 的专用空层,显示将点边成线,就是飞行轨迹。

作业后系统可以回放飞机在某次作业过程中所飞行的路线、高度、速度及温湿度数据,作为科研人员进行效果评估、飞行记录等使用。系统在后台数据库中可以自动保存作业的所有业务数据(定位、通信、告警等),在作业结束后,用户可以选择某一时间段或某次作业,选择不同的回放速度调用监控历史回放程序对整个作业过程进行回放,方便用户作业后对整个作业流程的分析。当使用轨迹回放时,程序中采用开关的方式,判断当前是否处于监控的状态,如果处于监控必须中止监控程序方可执行回放状态,因为程序会将 GIS 图层中的 GPS 数据层清空,以时间为关键字进行查找数据选中时间的段的轨迹。如果有数据,软件将此时间段的数据以起始时间开始在地图上划出当时飞机作业情况,以终止时间为结束。

8.短报文通讯高于数据通讯

空中端在北斗设备按 SIM 卡的频度向地面传送数据时,在有短信要发送时,短信状态自动标注为最优先状态。

第 10 章　人工影响天气通信指挥系统

以电台为通讯设备、以语音为单一联络方式的新疆人工影响天气通信网络,自 20 世纪 60 年代一直沿用至今。与现代的计算机网络、GSM/GPRS 网络的数字化、可视化相比,无论在传输速率、通信模式、稳定性、可靠性、效果等方面相差甚远。人工影响天气需要气象、遥感、通讯、数据处理等多种技术支持,既要前沿作业点天气实况和作业情况的反馈,又要作业指挥部收集各种气象资料,进行分析处理后做出准确的决策,下达到作业点。这种过程要求准确及时,依赖于通信设备的先进和网络的支持。

为解决新疆人工影响天气通信技术发展严重滞后的问题,2005—2008 年新疆人工影响天气办公室和成都波普特科技有限责任公司利用中国移动的 GSM/GPRS 网络、Internet 互联网、GPS 全球定位系统、GIS 地理信息系统资源,经过技术集成和整合而研制出 XR－08 型人工影响天气通信指挥系统。并在新疆人工影响天气领域推广应用 400 余部,取得了较为显著的社会效益和经济效益。

10.1　系统组成

该系统由两部分构成:

(1)指挥中心业务服务器:是放置在县级、地区级或自治区级人工影响天气指挥部或雷达站有固定 IP 地址和通信指挥系统软件的电脑,通过网络与上一级指挥中心及下一级终端联络。

(2)通信终端:是一个专门研制的设备,供各个作业点(包括固定点和车载流动点)使用。

指挥中心业务服务器从中心所在局域网获取气象雷达实时数据,通过通信终端获取当前作业点经纬度和其他数据信息。

指挥人员可通过 GSM 直接与作业人员进行语音通话,也可通过 GPRS 网络将雷达图、文字指挥信息传输至通信终端。

通信终端也可将获取的 GPS 数据和作业数据,通过 GPRS 网络上传至指挥中心计算机。

县级指挥中心直接给作业点传输雷达资料和指挥信息,作业点将 GPS 位置信息和作业数据上传至县级指挥中心。各指挥中心之间采用逐级上报的方式,最后将所有数据上传至自治区人工影响天气中心服务器。

两者结合,构成了新疆人工影响天气决策指挥系统,如图 10.1、10.2 所示。

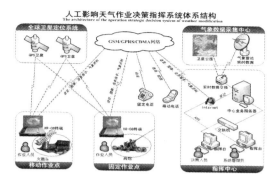

图 10.1　系统结构示意图

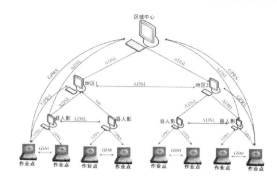

图 10.2　区域网络建设结构图

10.1.1　指挥中心业务服务器

1. 硬件结构

计算机硬件配置要求

CPU:奔腾\赛扬 AMD 2.0MHz 以上

内存:64MB 或更高

显卡:具有 4M 或其以上显存的显卡

声卡:Windows 兼容声卡

硬盘:40G 以上

光驱:刻录 DVD

2. 软件结构

(1)模块功能

①气象资料处理:显示 PPI、RHI、CAPPI,能叠加作业点、地图;

②炮点处理与显示:能以不同的图标在电子地图上显示,雷达回波上显示移动作业点和固定作业点;

③终端上传信息处理:作业请求、作业数据上传、现场监控;

④值班人员管理(人员、密码、权限等);

⑤作业炮点管理(增加、删除、修改、查询、打印,包括地址、联系方式、类型、操控人员,空域区间管理);

⑥炮弹及设备管理(进、存、消耗);

⑦雷达回波图像处理:压缩和发送;

⑧指挥调度:能够根据卫星云图、雷达回波、当地的地理信息,发布灾害预警、进行作业指挥调度;

⑨效率跟踪:实时监测作业前后的灾害天气数据特征,对作业的成本、作业的效率进行跟踪、监测,供业务管理人员决策分析使用;

⑩能将作业单位灵活分组,根据分组准确下发指令,并能判决回复的指令是否准确;

⑪统计功能:可以根据上传的用弹量统计总用弹量,绘制用弹量分布图(时间、地点);

⑫处理回传图像,方便检索;

⑬作业信息综合管理平台(实时显示、统计、分析、汇总等);

⑭电子地图显示作业点状态：接收、回复、作业等有不同的显示；

⑮轨迹回放：可实现某一流动作业点在某一时段的移动轨迹再现。

（2）指挥中心配置

①服务器操作系统：安全级别达到 C2 级，采用 Windows Server；

②数据库管理系统：采用 SQL Server；

③系统监控终端软件系统；

④当地电子地图，MAPINFO TAB 格式。

10.1.2　网络结构

外网：ADSL 连接到公网。

内网：局域网（雷达站指挥部）。

计算机与路由器连接，路由器再通过网线与雷达前台计算机相连。设置雷达前台计算机的 radar 文件夹共享。雷达前台与指挥中心计算机的 IP 地址（最好在一个号码段内）、子网掩码和网关。

10.1.3　系统软件功能

系统软件功能如图 10.3 所示。

图 10.4 所示通讯系统软件菜单界面：

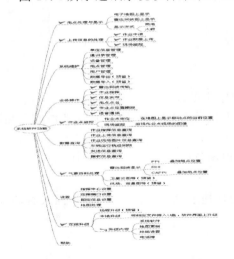

图 10.3　指挥中心系统软件功能图

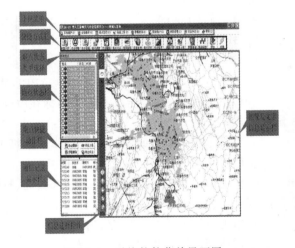

图 10.4　系统软件菜单界面图

1. 下拉菜单

包括系统维护、业务操作、炮点监控、信息上报、数据查询、报表统计、参数设置、设备升级和帮助等。

2. 快捷方式栏

包括雷达传图、调雷达图、作业预警、作业指挥、炮点调度、作业跟踪、炮点点名、现场监视、信息发布、炮点定位、作业批复、调雷达图、信息上报、数据查询、轨迹回放、注册 GPRS 和退出程序等功能。

3.炮点状态类型选择

可以选择显示所需类型的炮点,类型包括:所有炮点、正在作业、正在预警、正在跟踪,正在申请作业、正在待命和离线的炮点。选择后,下面的炮点信息栏中则只显示相应状态类型的炮点信息。

4.炮点状态栏

显示炮点的名称、状态和进入现状态的时间。并可对炮点进行选择(分为在名称前打钩和点击名称使其变为蓝色两种方式,下文详细介绍)。炮点处于预警状态显示黄灯,待命显示白灯,作业已申请显示绿灯,作业跟踪显示蓝灯,作业中显示红灯,离线显示棕色。

5.炮点快捷动作栏

解除预警、停止作业、停止跟踪、作业上报,可以快捷的对选中的炮点进行相应操作。

6.通信记录显示栏

显示本站的通信记录,包括进行操作的时间、收发双方、操作内容等信息,可点击上方箭头隐藏或打开。

7.信息选择控件

控制"图像及文字信息显示栏"显示的内容。按钮功能(从上到下)分别为"显示电子地图"、"显示收到炮点的信息"、"收到指挥中心的信息"、"显示下发到炮点的信息"和"显示上传到指挥中心的信息"。

8.图像及文字信息显示栏

显示 GPS 导航图、雷达回波图以及文字信息等内容。

10.1.4　传输协议

传输协议结构见图 10.5。

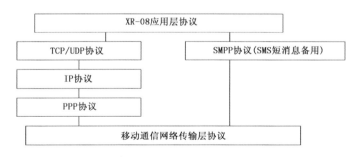

图 10.5　系统传输协议结构图

移动通信网络传输层协议,包括 TDMA900/1800MHZ 数字公用陆地蜂窝移动通信网相关通信标准和协议,支持短消息分组数据协议和互联网 IP 协议;

应用层协议标志,包括应用系统的设备编号,业务数据类型,数据内容等;

SMPP 为短消息点对点协议;

TCP/UDP 采用 TCP/UDP 协议;

PPP 协议为点对点协议。

10.2　通信终端硬件结构

该通信终端是集 GSM/GPRS、GPS、GIS、摄像头、CPU 基于一体的通讯设备硬件产品。内部结构由 GPS 接收电路板、GSM 手机电路板、中央处理与管理电路板、无绳话筒收发电路板、键盘输入电路板、电源电路板和主底板电路板、各种接口设计组成。其硬件结构和产品实物,分别如图 10.6、10.7 所示。

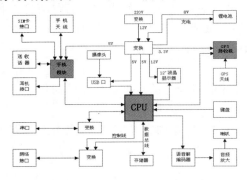
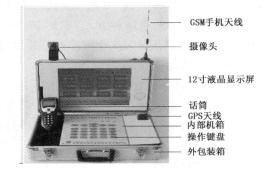

　　　图 10.6　通信终端硬件结构图　　　　　　　　图 10.7　通信终端实物图

主要包括以下内容:

1. 终端设备模块

GSM/GPRS 网络的语音、数据、图像通讯的电路。实现核心 ARM9 处理器 S3C2410 与 MC39I GSM/GPRS 模块的接口设计和协议的制定。

基于互联网络的各级指挥中心的信息传输系统的硬件结构。

GPS 定位模块部分。U−blox TIM−LH GPS 定位模块的数据读取接口,实现 GPS 数据的无误读取。

GIS 地理信息显示模块。设计 GIS 地理信息数据存储和读取。

图像液晶显示模块。实现处理器与 TFT 彩色液晶模块的接口设计,图像缓冲存储的设计。

嵌入式 ARM 处理器。设计以 S3C2410 嵌入式处理器为核心的中央数据处理系统,传输系统和控制系统,提供系统的外围电路。

视频图像采集、编码、解码模块,实现对作业现场进行安全监控。

电源管理,对通讯设备中各模块提供电源和备用锂电池的充电和放电保护。

人机交互接口,作业人员实现信息上传,设备维护人员进行在线故障检测和通讯设备软件的升级。

语音编码解码模块与音频放大,实现语音提示告警。

面板指示灯(电源供电时、预警时支持通话、来电、电源指示灯指示)。

话筒电路。

操作键盘。

2. 终端设备接口

RS232 接口,串口可用来对设备进行调试。

RS485 接口,可用来连接其他设备(如自动气象站),上传数据。

双路 USB 接口,可接摄像头对现场进行监视、使用 U 盘进行软件升级、设置更新、作业数据和位置数据的导出,必要时可用作存储器扩充。

网线接口,可用来进行软件升级,有线网络通信。

10.3　通信终端软件结构

基于 ARM9 内核的嵌入式操作系统的外围接口驱动程序、图像处理程序、人机交互界面的设计,ARM9 内核的嵌入式操作系统与 MC39I GSM/GPRS 模块、TIM－LH GPS 定位模块的协议软件设计、ARM9 内核的摄像监控软件设计、系统的 BOOTLOAD 软件设计。其软件结构及流程和文件清单,分别如图 10.8、10.9 所示。

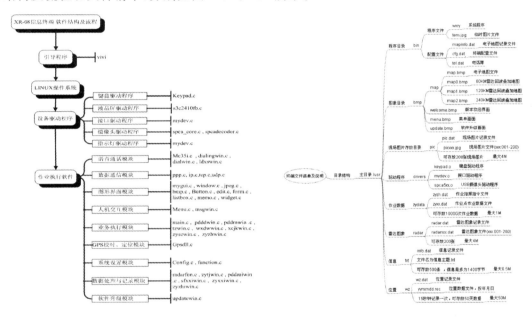

图 10.8　终端嵌入式控制软件结构及流程图　　　图 10.9　终端通信设备文件清单图

主要包括以下内容:

LINUX 嵌入式操作系统;

系统引导程序;

设备驱动程序;

GPRS 图像传输,雷达回波图像压缩解压及传输;

多点并发作业预警、作业指令接收与回复;

固定作业点现场安全监控及信息回传;

车载移动作业移动轨迹、作业导航、现场安全监控及信息回传;

作业点实际作业时刻、作业位置、参数、发射弹药数量及当时天气情况自动计量及传输;

可视化人机交互界面,嵌入式 GUI;

高质量语音、数据通信;

接收指令,实现作业点调度;

雷达回波图导航；

电子地图导航；

在线与远程升级。

1.功能

(1)作业定位：指挥中心和各作业点都能实时获取作业点的经纬度，并能在电子地图和雷达回波图上显示。

(2)语音通话：信号强度超过普通手机，并且可以免提通话。

(3)卫星导航：移动作业点可通过屏幕上电子地图或雷达回波图完成导航，方便到达目的地。

(4)现场安全监控：指挥中心通过无线网络设备获取各固定作业点和移动作业点的现场实况图像。

(5)车辆运行轨迹回放：指挥中心和作业点可以在屏幕上的电子地图上显示过去某时段移动作业车行驶的路线。

(6)气象资料传输和显示：通过无线网络将雷达图像和卫星云图等进行压缩处理并快速传输到固定作业点和移动作业点，当有气象资料（雷达回波图、卫星云图、常规天气预报等）传输到各作业点时，有语音提示，自动显示在终端的液晶屏上并自动翻滚保存。

(7)实时考勤：当指挥中心对各作业点进行点名时，终端有语音提示，作业人员可通过按键自动回复点名，指挥中心可设定回复时间和重传次数，若没有回复，则自动重传。指挥中心可记录各作业点点名的时间，回复时间，作业点当时位置，有否回复等信息。

(8)实时预警：指挥中心发现有可能出现作业时机时，可以向相关的作业点发送预警信息，终端有语音提示并显示在屏幕上，作业人员可通过按键自动回复，移动作业点还可事先到达作业位置，并作好作业准备。

(9)作业请求：各作业点根据经验发现有可能出现作业时机时，可以向指挥中心提醒，指挥中心可以根据雷达回波图决定是否同意作业。

(10)作业调度和指挥：指挥中心根据天气预警，灵活调度，同时向多个作业点准确下达指令并记录，作业点按键回复，按照作业指令开始作业。

(11)作业上报：每次作业点完成作业后，需将实际作业时刻、作业位置、参数、发射弹药数量及当时天气情况等作业信息向中心上报，上报的同时将自动记录，以便事后检索，指挥中心可随时远程调取各作业点以前的作业信息。

(12)公文分发：指挥中心可编辑文字信息（如通知、文件）发送到各作业点，终端上显示并有提示音，各作业点可检索指挥中心发过来的文字信息。

(13)数据统计与查询：作业基本资料、物资资料、雷达图像、作业指挥数据、作业点实际作业数据、现场图片、GPS等资料的统计与查询。

(14)远程配置功能：作业指挥中心远程对作业执行前端进行参数设置。参数设置包括各级指挥中心的电话号码、IP地址、短信网络参数以及作业站点的编号和名称、超时重传次数和间隔时间等。

2.特点

(1)全中文操作界面。

(2)语音通话。

（3）数据和指令远程无线传输。

（4）GPS 卫星导航定位。

（5）GIS 即地理信息系统。

（6）接收实时雷达回波数据，给作业人员提供了最佳的作业方位和仰角及用弹量信息，从而更为精确、有效地进行人工影响天气作业。

（7）作业现场摄像监控。

（8）作业数据上传及数据存储。

（9）软件在线升级。

10.4　主要技术指标

XR－08 型人工影响天气通信终端主要技术指标见表 10.1。

表 10.1　XR－08 型人工影响天气通信终端主要技术指标一览表

主 要 指 标	数 值 范 围
工作电压	12V DC（采用外接电源时）
工作电流	＜300MA（平均电流）
工作温度	－20～＋50℃
工作相对湿度	＜95％，无凝露
储藏温度	－30～＋70℃
通信频率	900/1800 MHz
GPS 定位精度	＜5 m
GPS 速度精度	0.1 m/s
GPS 时间分辨率	0.1 s
信息交互时间	＜10 s（平均时间）
GPRS 传图时间	10～30 s
连续工作时间	＞5 h（内部锂电池供电）

10.5　注意事项

（1）通信终端虽安装于外包装箱内，但仍需轻拿轻放，妥善保存。

（2）在雨天作业时，需用伞或雨布、雨衣等物盖住终端，严防雨水漏进机箱。无论使用与否，终端严防高温、暴晒、雨淋。

（3）经常检查终端电池电量，若电量指示仅剩 1 格时需对电池进行充电。充电时，必须有专人看守。

（4）拿取终端话筒手柄时轻拿轻放，注意保护话筒手柄座。

（5）终端右侧边盖在终端工作时需保持关闭状态，切勿将右侧边盖常开，以防损毁屏幕。

（6）当 GPS 天线、GSM 天线、专用摄像头连接线、充电线及汽车点烟器线外露时，切勿将终端外包装箱关闭，以防夹断以上连接线。

（7）通信终端是人工影响天气作业的专用工具，不用时可上锁，其外包装箱钥匙及电源开关钥匙须由专人保管，注意安全，严防丢失。

10.6　常见故障分析及处理

10.6.1　无法开机

检查面板电源灯是否正常,若不正常,可能是:

(1)终端没电了,及时充电或者接入外接电源(＋12 V)。

(2)电池坏了,更换电池。

10.6.2　开机后出现花屏现象

(1)按复位键,重新启动。

(2)关闭电源,重新启动。

(3)屏幕与主板的连接线路接触不良。检查线路,重新接好。

10.6.3　开机后 GPS 无法定位

(1)按复位键,重新启动。

(2)关闭电源,重新启动。

(3)GPS 天线与天线座连接处松动。检查线路,重新接好。

10.6.4　接通电话后,按免提键无效

(1)按复位键,重新启动。

(2)关闭电源,重新启动。

10.7　指挥中心与终端的设置

10.7.1　软件升级

将指挥中心计算机 C:\Program Files\XR－08 型人工影响天气作业指挥系统目录下的 wxry 文件拷贝到 U 盘,将 U 盘接入终端,打开终端,选择在线升级,完成后自动重启终端。

10.7.2　电话簿下载

将指挥中心计算机 C:\Program Files\XR－08 型人工影响天气作业指挥系统目录下的 dhb. dat 文件拷贝到 U 盘,将 U 盘接入终端,打开终端,选择在线升级—电话簿下载。

10.7.3　地图更新

将指挥中心计算机 C:\Program Files\XR－08 型人工影响天气作业指挥系统\map 目录下的 map＊. bmp 文件拷贝到 U 盘(其中 map0. bmp/map1. bmp/map2. bmp 分别为 60/120/240 km 地图文件),接入终端中,选择在线升级——设备升级,完成设备地图的升级。

10.7.4　信息设置

将指挥中心计算机 C:\Program Files\XR－08 型人工影响天气作业指挥系统目录下的 cfg. dat 文件拷贝到 U 盘,将 U 盘接入终端,打开终端,选择在线升级—终端设置。

第 11 章 基层人工影响天气综合信息管理平台

为了解决当前基层人工影响天气工作中存在的效率低、管理模式落后、信息化程度低等一系列问题,新疆人工影响天气办公室研究开发出基层人工影响天气综合信息管理平台。该平台的使用可以实现基层人工影响天气工作业务管理、弹药管理、火器管理、信息上报等工作的程序化、信息化、自动化,提高基层业务管理效率和业务信息化管理水平。在此基础上可以进一步构建一个实用、高效、可扩展的人工影响天气工作综合自动化管理系统,该系统以计算机网络通信、数据库等技术,实现了基层人工影响天气各项管理信息快速、准确地自动生成、传递、处理,从而结束了基层人工影响天气工作粗放式管理模式。

11.1 系统构成

系统构架采用多层数据结构,系统开发语言使用 C♯ 语言,构架模式采用的 B/S 模式。B/S 结构即浏览器/服务器结构,是随着 Internet 技术的兴起,对 C/S 结构的一种变化或者改进的结构。在这种结构下,用户界面完全通过浏览器实现,一部分事务逻辑在前端实现,但是主要事务逻辑在服务器端实现,形成所谓三层结构。B/S 结构易于系统开发、维护和升级扩展,提供了一致的用户界面,具有更强的信息系统集成性,提供灵活的信息交流和信息发布服务。C♯ 是.NET 平台的通用开发工具,其固有的特性保证了它是一种高效、安全、灵活的现代程序设计语言。从最普通的应用到大规模的商业开发,C♯ 与.NET 平台的结合将为程序员提供完整的解决方案。C♯ 在.NET Framework 框架中执掌着一个重要角色,它是 Microsoft 公司面向下一代互联网软件和服务战略的重要内容,也是编写.NET Framework 应用程序的首选。

11.1.1 硬件结构

基层人工影响天气综合信息管理平台系统可以通过局域网、广域网与平台管理信息系统互联,实现人工影响天气业务管理过程信息化、自动化。系统由一台 IIS WEB 服务器和一台 SQL Server 数据库服务器及若干台 PC 组成,条件不具备地区可将 IIS 和 SQL Server 服务器部署在同一台机器内。网络拓扑如图 11.1 所示。

11.1.2 软件结构

由系统管理、业务管理、火器管理、弹药管理、人员管理、综合查询统计五大主模块,数据处理等 25 个子模块构成,其结构如图 11.2 所示。

系统管理模块由作业类型管理、火器弹药厂商管理、火器类型管理、弹药类型管理、角色管理、系统用户管理、数据处理等子模块构成。

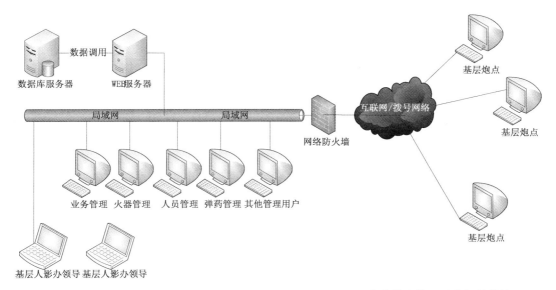

图 11.1 综合信息管理平台网络拓扑图 　　　图 11.2 综合信息管理平台软件结构图

业务管理模块由创建业务管理工单、创建火器维修工单,工单处理和维护模块等子模块构成。

弹药管理模块由弹药入库登记模块、弹药领用模块、弹药退库管理模块、弹药信息维护模块等子模块构成。

火器管理模块由火器入库登记模块、火器领用模块、火器退库管理模块、火器信息维护模块等子模块构成。

人员管理模块由人员信息登记模块、人员信息维护模块、人员信息删除模块等子模块构成。

查询统计模块由作业信息统计查询模块、弹药信息统计查询模块、火器信息查询统计模块、人员信息查询统计模块等子模块构成。

11.1.3 数据库结构

系统后台数据库系统可架构在 SQL Server 7 以上大型关系型数据库系统上,系统由职务角色表等 19 张数据库表单组成,具体见表 11.1。

表 11.1 基层人工影响天气综合信息管理平台数据库结构一览表

名　称	内　容
Wea_Actor	职务角色表
Wea_InitSys	系统初始表
Wea_Area	地区编码表
Wea_Maker	厂商表
Wea_Status	状态表
Wea_Module	模块表
Wea_upInfo	上传信息表
Wea_WorkNode	作业节点表
Wea_DyType	弹药类型表
Wea_HqType	火器类型表

名　　称	内　　容
Wea_dyOperList	弹药操作流水表
Wea_DanYao	弹药表
Wea_hqOperList	火器操作流水表
Wea_HuoQi	火器表
Wea_OperLog	操作日志表
Wea_Operator	操作员表
Wea_Works	作业流水主表
Wea_WorksNotes	作业流水附表
Wea_workType	作业类型表

11.1.4　相关模块说明

1.系统管理模块

系统管理模块主要由系统管理员使用,系统管理员可以预定义若干系统管理中使用的基本参数,比如厂商信息、火器类型信息、弹药弹型信息、作业类型、用户权限、用户角色等。系统管理员设定相关参数后,其他系统用户使用者就可以正常使用相关系统进行各项业务管理工作。此外,系统管理员还可利用数据上传功能将各项业务数据报表通过公用邮件系统进行数据分发和报送。

2.业务管理模块

业务管理模块遵循 ISO9000 管理模型,采用工作流技术设计,模块由业务工单创建、维修工单创建、工单处理三个子模块构成。业务管理可自动生成各级人工影响天气作业上报表格,结合系统管理中的数据处理功能,可以将生成的报表文件通过邮件发送。

3.弹药管理模块说明

弹药管理模块遵循标准物流管理设计,将复杂的弹药物流进行信息化编码,使弹药流转的各个环节(登记、领用、退库、报废)规范化处理。

4.火器管理模块说明

系统使用者可以使用此模块建立所属单位各项人工影响天气装备的数字化档案,各项装备采用 10 位编码格式(由机器自动生成)的全疆唯一火器身份 ID,确保人工影响天气各项作业装备的信息化管理。

5.人员管理模块说明

系统使用者可以使用此模块建立起基层人工影响天气从业人员电子信息库,系统集人员信息登记、人员岗位置换、人员上下岗处理等多项功能为一体的信息化处理平台。

6.统计查询模块

统计查询模块集中了业务数据统计查询、弹药数据统计查询、火器数据统计查询、人员数据统计查询。通过此模块,各领导决策者、各业务管理员可轻松地生成各种数据的标准电子表格,可供管理人员轻松地二次制表。此外,统计界面还有各种图表直观输出。

11.2　系统使用中的若干基本概念

下面有关描述在系统使用中经常出现,使用前需要掌握了解其概念和相互联系。

11.2.1　系统对象

1. 主要对象

地区、作业站点、人员/用户、弹药、火器、作业。

2. 辅助对象

作业类型、用户权限、弹药类型、火器类型、厂商、状态。

11.2.2　系统管理层次结构

本系统按地区(省/地区/县市三级地区)、作业站点、人员大致组成三层树形结构。

11.2.3　相互关系

根据地区、作业点、权限、状态等状态表,系统用户对其他对象可进行相应操作管理,系统状态表对各表单操作有一定约束。

11.2.4　操作基本规则和相关说明

(1)火器、弹药、作业模块只能对本级地区(包括作业点)进行管理。

(2)系统管理、统计模块可对所有下级地区(包括作业点)进行管理。

(3)作业点用户只能对本作业点的作业具有作业管理权限、及管理"已领用的"火器弹药权限。

(4)作业点添加和编辑时,作业点编号(由 6 位地区编码加上 3 位顺序号组成)。

(5)业务系统中已处理完毕的作业和火器维修工单不允许删除/修改。

(6)火器管理系统和弹药管理系统具备盘点功能,可在相关管理中直接进行编辑修改。

(7)作业类型为系统管理中所定义的类型。

(8)状态表为静态表,不能随意修改、删除;操作日志不对普通用户提供查询。

(9)人员和用户区别:人员是不能登录本系统的,但可以在人员管理系统中存在。用户是从人员中,通过授权,赋予系统使用权限后产生的,是人员的子集。

(10)系统初始化参数设置:可以设置数据库数据过期时间,并可将对数据进行报废处理、清理。

11.3　系统功能

系统管理员配置操作是系统使用的核心,也是所有其他系统管理操作的基础。

11.3.1　系统初始设置

系统管理员操作由系统初始设置、系统维护等部分组成。第一次使用系统必须使用缺省超级系统管理员登陆,并设置相关参数。系统缺省初始用户为"650001",安装缺省密码:000000,属于新疆省级地区,管理员登陆后需自行修改。

推荐系统管理员系统初始化过程如下:

(1)使用"650001"用户登录;

（2）建立本地区信息（系统缺省已包含全疆至县级地区信息，但不含兵团团场信息，团场信息需管理员自行建档编码）；

（3）建立本地区管理员；

（4）由本地区管理员创建、修改厂商信息、火器类型信息、弹药类型信息、作业点信息、系统人员信息等基本信息。

11.3.2 基本操作流程

（1）通过超级用户创建本地区管理员用户，创建完毕后可删除超级用户或超级用户更改口令。

（2）使用地区系统管理员用户登录，依次建立地区编码、厂商编码、弹药类型编码、火器类型编码、作业类型编码、作业点编码等基础类型库。

（3）系统初始化参数设置，对数据进行清理（根据需要可定期执行）。

（4）对弹药、火器、作业的类型进行增、删、改等操作管理。只有做过这一步后，才能对弹药、火器、作业进行入库、领用、使用等操作。

（5）建立系统使用用户，建立各种角色，可细分为业务管理员、火器管理员、弹药管理员、人员管理、炮点管理员等用户，并通过角色设置赋予相应管理权限。不同管理员可以兼职，但从系统管理规范及安全角度考虑，每项职责应专人负责比较合适。

11.3.3 管理员基本操作与设置

1.地区维护

本模块对所辖的地区信息进行维护管理，地区编码信息是数据库其他业务信息索引的关键信息，作业流水编码，火器编码，人员编码均以地区编码为基础，系统缺省初始化时已包含全疆所有县的编码信息，如果是兵团用户，则需重新建立地区编码，对应关系为地州_师，县_团。操作时由于编码中包含地区信息，所以对一个已建立的地区进行编辑地区信息时，不能修改它的上级地区。如果上级地区有误，则需要删除本级所有信息后重新建立上级地区信息。

系统管理员可以对地区编码进行新增，修改，删除等操作，地区编码信息为树状结构，可以新建省，地，县、炮点或兵团、师，团等三级结构。一个典型的编码地区编码使用，界面如图11.3所示。

图 11.3　地区编码维护界面图　　　　　图 11.4　厂商编码维护界面图

2. 厂商维护

厂商信息维护与地区编码信息一样同为基础编码信息,弹药类型、火器类型的生产厂商关键字的索引均基于厂商信息,因此必须先建立厂商编码信息后,才能建立弹药类型及火器类型。

系统管理员可以对厂商编码进行新增,修改,删除等操作,厂商编码为单层结构,可以根据具体情况对厂商信息进行维护。界面如图 11.4 所示。

3. 作业点维护

作业点是人工影响天气工作最基层单位,本功能实现了作业点信息的编码及基本信息的维护。作业点信息也是业务管理、弹药管理、火器管理、人员管理的等功能所必需的基础信息。

由于自治区人工影响天气办公室已对全疆作业点实现统一编码,故作业点编码信息只需录入相关编码即可。作业点的其他信息由系统管理员进行相应维护。系统只能在县级地区(团场)以下级别建立作业点信息。另外移动作业点属于特殊类型的固定作业点,其管理与固定作业点一样,但有标志予以区分,界面如图 11.5 所示。

图 11.5　作业点维护　　　　　　　　图 11.6　弹药类型维护

4. 弹药类型维护

系统管理员需要在弹药管理系统使用前对不同厂商的不同类型弹药进行统一编码,火箭弹、炮弹、烟条等作业弹药均需要统一编码。界面如图 11.6 所示。

5. 火器类型维护

系统管理员需要在火器管理系统使用前对不同厂商的不同类型作业装备进行统一编码,通讯终端、弹药存储柜、报警装置等新装备也可纳入管理范畴。界面如图 11.7 所示。

图 11.7　火器类型维护　　　　　　　　图 11.8　角色权限

6.作业类型维护

在此系统管理菜单下,可以实现基础作业类型的编辑和维护,系统缺省定义类型为增雨、防雹、消雾。

需要特别强调的是以上类型的基础类型编码形成后不得随意更改,尤其是编码中的 ID,一经确认不得更改(可以新增),否则会影响数据库中的数据管理,显示名称的信息可以在后期改动。基础类型的编码应在系统管理员第一次使用时实现,如有需要可以后续对各基础类型进行新增操作,原则上禁止删除各基础类型操作。界面如图 11.8 所示。

7.角色管理

为方便基层对系统各种系统权限使用更加便捷和规范,系统特别设计了角色的概念。通过建立不同的职位角色,同时将各角色赋予不同的系统权限,可以实现对职位权限的统一管理。各系统模块使用时均先判断操作员有无使用权限,系统用户的系统权限即基于它在此处赋予的职位角色权限。界面如图 11.9 所示。

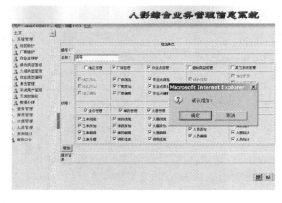

图 11.9　权限管理

8.系统用户管理

通过"人员管理"模块增加的人员,不具有对本系统的访问权限。如果要使其能访问本系统,必须通过"系统员户管理"模块对其进行系统授权。通过系统授权,将会根据其职位角色授予相应的系统权限。从而可以对本系统进行操作。初次授权后,初始密码"000000"。

9.系统初始化

本模块实现两个功能:1)对所辖地区的火器、弹药等根据设置进行报废处理。2)对所辖地区的作业、维修记录数据根据设置进行清理操作。

10.数据处理

实现对本地区报表数据通过因特网自动发送到指定邮箱,及导入备份数据的功能。

上传:选择生成的报表文件,点击上传后将发送到指定邮箱。

导入:选择上传的数据文件,点击导入后将数据导入数据库后,可在统计模块中进行查询。本功能主要是为将来实现统一数据而设计,如本系统只在基层使用不需要使用此功能。

11.4　系统管理功能

系统管理员构建好各项基础类型数据后,添加相关人员信息,并赋予相应管理权限,各子系统管理员就可以相关管理操作。

11.4.1　业务管理

业务管理实现了作业指令下达、作业信息记录、作业反馈以及火器维护信息记录等功能。其业务流程描述如下：

作业指挥员下达作业指令→业务管理员建立作业工单→作业点管理员执行作业命令→作业点管理员反馈作业工单→作业工单执行完毕

火器维护业务流程描述如下：

业务管理员建立火器维护工单→作业点管理员执行火器维护命令→作业点管理员反馈火器维护工单→火器维护工单执行完毕。

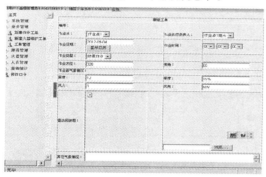

图 11.10　新增作业工单

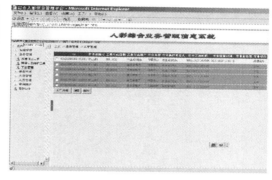

图 11.11　工单处理

1.新建作业工单

此工单由业务管理员下达，填写内容包括作业基本参数（时间、地点、方位、仰角）以及作业指令下达时的一些基本气象资料（温度、湿度、风力风向以及作业前的雷达回波图等信息）。见图 11.10 新增作业工单。

2.工单管理

工单管理实现作业工单的处理功能。炮点管理员接受作业指令后，实施作业，作业后将作业信息上报（或由业务管理员接受炮点管理员上报信息），录入相关信息，并补充作业实际参数（时间、地点、方位、仰角）以及作业后的一些基本气象资料（温度、湿度、风力风向），确定后修改作业工单为完结标志。见图 11.11 工单处理。

作业工单处理完结后，其使用的弹药数据直接与弹药管理系统关联，使用弹药自动从另用弹药中扣除。

工单管理还实现了火器维护工单的处理功能。炮点管理员接受业务管理员的火器维护指令后，进行火器维护操作，并由炮点管理员反馈火器维护信息，确定后修改维护工单为完结标志。

其他一些未作业或未执行的工单可在此由业务管理员进行删除操作。

工单管理中办结和未办结工单以不同颜色显示区分，方便管理员随时了解各基层炮点任务完成情况。

3.火器维护工单

火器维护工单由业务管理员下达维护指令，填写内容包括需要维护炮点分派的火器信息。

11.4.2 弹药管理

弹药管理系统由弹药管理员负责操作管理,弹药管理的业务流程描述如下:

弹药入库登记→各炮点领用→各炮点退库→弹药管理员盘点。

1.弹药入库

弹药入库登记内容包括弹药的批次、型号、数量以及生产日期、报废日期等,弹药入库操作由弹药管理员完成。见图11.12弹药入库。

2.弹药管理

各炮点在作业期可根据需要多次领用库中各种弹药(由弹药管理员分派),也可根据实际情况退还已领用弹药。此过程可以反复进行。领用操作打印票据作为纸介存根。领用操作由弹药管理员完成。

3.弹药退库

各炮点在作业期结束后可将未用完弹药退还。退库操作打印票据作为纸介存根。退库操作由弹药管理员完成。见图11.13弹药管理。

图 11.12 弹药入库

图 11.13 弹药管理

11.4.3 火器管理

火器管理系统由火器管理员负责操作管理,功能与弹药管理系统类似,其业务流程描述如下:

火器装备入库登记→各炮点领用→各炮点退库→火器装备管理员盘点。

1.火器入库

火器入库登记内容包括名称、型号、电子照片,出厂日期等。系统自动根据地区码信息自动生成10位编码(2位省级编码,2位地州编码,2位县级编码和4位机器流水号),确保每件作业装备有唯一编码。见图11.14火器入库。

2.火器装备管理

与弹药管理类似,各炮点在作业期可根据需要多次领用库中各种火器装备(由火器装备管理员分派),也可根据实际情况退还已领用火器装备。此过程可以反复进行。领用操作打印票据作为纸介存根。火器装备管理操作由火器装备管理员完成。见图11.15火器管理。

3.火器退库

各炮点在作业期结束后可将火器装备退还管理员统一管理。退库操作打印票据作为纸介存根。退库操作打印票据作为纸介存根。火器装备退库操作由火器装备管理员完成。

图 11.14　火器入库　　　　　　　　图 11.15　火器管理

11.4.4　人员管理

　　人员管理系统由系统管理员兼职负责管理(系统管理员需要给各操作员赋予管理权限),其业务流程描述如下:

　　人员信息录入→管理人员授权→人员信息维护。

　　人员管理系统主要包含新增人员信息录入、人员信息维护两大功能。系统还针对基层人工影响天气部门人员流动性强的特点特别设计了离岗/返岗功能,对一些反复经历担当基层炮手的人员,只需使用离岗、返岗功能实现其身份变化,而不需要重新录入数据。

　　系统中的人员分为用户和人员两类,具体可参见 11.2.4 操作基本规则和相关说明。用户可以根据自身权限使用各个子系统和管理模块。

　　1.人员增加

　　新增人员的信息录入内容包括用户名、性别、出生日期、年龄、族别、职务角色、上岗证编号、专业开始日期、身份证号、电话、住址、培新记录归属地区、归属作业点和照片等,参见图11.16。

　　2.人员管理

　　人员管理对所辖的地区下的人员进行修改,删除,离岗/返岗等操作。可视作一个简单的人员资料库,参见图 11.17。

11.4.5　查询统计

　　查询统计系统为各子系统查询统计模块的总集成,其输出表格分总表和清单表两大类。各项目总表是对当前对象所有信息的统合统计,所以没有时间范围、作业点、状态等。查询清单表则可根据具体需要约束时间范围、作业点、状态等子系统关键字条件,实现清单查询。

　　统计总表和查询清单表仅对所属地区有效,即各炮点管理员只能查询统计本炮点装备、弹药、人员信息,而上级管理员则可查询统计相应权限信息。统计总表还有图表输出功能。装备清单和业务总表分别见图 11.18、11.19 所示。

　　1.业务查询统计

　　主要实现业务管理员相关数据的查询统计功能,可使用作业点类型,作业点,作业编号、火器编号,作业起始时间等约束条件。

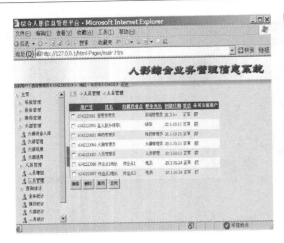

图 11.16　人员新增

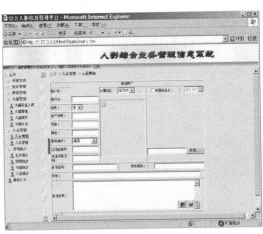

图 11.17　人员管理

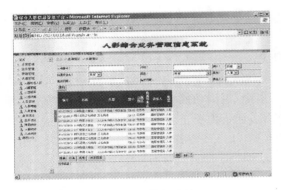

图 11.18　装备清单

图 11.19　业务总表

2.弹药查询统计

主要实现弹药管理员相关数据的查询统计功能,可使用弹药类型、作业点、类型、名称、起始时间、责任人等约束条件。

3.火器装备查询统计

主要实现火器装备管理员相关数据的查询统计功能,可使用火器类型、作业点、类型、名称、起始时间、责任人等约束条件。

4.人员查询统计

主要实现人员管理员相关数据的查询统计功能,可使用人员编号、姓名、性别、归属作业点、职务角色等约束条件。

11.4.6　炮点用户

炮点用户可使用权限有限,仅限于查询统计本炮点装备、弹药、人员数据以及作业工单和维护工单的反馈。

11.4.7　修改口令

各系统用户可以通过此功能定期修改口令保证系统安全。

第 12 章　人工影响天气业务指挥平台

新疆人工影响天气"十二五"发展规划提出,为适应自治区经济发展的需要,人工影响天气工作要实现三个转变:由粗放型人工影响天气作业大区向集约型人工影响天气强区转变;由防雹主导型向防雹与增水并重型转变;由应急救灾作业型向长期科学地开发空中云水资源型转变。为达到此目的,建设新疆人工影响天气业务指挥平台势在必行。新疆区级人工影响天气业务指挥平台建设实现以下四个目标:

一是显著提升多种资料的综合运用能力,实现气象观测资料、自动站资料、雷达资料、卫星云图与反演产品资料、飞机探测资料、微波辐射计资料、数值模拟等多元数据的收集、处理、存储与分析。

二是根据作业条件分析,实现飞机人工增雨(雪)潜力区域的识别、飞行航线设计和空中催化播撒作业实时跟踪与指挥。

三是实现人工防雹的业务指导和五大联防区的实时预警和作业监控。

四是建立人工影响天气网站,逐步实现人工影响天气综合业务信息、业务指导产品等网络传送。

12.1　平台构成

平台由五部分构成:监测分析;预报预警;飞机人工增雨(雪)业务指挥系统;人工防雹(增水)业务指挥系统;新疆人工影响天气网站。其中,监测分析包括信息采集与处理子系统、新一代天气雷达拼图、XR-08 人工影响天气作业监测子系统、自动站监测子系统、卫星云图反演子系统等部分。预报预警包括 24 小时潜势预报、短时临近预报子系统、新疆冰雹分区预报业务子系统等部分。

12.1.1　信息采集与处理子系统

信息采集与处理子系统以地理信息系统为基础,同化了常规与非常规气象资料,并纳入积雪、干旱指数、水库库容、火情、降水距平、微波辐射等其他资料。实现了人工影响天气业务资料的存储、备份及回放显示。主要内容:新疆人工影响天气地理信息模块、常规与非常规气象信息模块、卫星云图反演产品、国家局数值模式产品等其他资料模块。

12.1.2　XR-08 人工影响天气作业监测子系统

该系统是新疆人工影响天气办公室自主研发的产品,主要具备语音通话、图文传输、作业信息上报、GPS 定位功能。

12.1.3 人工影响天气作业潜势预报(24 h)

用于初步确定人工增雨(雪)和人工防雹作业目标区域,制作和发布人工增雨(雪)和人工防雹业务指导产品;提前申报外场飞机作业计划或提示基层人影部门做好增水、防雹准备。相关业务指导产品有:降水潜势预报(全年)、降水落区预报图(全年)、强对流潜势预报(4—10月)、冰雹落区预报图(4—10月)、新疆冰雹分区预警产品。

12.1.4 人工影响天气作业预警(0~6 h)

(1)新疆已实现 7 部新一代天气雷达联网拼图。新一代天气雷达实时数据极大支撑了人工影响天气作业、短时临近预警等日常业务。

(2)采用短时临近预报系统、自动雨量监测系统和 Micaps 平台,监测天气系统移动变化情况,发布每天全疆重要温度层对应高度($-4℃$、$-12℃$、$-18℃$),供各地人工影响天气作业参考使用。

(3)新疆冰雹分区预报业务系统。该系统在新疆境内划分出 9 个降雹区域,可以生成 12~24 h 冰雹预报产品。主要具备功能:人机交互、半自动化;定点(区域)、定量(强弱)预报;数据库新增;学习。

(4)卫星云图反演系统。该系统可生成云顶高度、云过冷层厚度等反演产品,适用于人工影响天气作业条件识别业务。

12.1.5 飞机人工增雨(雪)业务指挥子系统

飞机人工增雨(雪)业务指挥子系统具备航线设计、雷达实时跟踪分析、气象资料叠加等功能,实现了两套以上通讯系统同屏显示指挥。具体功能有:

(1)实时作业轨迹显示:应用北斗通信 GPS 实时定位功能,由北斗回传信息,在电子地图上显示飞机、并进行实时短信互通,实现大规模、大范围增雨(雪)作业飞机的实时调度指挥,可实现飞机的实时轨迹显示和实时通信指挥。

(2)雷达原始数据梯扫叠加:通过调用雷达原始数据进行解算,并显示 PPI、CAPPI、RHI。其中 PPI、CAPPI 要求显示其三个要素包括强度、速度、谱宽及三要素在 14 个不同仰角的具体信息;用不同的颜色在相应的位置标示出。当显示出 PPI 或 CAPPI 中的一个要素信息后,同时可以查看 RHI 的信息。

(3)卫星云图叠加:通过调用 Micaps 云图进行分析、显示,可以提供地面指挥人员分析飞机所处的位置云层的情况;同时也可以作为指挥人员作增雨(雪)飞行计划时参考。

(4)航线设计:根据各地天气、干旱情况,指挥人员可以设计增雨(雪)飞机即将飞行的航线,形成文档,存档和上报航空管理部门。航线需要变更时,可以根据情况修改航线,同时上传给空中端,空中端收到地面传送的航线时,自动显示在空中端的电脑上。让其在空中飞行时沿设计航线飞行。

(5)冬、春季层状云可播性宏观参考指标:

作业层温度$\geqslant-4\sim20℃$

云底高度$\leqslant1.5$ km

云体厚度$\geqslant2.0$ km

回波强度≥20 dBz

液水累计量≥0.3 mm

12.1.6　人工防雹(增水)业务指挥子系统

人工防雹(增水)业务指挥子系统,针对不同季节指标设置的也不同,主要指标有回波宽度、回波顶高、强回波顶高、强中心强度。达到作业指标,计算机发出声光提示并列出相关作业点状态表(包含预警级别、火器方位、火器仰角、用弹量、零度高度、射界图等)。警戒结束后保存相关资料。

该系统功能如下:

1.天气雷达资料分析

(1)雷达回波显示

系统将雷达回波显示在地理信息图层中。雷达回波按照系统指定的色标进行显示。回波的右边显示的是雷达的色标,下方显示雷达的文件名称、扫描时间和仰角。系统自动识别雷达回波的半径数据,将雷达回波投影到地理信息中。

(2)雷达任意角度 RHI 剖面分析

选择 RHI 按钮,在回波显示区域中按下鼠标左键,拖动鼠标,松开鼠标可以显示不同方位角的 RHI 剖面图像。

(3)雷达任意方向 VCS 剖面分析

先建立或者打开一条穿越当前雷达回波的航线,当做剖面线。然后再点击【雷达剖面】工具,即可制作任意方向的雷达回波剖面。剖面线上,每 50 km 还会显示一条和剖面图中对应的分割线段。

(4)各种产品的生成调用

雷达回波顶高;雷达回波底高;雷达回波顶温;负温层厚度;暖层厚度;雷达垂直液态水含;雷达组合反射率;最强雷达回波高度。

2.天气雷达回波跟踪

回波跟踪算法简介:系统按照一定的跟踪参数设置,将整个雷达回波自动划分为若干个回波块,并提取这些回波的面积、中心位置、回波最大强度、回波宽度、运动方向、移动速度、亮度矩等信息。对回波进行编号,然后对该时次内的雷达回波和前一时次所有雷达回波块进行特征量对比排除,最后符合条件的唯一一块雷达回波标记为同一块雷达回波。对不同时刻的同一块雷达回波采用同一个号码。对于不能匹配的雷达回波,认为是新生的回波,为其指定新的编号。对于上一时次中没有匹配上的回波,认为它是已经消失的回波,它的编号永久保留。这样我们就可以对回波的生成(移入)、发展、成雹、降雹、衰减、直至消失进行了全方位的参数跟踪。

(1)初始化回波跟踪信息

系统只对比最新时间更新的雷达回波执行回波跟踪操作。由于系统预警信息处理的需要,雷达回波跟踪的信息在每次软件启动时总是从系统中读取其处理过的最新雷达回波的时次,并把该雷达回波的跟踪信息读取出来。这样,如果对历史雷达资料进行回波跟踪演示,就需要把雷达回波跟踪的时间初始化到一个及早的时间。

(2)查看回波分块信息

雷达回波跟踪的操作是自动执行的,并且在每次打开雷达回波后都要自动执行。系统提供显示回波团大小和编号的工具,选择工具,然后刷新屏幕,这时雷达回波中仅仅显示了被系统跟踪的回波块,没有达到标准回波块全部滤掉。

(3)回波跟踪分析

回波跟踪分析为用户提供了一个查看同一块回波发展过程中的面积、强度、中心位置、移动路径以及未来移动趋势的功能。

3.天气雷达预警指标判别

利用回波跟踪的功能提取每一块回波的强度、面积、宽度、回波顶高、强回波顶高数据。根据防雹和增雨指标判断每一个回波块是否达到防雹或者增雨的预警条件。对于达到预警条件的回波,根据回波的移动方向和速度预测未来时间段内回波可能影响到的作业点,并利用作业点预警指标判断作业点是否达到预警条件,如果达到预警条件系统将作业点的状态修改为预警状态,并黄色闪烁。达到预警指标后,指挥人员应该及时通知作业点,命令其做好作业准备。

系统对作业点的进行作业条件指标判别,如果达到作业条件,将作业点的状态修改为作业状态,并红色闪烁。达到作业条件后,应该进行空域的申请,进行作业。作业完毕后进行作业实况录入。

(1)人工防雹、增雨(雪)雷达回波判别指标

可以调出回波类型判断指标。指标包括回波宽度、回波顶高、强回波顶高、强中心强度。并且可以对不同的月份设置不同的指标。

(2)作业条件的判别指标

系统为作业点建立了判断其预警条件和作业条件的指标模型,对符合增水作业预警(或者防雹作业预警)的雷达回波,进行 10 min、15 min、20 min 的未来位置预测分析,并在未来的位置上根据作业点指标进行判断分析,如果作业点满足作业预警条件指标,则产生作业点预警信息。

(3)作业指标检验

指标检验的主要功能是增水、防雹条件的检验验证。作业点防雹指标验证和作业点增水指标验证主要是检验当前雷达回波个例下,作业点是否达到防雹条件或增水条件从而对设置的作业指标进行合理性验证。

4.地面作业指挥

系统从判断作业点开始预警到可以作业都是由系统自动分析判断,自动显示结果的,作业指挥人员只需正确运行该系统,并对其分析结果进行检查判定即可。

12.1.7　新疆人工影响天气网站

网站具备如下功能:

(1)宣传气象、人工影响天气行业颁布的政策、法规及管理条例;传递自治区领导对人工影响天气工作的指示精神。

(2)展示新疆人工影响天气工作动态。

(3)转发中国气象局指导产品;发布自治区人工影响天气业务指导产品;刊登《新疆人工影响天气简报》、《飞机增雪快报》。

(4)开展作业信息上传业务:完善新疆人工影响天气高炮、火箭作业信息上报系统,建立人

工影响天气作业信息网络上报渠道和功能数据库。

12.2　平台功能

（1）采集和汇总各种天气信息和人工影响天气作业信息。

（2）应用专业数据处理软件形成人工影响天气业务指挥产品。

（3）通过人工影响天气网站、Notes 系统等发布预警和指挥作业信息。

（4）收集、存储人工影响天气历史信息，建立业务数据库。

（5）建立人工影响天气业务指挥与演示多屏显示，用于日常业务指挥、作业监测、视频会商、学术交流和新疆人工影响天气宣传。

第 13 章　人工防雹

冰雹是指形成于强对流冰雹云中且降落到地面直径大于 5 mm 的雹块。其色泽为透明层和不透明层相间的球状或锥状体。新疆的冰雹一般大小如黄豆,大一些的如杏核,也有大如核桃、鸡蛋的。冰雹是新疆的主要灾害性天气之一,来势凶猛,强度很大,虽持续时间不长,却可使农作物瞬间遭到损毁。

1978 年以前,新疆防雹主要在天山西部,1978 年以后,扩展到天山中部南北麓,逐步形成奎屯－玛纳斯河流域,阿克苏－渭干河流域,博尔塔拉河流域,昭苏、特克斯盆地及伊犁河流域,塔城、额敏盆地等五大防雹区。自 2000 年以来,孔雀河－迪纳河流域和叶尔羌河流域也开始建立防雹体系。据多年综合分析检验,人工防雹使雹灾损失减少 40%～80%。人工防雹已成为新疆农业生产特别是棉花生产的重要保障措施之一。

13.1　新疆人工防雹体系

新疆人工防雹作业包括作业布局和装备、冰雹预报、冰雹监测预警、防雹作业和效果评估、信息传输五个方面。

13.1.1　作业布局和装备

在研究新疆雹灾、降雹地理分布(雹击线及雹击带)、冰雹云结构和类型特征的基础上,结合当地开展防雹作业需求,在棉花、粮食及果蔬等农作物种植区域,尤其是冰雹云经过频数最高的路径上科学布设炮点、火箭点,并在实践作业中进行调整、完善,同时布局要符合有关条件和规定。

新疆防雹作业装备不断改善,从土炮到 20 世纪 70 年代初的 1955 式单管 37 mm 高射机关炮再到 1965 式双管 37 mm 高射机关炮,由土火箭到自主开发研制了可以同时发射 82、65、56 mm 弹径火箭弹的地面固定和车载流动兼容的火箭发射系统,配置含有碘化银的专用炮弹和火箭弹,可将催化炮弹、火箭弹发射到斜距 2000～6000 m 的冰雹云中,以达到防雹的目的。

13.1.2　冰雹预报

利用新疆地面气象观测冰雹资料和防雹作业点降雹资料,对新疆冰雹天气的地理分布和时空演变特征进行了分析,为冰雹预报奠定了基础。通过对新疆局地、一般性和系统性冰雹天气过程的分析,建立了新疆冰雹天气的天气学概念模型。新疆产生系统性冰雹天气的环流形势主要有三种,即纬向型、经向型和南疆低涡型三种。

13.1.3　冰雹监测预警

天气雷达是人工防雹必不可少的探测指挥工具,它能跟踪探测云体,识别作业云体及作业部位,确定作业时机。新疆1974年首次购置一部车载式国产711型测雨雷达,到2004年已逐步建成了新疆人工影响天气雷达网,并进行了数字化改造和软件升级。目前新疆人工影响天气雷达有33部。

应用雷达回波资料研究冰雹云的形状、云场结构特征以及识别方法,实现冰雹的监测预警。尤其是在博州垦区和奎玛流域,通过对降雹和非降雹对流云雷达回波资料的对比统计分析,建立了冰雹云的判识指标体系。

13.1.4　防雹作业实施的基本程序

1.确定作业播撒区域

识别雹云后,根据冰雹云类型、空间结构、发展阶段、移动方向和速度,确定作业部位或作业播撒区域。新生单体的作业部位应选择在初始回波的中央区域,对成熟的强单体或多单体冰雹云,作业部位应选择在云体前部的悬挂回波区或新生回波区。

2.选择合适的作业点

算出高炮或火箭发射炮弹、火箭弹的数量和发射方位角。对于车载流动火箭发射系统,可根据已确定的作业部位或作业播撒区域,就近选择合适的作业点。根据播撒区的体积、含水量、催化剂的成核率计算作业剂量,根据炮弹、火箭弹型号换算出播撒区用弹量。然后根据作业点和作业播撒区的相对位置,计算出高炮或火箭作业发射方位角和仰角。

3.下达作业指令,实施催化作业

早期催化作业时机应选择在冰雹云跃增阶段或孕育阶段前期,即降雹单体初始雷达回波识别后,应立即进行催化作业。

4.将催化剂送入预定云区

将催化剂送入预定云区后5 min,如果降雹危险性继续存在,则重复上述程序,进行第二次催化作业。如果第二次作业后,降雹危险性仍然存在,则进行第三次作业,直到降雹危险消除或雹云移出联防区为止。

防雹作业后,立即收集整理相关资料,结合天气、雷达和作业实况资料,做出降雹作业有效性的判断。

13.2　新疆冰雹的时空分布特征

选取1961—1999年39年资料完整的90个地面气象观测站的气表—1资料,对新疆出现的冰雹天气现象进行统计分析,给出冰雹的时空分布特征。所选90个站中有54个站为基本站和基准站,全天24 h记录天气现象及起止时间,其余36个站是气候站,白天(08:00—20:00)记录天气现象及起止时间,夜间(20:00—08:00)只记录天气现象而无起止时间。对90个站统计分析冰雹出现日数,只对54个基本站和基准站进行冰雹日变化、持续时间的统计分析。依据《地面气象观测规范》,气象日界为20:00。在统计冰雹出现日数时,若某一次冰雹跨越20:00,按两个出现日计算。当某一天冰雹过程出现两次或两次以上时,按一个出现日计算。

在做日变化及持续时间统计时,将跨越 20:00 出现的冰雹作为一次连续的过程处理。

　　新疆冰雹主要集中出现在天山山脉、帕米尔高原、阿尔泰山和西部界山山区。天山山脉西段的昭苏和巴音布鲁克年平均日数分别超过 15 d 和 10 d,帕米尔高原上年平均日数在 5～10 d(图 13.1),其他山区年平均日数在 1～3 d。南疆的阿克苏、喀什及和田地区年平均日数不足 1 d。但实际上上述地区的冰雹多发生在测站以外,每年都有多次不同程度的局部雹灾,尤其是阿克苏地区的沙雅、喀什地区的伽师等地,且一旦发生雹灾,损失相当严重。

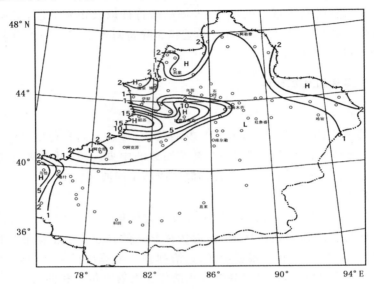

图 13.1　新疆冰雹年平均日数分布图

　　以冰雹年日数较多的测站为例,新疆冰雹出现的年际变化不尽相同。昭苏降雹高峰期在 20 世纪 60 年代中期到末期,80 年代末和 90 年代初是第二个峰期,自 70 年代初,降雹的年日数总体上呈下降趋势,特别是 1995 年以后,一直维持历史较低水平。巴音布鲁克降雹有一个近似的 10 年周期,峰值分别在 1961 年、1971 年、1983 年和 1992 年,谷值分别在 1970 年、1982 年、1991 年和 1998 年,周期在逐渐缩短。乌恰年降雹日数在 1975 年之前有近似 6 年的周期,之后周期增至 9～10 年,1985 年之后降雹日数有所减少。阿合奇降雹日数年际变化较大且无明显的周期性,在 1963 年和 1976 年降雹日数最多,自 20 世纪 80 年代起降雹明显减少。温泉、托里年际变化较大,很少出现连续降雹日数多(或少)的年份,在 1990 年和 1993 年降雹日数最多,而且没有明显的增减趋势。

　　新疆冰雹主要出现在 4—10 月,北疆集中在 5—8 月,南疆集中在 5—9 月。昭苏、巴音布鲁克月降雹日数最多的是 6 月,乌恰也是 6 月最多,7 月降雹较少。阿合奇降雹日数自 4 月开始逐月增多,到 8 月达到最多。温泉降雹日数也是逐月增多,到 7 月达到最多;托里 5 月最多,其后的 3 个月降雹机会均等。

　　将冰雹出现的具体时段以分钟为单位换算成 24(h)×60(min)序列进行统计,得出新疆 54 个基本站和基准站 39 年来 24 h 每分钟冰雹出现的累积次数,它与 39 年冰雹出现总日数相比得到频率。图 13.2 给出新疆冰雹日变化频率曲线图。从图中可以看出,新疆的冰雹发生具有明显的地域特征,多发生于午后至傍晚,热力因素与不稳定条件起到了关键作用。昭苏和巴

音布鲁克降雹主要出现在午后 14:00 到晚上 22:00,其他时段降雹很少,下午 16:00—19:00
是高峰期。托里、温泉降雹主要在午后 13:00—晚上 22:00,高峰期托里在 13:00—16:00,温
泉在 17:00—20:00。阿合奇降雹集中在下午 16:00—晚上 21:00,高峰期在 18:00 前后。乌
恰降雹集中在午后 16:00—晚上 22:00,午夜 1:00 至早晨 7:00 没有降雹,高峰期在 17:00—
19:00。冰雹的高发时段与山区热对流的活跃时段是相一致的。

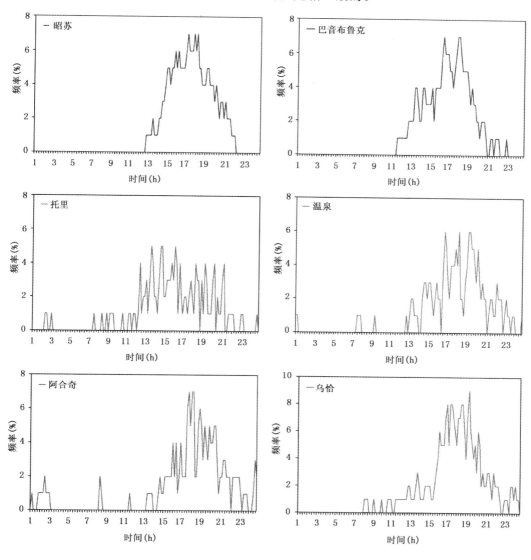

图 13.2　新疆冰雹日变化频率曲线图

在新疆有 60% 的冰雹持续时间在 6 min 以内。昭苏和巴音布鲁克有 93%、温泉有 94%、
阿合奇有 95%、乌恰有 82% 的冰雹持续时间不超过 18 min。托里有 92% 的冰雹持续时间不
超过 12 min(图 13.3)。1961—1999 年新疆冰雹持续最长时间及出现年代和出现时段见表
13.1。

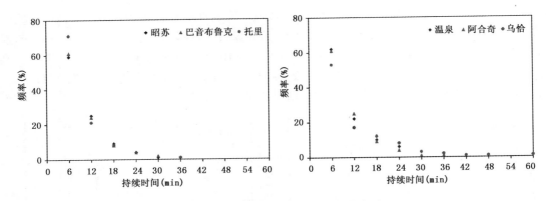

图 13.3　新疆冰雹持续时间频率曲线图

表 13.1　新疆冰雹持续最长时间统计表(1961—1999 年)

站名	最长持续 时间(min)	出现时段		站名	最长持续 时间(min)	出现时段	
阿勒泰	26	1980－04－30	17:30－17:55	库米什	51	1983－06－30	16:25－17:15
富蕴	14	1988－05－08	12:25－12:38	焉耆	21	1973－04－13	16:50－17:10
吉木乃	96	1961－05－07	12:25－14:00	若羌	10	1990－04－28	18:53－19:02
福海	24	1970－10－02	15:54－16:17	库尔勒	104	1975－06－08	18:10－19:53
哈巴河	20	1988－05－09	16:30－16:49	轮台	51	1966－04－03	07:25－08:15
青河	26	1961－05－18	14:20－14:45	巴仑台	21	1971－05－29	10:42－11:02
塔城	30	1980－04－30	15:56－16:25	巴音布鲁克	77	1990－05－22	15:37－16:53
乌苏	08	1989－04－26	16:55－17:02	铁干里克	08	1987－06－11	18:54－19:01
和布克赛尔	35	1969－07－02	14:48－15:22	且末	94	1991－05－05	12:42－14:15
托里	33	1964－05－18	15:53－16:25	阿克苏	36	1988－05－09	16:50－17:25
温泉	23	1990－04－27	19:36－19:58	库车	22	1985－05－14	10:47－11:08
精河	26	1977－07－03	20:35－21:00	阿拉尔	41	1964－03－20	20:30－21:10
阿拉山口	13	1962－04－24	18:40－18:52	拜城	22	1987－06－12	18:15－18:36
伊犁	11	1966－03－14	13:05－13:15	柯坪	51	1982－04－05	19:46－20:36
昭苏	62	1992－05－23	18:50－19:51	喀什	23	1996－03－30	19:26－19:48
乌鲁木齐	21	1980－05－02	00:55－01:15	莎车	18	1980－05－16	00:30－00:47
达坂城	12	1985－06－03	02:01－02:12	塔什库尔干	31	1973－05－08	15:10－15:40
克拉玛依	17	1992－05－24	20:59－21:15	托云	38	1972－08－15	15:34－16:11
石河子	30	1988－05－10	14:09－14:38	巴楚	18	1983－06－05	20:22－20:39
奇台	57	1994－06－04	13:03－13:59	阿合奇	34	1988－08－10	19:42－20:15
北塔山	24	1992－07－12	15:07－15:30	乌恰	95	1996－05－12	16:12－17:46
蔡家湖	73	1975－04－03	15:00－16:12	和田	14	1970－03－29	16:36－16:49
哈密	24	1961－03－25	17:40－18:03	民丰	19	1991－04－17	16:35－16:53
七角井	39	1991－06－15	17:45－18:23	于田	08	1996－03－31	16:16－16:23
巴里坤	42	1997－04－27	14:39－15:20	皮山	16	1966－05－01	20:40－20:55
伊吾	26	1992－09－13	14:02－14:27	安得河	16	1970－03－30	16:20－16:35
红柳河	42	1990－03－27	14:32－15:13				

13.3　新疆冰雹天气过程的分类及其热力学和动力学分析

13.3.1　新疆冰雹天气过程的分类和时空分布特征

选取 1961—2003 年 43 年资料完整的新疆 90 个气象观测站的地面气象记录月报表资料,对新疆出现的冰雹天气现象进行统计,建立新疆 90 个气象观测站冰雹日序列,作为冰雹天气过程数界定和分类的基本数据。在冰雹日序列中把日期连续并且发生区域相邻的视为一次冰雹天气过程。若某日只有 1 站出现冰雹,定义为局地冰雹天气;若连续几日有 2～4 站出现冰雹定义为一般性冰雹天气过程;若连续几日有 5 站以上出现冰雹定义为系统性冰雹天气过程。对一般性和系统性冰雹天气过程不仅考虑时间的持续性,同时也兼顾空间的连续性。新疆 1961—2003 年共出现冰雹天气过程 2495 次,其中局地冰雹天气 1593 次,一般性冰雹天气过程 821 次,系统性冰雹天气过程 81 次。一般性冰雹天气过程连续天数在 1～3 d,1 d 的过程占 78%,连续 2 d 的占 17%,连续 3 d 的只有 5%;系统性冰雹天气过程连续天数在 1～2 d,1 d 的过程占 90%,连续 2 d 的占 10%(表 13.2 和表 13.3)。

表 13.2　新疆冰雹天气过程的年代际变化

分类	天气过程数	起止年				
		1961—1969	1970—1979	1980—1989	1990—1999	2000—2003
局地	1593	346	372	377	370	128
一般	821	183	228	193	158	59
系统	81	21	17	29	9	5

表 13.3　新疆冰雹天气过程的季节变化(1961—2003)

分类	天数	月份												合计
		1	2	3	4	5	6	7	8	9	10	11	12	
局地		1	43	165	263	305	294	253	190	72	6	1		1593
一般性	1 d		10	58	128	144	124	92	67	16				639
	2 d			7	31	53	26	10	11					138
	3 d			2	11	16	11	4						44
系统	1 d		1	12	20	19	11	6	3	1				73
	2 d			1	7									8

冰雹天气过程的出现也有长期变化趋势、季节变化和影响区域的不同。局地冰雹天气的年次数在 26～50 之间,43 年来围绕 37 次上下波动,变化不大(图 13.4);一般性冰雹天气过程的年次数在 6～30 之间,在 1975 年之前有一个近似 7 年的周期,1975 年之后周期加长到 11 年左右,并且自 20 世纪 80 年代有明显的减少趋势;系统性冰雹天气过程的年次数在 0～5 之间,43 年来围绕 2 次波动,自 1994 年后明显减少。

新疆冰雹天气过程的季节变化表明,在 1593 次局地冰雹天气中,有 92% 的冰雹出现在 4—9 月,6 月最多。在 639 次 1 d 出现的一般性冰雹天气过程中,95% 的冰雹出现在 4—9 月,出现在 5—8 月的占 62 %;在 138 次连续 2 d 出现的一般性冰雹天气过程中,出现在 5—8 月

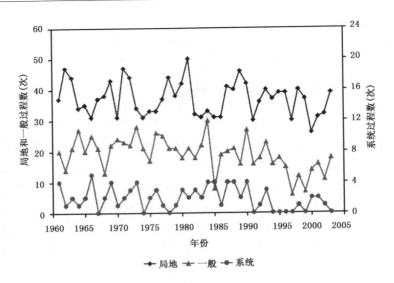

图 13.4　新疆冰雹天气过程的年际变化

的占 87%；44 次连续 3 d 出现的一般性冰雹天气过程出现在 4—8 月，其中出现在 5—8 月就占 62%；半数以上的一般性冰雹天气过程出现在 5—7 月，6 月最多。在 73 次出现 1 d 的系统性冰雹天气过程中出现在 4—8 月的占 93%，连续 2 d 出现的系统性冰雹天气过程只有 8 次，出现在 4 月和 5 月；半数以上的系统性冰雹天气过程出现在 5 月和 6 月，5 月最多。

局地冰雹天气的高发区在西部天山山脉(包括天山山脉西段、北疆西部的天山北脉和南疆西部的天山南脉)，高山区的昭苏、巴音布鲁克和乌恰最多；次高发区在天山山脉东端、北塔山山区和西部界山山区，平原、盆地和河谷很少受其影响。一般性冰雹天气过程主要影响天山山脉西段、天山北脉和南脉的南端，系统性冰雹天气过程的影响区域集中在天山山脉段和天山北脉，同样很少影响平原、盆地和河谷地区。

分别选取近几年的局地、一般、系统性冰雹个例各 5 次进行层结条件分析。通过客观诊断分析发现，对流层中低层 850～700 hPa 之间 $-\dfrac{\partial \vartheta_{se}}{\partial P} < 0$ 是对流性不稳定，局地冰雹区域平均为 $(-3 \sim -4) \times 10^{-2}$ K/hPa，一般性冰雹区域平均为 $(-2 \sim -3) \times 10^{-2}$ K/hPa，系统性冰雹区域平均为 $(-1 \sim -3) \times 10^{-2}$ K/hPa。局地冰雹和系统性冰雹在 $-\dfrac{\partial \vartheta_{se}}{\partial P} < 0$ 上的差异为局地冰雹对流性不稳定强且范围小，系统性冰雹对流性不稳定较强，但范围较大。在湿静力总温度 T_σ（$T_\sigma = T + 2.5q + 10Z$）图上，对流层中底层 850～700 hPa 上，局地冰雹发生在 T_σ 的东西向带状高能量密集区，一般性冰雹发生在 T_σ 的高值闭合中心区，系统性冰雹发生在 Ω 型高能舌北部的能量锋区中。局地冰雹和系统性冰雹发生区 T_σ 梯度两者相当，一般冰雹发生区 T_σ 梯度较小。

13.3.2　系统性冰雹天气过程的环流形势

冰雹天气属中小尺度局地强对流系统，它的发生、发展仍然受到大气环流和天气尺度影响系统的制约，所以，认识有利于产生冰雹天气的环流背景场和天气尺度系统的特点是很有必要的。经过对 81 次系统性冰雹天气过程个例的普查分析,新疆产生系统性冰雹天气的环流形势主要有三种,即纬向型、径向型和南疆低涡型三种。

1.纬向型

在纬向型形势下,500 hPa 中纬度(35°～60°N)欧亚范围锋区平直,其上多短波槽活动。在黑海—里海、巴尔喀什湖、贝加尔湖地区分别为浅槽区(图 13.5),欧洲沿岸、咸海、蒙古为浅脊。高度场上的槽脊系统与温度场上的冷暖配合,温压场上表现为浅的冷槽和浅的暖脊,相应在地面图上,沿 45°N 在高空槽前脊后为中尺度高压。地面中尺度高压由巴尔喀什湖附近自西向东移入新疆后,中尺度高压前部有时伴有局地地面锋生现象。当中尺度高压进入新疆后,随着高空咸海脊强弱的不同,地面中尺度高压可向东北、东、东南方向移动,分别造成北疆西部、北疆沿天山、南疆的阿克苏和巴音郭楞蒙古自治州北部的冰雹天气。对流层中低层(850～700 hPa)的环流形势,700 hPa 与 500 hPa 类似,表现为短波槽东移进入新疆,850 hPa 上有闭合高压自巴尔喀什湖南部向东北方向影响新疆。

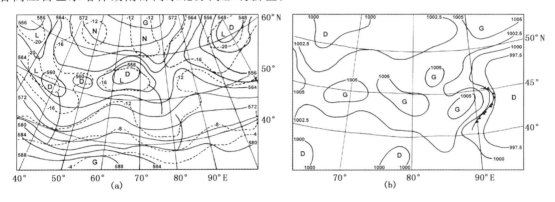

图 13.5　新疆系统性冰雹天气过程纬向型 500 hPa 环流形势(a,单位 dagpm)和地面形势(b,单位 hPa)

2.经向型

在经向型形势下,欧亚范围 500 hPa 中纬度(35°～65°N)环流经向度较大,欧洲和贝加尔湖地区为高压脊区,黑龙江省、欧洲沿岸为浅槽区,西西伯利亚—巴尔喀什湖南部为一冷性深槽(图 13.6),深槽内的温度与新疆高空温度之差达到 10～15℃,斜压性较强,该深槽东移影响

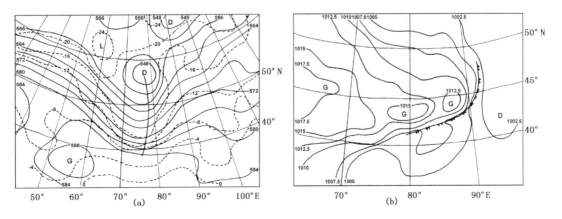

图 13.6　新疆系统性冰雹天气过程经向型 500 hPa 环流形势(a,单位 dagmp)和地面形势(b,单位 hPa)

新疆。700 hPa 的环流形势与 500 hPa 类似,所不同的是,巴尔喀什湖附近的低槽与新疆温度之差达 5℃,随着低槽的东移,低槽断裂为南北两部分,北部向东北方向移动,对新疆影响不大,南部向东扫过新疆。850 hPa 上沿 45°N 从沿岸到巴尔喀什湖南部为一宽广的带状高压区,这一高压带中有 3～4 个闭合中心,闭合中心东移影响新疆。该类形势下地面图上西西伯利亚存在一个强大的锋面气旋,咸海地区为一高压。从咸海高压前部在中亚地区不断分离出中尺度高压,中尺度高压沿气旋南部从巴尔喀什湖南部地区东移进入新疆。地面 3 h 变压明显,达 3～6 hPa,中尺度高压前部伴有明显的冷锋。这类中尺度高压常造成天山西部和中部的冰雹天气。

3. 南疆低涡型

在南疆低涡形势下,500 hPa 欧亚极锋锋区位于 55°～70°N,中纬度 35°～55°N 之间环流经向度不大,其上有三个冷性低涡分别位于欧洲沿岸、黑海地区和巴尔喀什湖南部地区,两个高压脊分别位于柏林、里海,新疆东部地区为闭合高压(图 13.7)。巴尔喀什湖南部低涡缓慢东移到南疆西部山区,形成南疆冷性低涡。巴尔喀什湖南部低涡通常由伴有闭合冷中心的低槽在中亚地区切断形成。由于新疆东部闭合高压稳定维持,因而南疆低涡生成后位置少动,通常维持 1～2 d,南疆低涡减弱为浅槽后就地消失。700 hPa 温压场上,南疆低涡有时为一闭合等高线的冷性低涡,大多数情况下,高度场上为低槽,温度场上为冷的闭合中心。

这类形势地面图上,在南疆西部的喀什、阿克苏地区为一中尺度高压,14 时最为强盛,这一中尺度高压常造成喀什、阿克苏地区的冰雹天气。地面中尺度高压的生成方式有 3 种。(a)自生:05 时在南疆西部山区生成有一根闭合等压线的中尺度高压,之后高压中心加强,范围扩大;14 时最强,具有两根闭合等压线。500 hPa 上的对应形势为塔什干低涡发展东移到巴尔喀什湖南部到喀什地区,低涡伴有 -20℃ 的闭合冷中心。(b)高压南伸:高压主体位于巴尔喀什湖北部,主体高压西南部向南伸展到南疆西部山区,之后在南疆西部切断出中尺度高压。(c)主体高压位于咸海东侧,前部有高压鼻伸到南疆西部山区,之后在南疆西部生成中尺度高压。

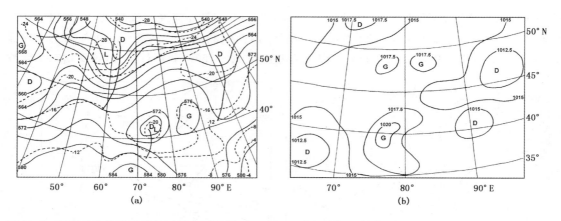

图 13.7　新疆系统性冰雹天气过程南疆低涡型 500 hPa 环流形势(a,单位 dagmp)和地面形势(b,单位 hPa)

从表 13.4 可见,纬向型、经向型和南疆低涡型三种类型出现频率依次为 31%、56%、13%,经向型出现最多。纬向型和南疆低涡型在 5 月出现最多,经向型在 4—6 月是高峰期。

表 13.4　三类系统性冰雹天气过程的季节分布

| 分型 | 月份 | | | | | | | | | | | | 合计 | 频率 |
	1	2	3	4	5	6	7	8	9	10	11	12		(%)
纬向型				2	10	7	3	3					25	31
径向型			1	10	11	10	8	2	2	1			45	56
南疆低涡型				1	6	2		1	1				11	13

13.3.3　系统性冰雹天气过程的热力学和动力学分析

利用高空探空 TTAA 资料,采用最优插值客观分析方案和诊断分析软件,选取近 10 年来发生次数较多的纬向型(A 类)、经向型(B 类)新疆冰雹天气过程各 5 例进行各物理量场的合成平均分析,从而定量地认识天气系统的结构、强度,分析在不同类型冰雹天气中起主要作用的物理机制。

700 hPa 水汽通量场上,A、B 两类水汽主要来自巴尔喀什湖,A 类水汽输送比 B 类强。850~500 hPa 水汽含量场上,新疆区域内水汽含量为 1~1.2 g/cm^2,A 类有闭合中心,B 类为带状高值区。

在 A 类的物理量合成分析中,从 700~200 hPa 涡度场的正负分布可以看出,影响系统的槽区对应较强的正涡度区,从对流层中层到上层涡度值随高度增加,A 类的大值轴线位于85°E 附近且向西倾斜,反映该型下的东移短波槽偏薄,为后倾槽;A 类 500 hPa 温度平流合成表明,影响槽(85°E)两侧冷暖平流范围较小,强度较弱,说明影响槽斜压性不强;在 500~200 hPa 相对散度和 500 hPa 垂直速度的合成分析说明,A 类上升运动大值区在槽前,并且正好位于相对散度大值区下方,两者叠置,反映在短波槽下新疆境内有强烈上升运动和持续稳定发展趋势,直接构成了触发不稳定能量释放的物理机制。

在 B 类的物理量合成分析中,从 700~200 hPa 涡度场的正负分布可以看出,影响系统的槽区对应较强的正涡度区,从对流层中层到上层涡度值随高度增加,B 类的大值轴线位于80°E 附近且向东倾斜,该类的东移大槽深厚,为前倾槽;B 类 500 hPa 温度平流合成表明,80°E 以西的巴尔喀什湖地区为南北向的冷平流区,强度大;80°E 以东的新疆境内为弱的暖平流区,说明影响槽斜压性强;在 500~200 hPa 相对散度和 500 hPa 垂直速度的合成分析说明,B 类在 500 hPa 槽前新疆境内有强上升运动区,在相对散度合成图上,上述上升运动区对应弱的正值区,同相对散度大值区不相吻合,即两者的配置不利于上升运动的持续稳定发展,这反映在前倾槽前的中低层上升运动受到限制。这说明 B 类中深槽是主要的影响系统,槽后冷平流强,导致地面冷空气东移,由于低槽前倾,高层槽后冷平流叠加到中低层暖平流上,有促使低槽前部地区的对流不稳定发展,但对流层上部辐散场的不利因素,使槽前上升运动受到抑制。因此,在该型下,造成强对流天气的物理机制主要是对流层中部的斜压扰动和地面冷锋的强抬升作用,动力扰动作用相对较弱。

13.4　新疆降雹云团的卫星云图特征

13.4.1　降雹云团的分类及其特征

采用新疆中规模接收站生成的 1998—2001 年麦卡托投影、GMS－5 静止气象卫星逐日逐时红外云图数字资料(一张云图的资料量为 512×512 个 B),麦卡托投影中心经纬度为 38°N、90°E,水平垂直分辨率为 7.5 km×7.5 km。根据地面气象月报表及防雹点提供的降雹时间,在红外云图上确定每次降雹云团的尺度、形状和云顶亮温(TBB)以及与系统云系的关系,归纳出降雹云团的基本特征。

在卫星云图上,新疆降雹云团主要表现为单体云团(对流性降雹云团)和大范围系统云系的局部冷云盖(系统性降雹云团)。对流性降雹云团按尺度大小分为雷暴云、对流云和中尺度对流系统(简称 MCS),其中对流云为不满足 MCS 条件的对流云团。系统性降雹云团按其位置分为冷云核、云系云区和云系边缘。

(1)雷暴云:冰雹云的尺度很小,水平尺度为 γ 中尺度,在红外云图表现为点状。

(2)对流云:冰雹云是相对独立、比雷暴云尺度大的对流云团,边界清晰、较整齐,为 γ—α 中尺度。

(3)中尺度对流系统:在红外云图上是相对独立的椭圆或近圆形、冷云盖 TBB(云顶亮温) ≤−32℃ 的 β—α 中尺度的对流云团,且持续 3 h 以上。

(4)冷云核:冰雹云嵌于系统云系中,冷云盖 TBB 明显低于周围云区,尺度在 γ 中—α 中之间。

(5)云系云区:冰雹云嵌于系统云系中,冷云盖均匀且范围大,为 α 中尺度以上。

(6)云系边缘:冰雹云出现在系统云系边缘地区。

通过普查共获得 438 个降雹云团,它们的出现具有年际不均衡性及季节变化。2000 年共有 160 个冰雹云团出现,是 4 年中最多的一年,最少的 1998 年有 88 个,相差近一倍。4 年内降雹云团出现在 5 月最多,共有 120 个,5—7 月是新疆雹灾较重的月份,也是防雹工作的重点月份;最少的是 9 月,只有 7 个。

4 年中各类降雹云团出现频率由高到低依次是冷云核、雷暴云、对流云、云系云区、云系边缘和 MCS,对流性降雹云团和系统性降雹云团的出现频率相当。表 13.5 给出各类降雹云团的尺度、形状、云顶亮温和位置分布。

表 13.5　各类降雹云团的尺度、形状、云顶亮温和位置分布

分类	总数	尺度			形状				TBB(℃)					位置		
		α中	β中	γ中	圆形	椭圆	点状	其他	−10	−20	−30	−40	−50	局部	外围	孤立
雷暴云	113			113			113		81	29	3				16	67	30
对流云	104	1	25	78	12	50	2	40	11	10	46	32	5	24	57	23
MCS	11		11		4	7						8	3	6	3	2
冷云核	117	25	31	61	11	44	20	43		7	37	48	25	117		
云系云区	77								17	24	28	8		77		
云系边缘	16									1	11	4			16	

雷暴云：在 2000 年出现降雹雷暴云最多，有 50 个，最少的 1999 年只有 14 个。4 年内 6 月最多有 31 个，9 月不再有降雹雷暴云出现。有 71％的雷暴云 TBB（云顶亮温）在－10℃左右，26％在－20～－30℃之间，只有 3％的雷暴云 TBB 低于－30℃，新疆降雹雷暴云的 TBB 值较高，云顶较低。大部分（59％）出现降雹的雷暴云在系统云团的外围，经常会有薄层云相伴；26％的雷暴云是孤立发展的，也可能周围有对流泡同时发展；还有 14％的雷暴云嵌在系统云系中，这类云系大都结构松散。

对流云：降雹对流云在 1998 年出现的最多，共有 32 个，最少的 2000 年也有 22 个，是年际差别较小的一种降雹云团。降雹对流云在 5 月出现最多，共 37 个，9 月最少，有 3 个。有 75％的对流云为 γ 中尺度，24％达到 β 中尺度，只有 1％是 α 中尺度，可见降雹对流云的尺度较小。48％的对流云在红外云图上表现为椭圆形，12％为近圆形，40％为不规则形状。虽然在形状上多数对流云团满足 MCS 条件，但尺度及持续时间却不满足。44％的对流云其冷云盖 TBB 在－30～－40℃之间，31％在－40～－50℃之间，10％在－20～－30℃之间或－10～－20℃之间，5％低于－50℃。90％的对流云冷云盖 TBB 等值线梯度很大，意味着云体边缘直立。降雹均在对流云发展时期。55％的对流云处在系统云团的周边；23％的对流云团嵌在系统云团中，这类系统云团往往范围大，结构松散；22％的对流云团是孤立发展的，周围没有任何系统云团。

中尺度对流系统（MCS）：出现降雹 MCS 最多的是在 2000 年，有 5 个，1999 年没有出现。最多是在 6 月，4 月、8 月和 9 月没有降雹 MCS 出现。MCS 为 β 中尺度。所有的 MCS 均是近圆形或椭圆形。73％MCS 冷云盖 TBB 在－40～－50℃之间，27％低于－50℃。降雹 MCS 冷云盖周边的 TBB 等值线梯度很大，降雹均产生在 MCS 发展时期。55％的 MCS 嵌在系统云系中，同样该类云系结构松散；27％的 MCS 在系统云系的外围，还有 18％的 MCS 是孤立发展。

冷云核：降雹冷云核最多是 2000 年，共有 52 个，最少是 1998 年，14 个。以 6 月最多，9 月最少。52％的降雹冷云核为 γ 中尺度，26％是 β 中尺度，21％达 α 中尺度，可见降雹冷云核的空间尺度并不大。46％的冷云核为近圆形或椭圆形，54％的冷云核形状不规则。41％冷云核的 TBB 在－40～－50℃之间，32％在－30～－40℃之间，有 21％的冷云核 TBB 低于－50℃，还有 6％的冷云核 TBB 高于－20℃。79％的冷云核靠近系统云系的边缘，TBB 等值线的梯度较大，有 21％的冷云核离边缘较远，梯度小。97％的冷云核降雹产生于冷云核形成和扩展阶段，3％产生于冷云核消失时。

云系云区：出现降雹最多的系统云系云区是 2000 年和 1999 年，均有 27 个，最少是 1998 年，11 个。6 月最多有 20 个，9 月最少。36％的降雹系统云系云区 TBB 在－40～－50℃之间，31％在－30～－40℃之间，22％高于－20℃，10％低于－50℃。72％系统云系云区边缘 TBB 等值线的梯度较大，28％较小。94％降雹出现在系统云系云区扩展阶段，6％出现在云区缩小或消散阶段。

云系边缘：2001 年出现在云系边缘的降雹最多，共有 5 次，最少是 1998 年，3 次。4 月最多，6 次，9 月和 7 月最少。69％系统云团冷云盖 TBB 在－40～－50℃之间，25％低于－50℃，6％在－30～－40℃之间。94％降雹的边缘地区 TBB 等值线的梯度很大，6％的梯度小。在冷云盖 TBB 降低、云顶升高过程中产生冰雹。

北疆降雹云团在北疆西部地区出现得较多（表 13.6），北疆沿天山中段的乌苏—玛纳斯一带出现的降雹云团最多，这主要是因为距该地区百里之遥的西北面是托里山区，其西南—东北走向与夏季活跃的天气系统来向近于垂直,气流越过山脊时容易形成背风波,激发该地区对流天气的发展。同样处于山脉背风面的博尔塔拉蒙古自治州降雹云团的数量也较多,而三面环山、有一向西展开的喇叭形缺口的塔额盆地,降雹云团的数量明显减少。向西开口的伊犁河谷和位于阿尔泰山迎风坡的阿勒泰地区,降雹云团的数量进一步减少。准噶尔盆地腹地并无测站,统计的降雹云团是出现在西部和南部边缘地带。降雹云团数量最少的是北疆沿天山东段,东部的北塔山处于山脉的迎风坡,降雹云团的数量多一些。

北疆各类降雹云团的出现概率差别很大,在阿勒泰地区对流性降雹云团占优势,雷暴云出现的概率最高。塔额盆地是以系统性降雹云团为主,冷云核最多。博尔塔拉蒙古自治州也是对流性降雹云团较多,雷暴云较对流云多一些。出现在伊犁河谷的对流性降雹云团和系统性降雹云团的概率相差不大,雷暴云和冷云核最多。北疆沿天山中段对流性降雹云团和系统性降雹云团的概率相差也不大,雷暴云最多,其次是云系云区。昭苏是系统性降雹云团为主,冷云核最多。

表 13.6　新疆各地区各类降雹云团出现的次数

地点	雷暴云	对流云	MCS	冷云核	云系云区	云系边缘	合计
阿勒泰地区	7	5		3	2	1	18
塔额盆地	4	5		10	7	1	27
博尔塔拉蒙古自治州	25	20	1	16	12	3	77
伊犁河谷	6	2		6	3	2	19
准噶尔盆地	8	3		3	1		15
昭苏	7	10	1	14	11		43
乌苏	6	2		4	6	2	20
沙湾	9	5		1	1	1	17
石河子	11	3		8	8	2	32
玛纳斯	5	3		1	6		15
天池、小渠子	5	8					13
吉木萨尔、木垒		6					6
北塔山	3	2		3			8
库沙新地区	8	13	2	10	6		39
库尔勒		1			3		4
阿克苏地区	2	3		6	4		15
阿合奇		2		7	3		12
乌什		2	2	6	2		12
喀什地区	3	2	5	5	1		16
和田地区	1			1	1		3

南疆的塔里木盆地北部的库沙新地区(库车、沙雅、新和)是冰雹出现最多的地方,冰雹云多为对流云和冷云核。阿克苏以及西部山区的阿合奇、乌什降雹云团以冷云核和云系云区较多。喀什地区却是 MCS 和冷云核最多,是受 MCS 影响而降雹最多的地区。因此,新疆各地区的防雹工作应有重点的进行,当出现降雹频率较高的云团时,应密切注意其变化。

1998 年至 2001 年共有 117 个降雹云团出现在局地冰雹天气过程中(表 13.7),主要是冷云核、雷暴云和对流云。有 223 个降雹云团出现在一般性冰雹天气过程中,主要是雷暴云、冷云核和对流云。98 个降雹云团出现在系统性冰雹天气过程中,以冷云核、雷暴云和对流云最多。

表 13.7　三种类型冰雹天气过程中各类降雹云团出现的次数(1998—2001)

分类	雷暴云	对流云	MCS	冷云核	云系云区	云系边缘	合计
局地	29	25	2	35	24	2	117
一般	59	54	7	56	37	10	223
系统	25	25	2	26	16	4	98
合计	113	104	11	117	77	16	438

在局地和系统性冰雹天气过程中,出现的雷暴云多半数其冷云盖 TBB 在 $-10 \sim -20℃$ 之间,少数在 $-20 \sim -30℃$ 之间,而在一般性冰雹天气过程中 90% 的冷云盖 TBB 在 $-10 \sim -20℃$ 之间。大多数在局地和一般性冰雹天气过程中出现的对流云其冷云盖 TBB 在 $-30 \sim -50℃$ 之间,而在系统性冰雹天气过程中多数其冷云盖 TBB 在 $-30 \sim -40℃$ 之间;大多数对流云尺度都很小(γ 中尺度),而在一般性冰雹天气过程中有 1 / 3 的对流云达到 β 中尺度;在局地和系统性冰雹天气过程中出现的对流云多半数表现为规则的圆和椭圆形,少数是不规则形状,但在一般性冰雹天气过程中规则和不规则的对流云数量相当。在三种类型冰雹天气过程中出现的冷云核大多数冷云盖 TBB 在 $-30 \sim -50℃$ 之间并且半数是 γ 中尺度,在一般性冰雹天气过程中还有 1 / 3 的达到 β 中尺度;在局地冰雹天气过程中多数冷云核表现为圆和椭圆形,在一般性和系统性冰雹天气过程中冷云核则表现为不规则形状。MCS、云系云区和云系边缘多数出现在一般性冰雹天气过程中。

可见,局地冰雹天气过程中的降雹云团,多数冷云盖的 TBB 值较低、尺度小,是圆和椭圆形;一般性冰雹天气过程中的降雹云团,多数冷云盖的 TBB 值也较低、尺度略大,形状规则和不规则的数量相当;系统性冰雹天气过程中的降雹云团,多数冷云盖的 TBB 值较高、尺度小,形状不规则的较多。

13.4.2　南疆西部强冰雹天气卫星云图特征

1998 年 6 月 13—16 日喀什地区的伽师县连续遭到了冰雹的袭击,直接经济损失 1.16 亿元。13 日欧亚范围内乌拉尔山为稳定的阻塞高压控制,中亚地区为较深的位置偏南的低槽活动区。喀什位于西风和南风的辐合区,在 $80° \sim 85°E,35° \sim 45°N$ 范围内存在 $10 \sim 20$ m/s 偏南风区。在 GMS—5 红外云图上,受中亚低槽的影响,新疆西部地区表现为大范围结构松散的槽前云系。13 日 16:00 开始有云团移入喀什地区,19:00 有一对流云团在喀什北部强烈发展起来,冷云盖的云顶亮温 TBB$\leqslant -52℃$,20:00 已发展成椭圆形、β 中尺度、冷云盖云顶亮温 TBB$\leqslant -52℃$ 的中尺度对流系统(MCS)(图 13.8),23:00 面积最大,冷云盖已伸至伊塞克湖,14 日 00:00 开始消散,3 h 后消失殆尽。它从生成到消散位置少动,维持了 5 h。在 MCS 发展过程中喀什地区出现降雹,伽师降雹最重。

14 日 20:00 低槽西退到巴尔喀什湖地区并切涡,喀什位于低涡前的西南气流中。14 日夜间 GMS—5 红外云图上,槽前云系减弱消散,有一残余云团在喀什地区东北发展起来,15 日 01:00 成为 β 中尺度 MCS(图 13.9),02:00 最大,中心在 $80°E,40°N$,冷云盖云顶亮温 $-42 \sim -52℃$,05:00 开始消散。它在发展过程中向东北方向移过约 4 个经距,造成喀什地区和阿克苏地区的柯坪县出现雷暴冰雹天气,冰雹直径达 1.2 cm。

15 日到 16 日中亚低涡西退并加强。16 日 20:00 中亚低涡东移到新疆西部边界,喀什位于低涡底部的气旋环流中,高空有 14 m/s 的西南风。15—16 日低涡已脱离北支锋区,低涡稳

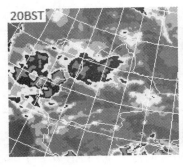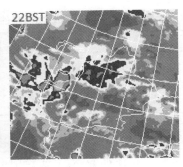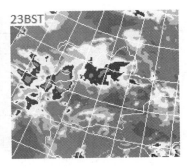

图 13.8　1998 年 6 月 13 日 GMS-5 增强红外云图

（增强后云图从外到内，白色：-32℃＜TBB≤-21℃，黑色：-42℃＜TBB≤-32℃，深灰色：-52℃＜TBB≤-42℃，浅灰：-75℃＜TBB≤-52℃，白色：TBB≤-75℃。）

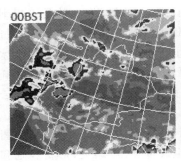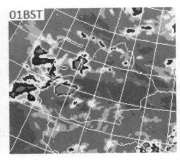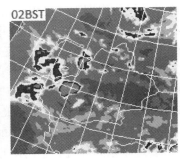

图 13.9　1998 年 6 月 15 日 GMS-5 增强红外云图（说明同图 13.8）

定。16 日晚的 GMS-5 红外云图上喀什有对流泡开始合并发展，到 23：00 发展成为边界清晰的 β 尺度 MCS，云顶亮温在 -42～-52℃ 之间（图 13.10）。17 日 02：00 面积最大，冷云盖伸至伊塞克湖，维持 4 h 后开始消散。此 MCS 位置少动，冷云盖向北扩展了近 3 个纬距。在 MCS 发展过程中喀什地区开始出现雷暴和冰雹，尤其在伽师县境内，冰雹随降随化。

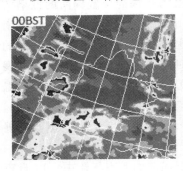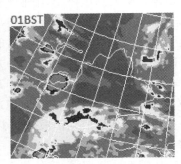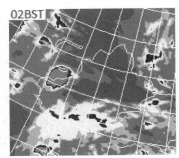

图 13.10　1998 年 6 月 17 日 GMS-5 增强红外云图（说明同图 13.8）

这次冰雹天气过程在 5 d 内连续出现 3 个 MCS，且尺度较大，这在新疆是非常少见的，也就造成了此次罕见的雹灾。利用 1998 年 6 月 13、14、16 日 20 时的高空报文，进行客观分析得到 100 km×100 km 网格距的格点资料，对格点资料进行物理量场的计算。3 天 20 时，喀什地区对流层低层水汽通量散度为（-2～-6）×10^{-6} g·cm^{-2}·hPa^{-1}·s^{-1}，对应有水汽的辐合；

500 hPa 上,喀什地区有 ω 为 $(-1\sim-4)\times10^{-3}$ hPa·s^{-1} 的上升运动;在喀什地区存在闭合的 $-\dfrac{\partial\theta}{\partial P}<0$ 的对流性不稳定,地面—850 hPa 层 $-\dfrac{\partial\theta}{\partial P}$ 值为 $(-16\sim-24)\times10^{-2}$ K/hPa,700~

850 hPa $-\dfrac{\partial\theta}{\partial P}$ 值为 $(-4\sim-8)\times10^{-2}$ K/hPa;3 天 20 时沙氏稳定度指数 SI 在喀什地区为闭合的低值区,SI 为 $-1\sim-3$℃,指示有对流(或雷暴)发生;在总温度形势图上,地面—700 hPa 喀什地区为"Ω"型的高能舌,其值为 52~62℃,冰雹天气发生在"Ω"型高能舌西部的能量锋区中。

13.5　新疆冰雹云的雷达回波特征

雹云雷达回波的先兆特征一般包括雹云回波的跃变现象和雹云带状回波、"人"字回波、钩状回波、指状回波和涡旋状回波、V 形缺口等回波形态。

(1)由于冰雹云具有形成冰雹的特殊条件,冰雹云在降雹前,雷达回波顶高或回波强度存在一个跃变阶段。特别是强回波区(衰减 30 分贝以上的区域)的跃变,常常导致冰雹的形成,而雷雨云却没有这种显著的特征。

(2)国内外一些降雹云常呈带状,带状回波就成了人们发现雹云的一种重要形态特征,这种形态的云多属多单体雹云,带中有几个单体。带状回波形成后十几分钟,出现地面降雹。降雹往往发生在带状回波的中段和移行的右段前沿,降雹范围宽广,容易造成雹灾。两个带状回波相交或两个带状云体并合时,由于辐合流场或风切变引起的并合作用,常出现"人"字或倒"人"字形带状回波。"人"字形与倒"人"字形出现后,并不立即降雹,一般要等十几分钟到半小时,与结合部相对应的地面才出现雹灾。

(3)由于低层入流的气旋性运动,常造成低层回波呈钩状形态。钩状回波包围的是上升气流区—弱回波区,钩状多位于主体回波移向的右后侧,水平尺度多在 10 km 以下,钩状回波出现后十几分钟到三十分钟左右,在钩状根部强回波区一带,对应的地面出现雹灾。钩状回波并不是都与强烈天气现象相伴的,有时在减弱消散阶段的对流回波或飑线后部,也可以观测到钩状回波。钩状形态特征只有在强对流天气的发展阶段出现时,才预示着地面可能发生降雹。

(4)主体回波移动的右后部出现的手指状回波是主体的附属物,能维持 1 个多小时,它的尺度比主体回波小得多。指状与主体回波连接处是高反射率的强回波区,是冰雹的主要发生区。指状回波是云体发展旺盛、成熟之后出现的,它反映了云体强盛并易于降雹的特征。

(5)从 PPI 上发现的一些孤立单体形成带状后,在移动中,带中某些单体出现扰动或突然改变方向和移速,甚至出现打转似的运动,是涡旋风暴发生的预兆。在涡旋现象出现后约 10 min 左右,在涡旋区根部(具有最大反射率梯度和强区)降下成灾冰雹。两单体合并时造成的"V"型缺口的顶端部位易发生降雹。

13.5.1　博尔塔拉蒙古自治州垦区一般雷雨云与冰雹云回波特征及判识指标

对 2001—2004 年 4—9 月 120 个冰雹云(其中成灾 28 次,无灾 92 次)和 249 个雷雨云降雹前或降雨前雷达回波图像资料的统计分析,得出了博尔塔拉蒙古自治州垦区冰雹云回波特征和指标。

(1)就平均高度而言,不同强度冰雹云高度均高于雷雨云。28 次成灾雹云的 0 dBz 高度,71%的雹云高度≥10 km,18%的雹云高度为 9 km≤H<10 km,11%的雹云高度为 8 km≤H<9 km。可见随着高度的增高,降雹和成灾的可能性加大。

(2)冰雹云强度 45～60 dBz,最强为 67 dBz,最弱为 34 dBz,平均 56 dBz。92%的雹云强度≥40 dBz。成灾冰雹云强度最强为 65 dBz,最弱为 39 dBz,93%的雹云强度≥50 dBz。随着云体强度增大,降雹和成灾的概率随之增大。雷雨云强度一般为 40～55 dBz 以下,最强为 63 dBz,最弱为 31 dBz,平均值为 47 dBz。

(3)冰雹云的雷达回波,常出现一些形态独特具先兆性的回波特征。如 RHI 显示出强回波核(≥40 dBz)、前悬回波,回波柱上大下小,PPI 显示出 V 形、钩状、人字形等。最具特征性的是强回波核的出现,共计 101 次,其中降雹云中出现 74 次。它在冰雹云的发展过程中常伴随着云体的跃增,表明了它是冰雹云发展到一定阶段的产物,而这一产物也正是由于云体中上部具有较高的含水量或大量的冰雹颗粒的缘故。未降雹云出现了 27 次,由于实施了人工防雹作业而不能排除它们不是冰雹云。冰雹云强回波核形成高度,顶高 4.6～8.8 km,顶高平均为 6.6 km;底高 2.0～6.5 km,底高平均为 4.1 km。其次是前悬回波,冰雹云为 66%,雷雨云为 34%。这是由于前悬回波中含有较高的含水量或大量雹胚、小冰雹,因而具有较大的回波强度。占第三位的是回波柱上大下小,冰雹云和雷雨云占有率分别为 66%和 34%,说明云体中上部具有较多的含水量,故呈现回波柱上大下小现象,其次是 V 形、钩状、人字形回波特征,虽然出现的概率小,成雹的概率却很大。

(4)早期中空回波高度在 4～8 km 范围,强度 18～35 dBz,3～5 min 内平均垂直增长速率 0.5～0.9 km/min,水平增长速率大于 0.5 km/min;回波强度增长迅速,强度增长速率可达 5 dBz/min;出现强核区后并迅速上下扩展,强度超过 50 dBz,几分钟后回波接地,地面即出现降雹。

(5)综上所述,可归纳出冰雹云雷达回波指标。高度指标以云体出现跃增为重要判据,0 dBz高度≥8 km,35 dBz 高度≥5 km,40 dBz 高度≥4.5 km。早期中空回波指标以回波底高≥3.0 km 为警戒线,以 3.5～8 km 高度出现的回波为重点判据。强度指标 35 dBz 为最低强度指标,≥40 dBz 指标为重点判据。以 RHI 上云体中 2～8 km 高度出现≥40 dBz 强核区和前悬,PPI 显示云体呈 V 形、钩状、人字形等为形态特征判别指标。

13.5.2 奎玛流域对流性强降水与冰雹云回波判识指标

对 2006—2007 年春季、夏季、秋季,石河子垦区发生的 34 场对流天气过程的雷达回波特征分析表明,春季和秋季,当回波强度≥35 dBz、35 dBz 的回波顶高≥6 km、垂直累积液态水含量≥30 kg/m² 时,将有强降水发生;当回波强度≥45 dBz、45 dBz 的回波顶高≥6 km、垂直累积液态水含量≥35 kg/m² 时,将有冰雹发生。

夏季,当回波强度≥40 dBz、40 dBz 的回波顶高≥6 km、垂直累积液态水含量≥40 kg/m² 时,将有强降水发生;当回波强度≥55 dBz、55 dBz 的回波顶高≥6 km、垂直累积液态水含量≥50 kg/m² 时,将有冰雹发生。

三个季节,低层辐合型速度场出现,对应高层辐散型速度场出现或"逆风区"出现,将预示有强对流天气出现。高反射率因子与垂直累积液态水含量大值区的重合区是对流云强度最强的地方,对应降水或冰雹的落区。

13.6　新疆冰雹的微物理特征

冰雹微结构研究是近代云物理学研究的课题之一,它的成果揭示了冰雹微物理规律,冰雹形成过程和冰雹云体的若干特征等。研究冰雹微结构对于认识冰雹的规律以及防止它的危害是十分重要的。

13.6.1　新疆昭苏冰雹的微结构

采用热切法,于 1979—1980 年在新疆昭苏获取了一批冰雹切片的透射光和偏振光资料,它包括 1979 年 7 月 13 日,1980 年 7 月 16 日,7 月 28 日第一次和第二次雹暴以及这年 8 月 4日共 5 次雹云降雹过程,取得 51 个雹块切片的透射光和偏振光照片、雹谱以及降雹过程的雨滴谱。

1. 冰雹微结构类型

依据冰雹的冰晶和气泡的微结构特征,冰雹层次和雹胚性质对冰雹进行分类研究,获得了三种不同类型的冰雹,即多层冰雹、单层冰雹和透明冰雹。

多层冰雹。由二层以上的透明冰层和不透明冰层相间而组成的雹块称为多层冰雹。多层冰雹基本是定向(顶端为雹胚,锥底是增长区)运动增长形成的。透明冰层和不透明冰层分别对应湿干增长过程。

单层冰雹。只有雹胚和一个增长层组成的雹块称为单层冰雹。单层冰雹按其增长层的冰晶和气泡结构又可分为均质单层冰雹和层积单层冰雹。均质单层冰雹增长层的冰晶和气泡结构一般比较均匀。层积单层冰雹增长层的冰晶和气泡结构则具有明显的层积"层次",这种"层次"是由于冰晶和气泡的细微差异而造成。根据雷达回波资料表明,单层冰雹一般都出现在弱冰雹云里,大都处于干增长环境中长成,因此,增长层多为不透明冰。均质单层冰雹表明它们是在温度和水汽凝成物分布比较均匀的环境中增长,层积单层冰雹大多处在具有一定起伏环境中增长。昭苏资料表明,这种单层冰雹多数为圆锥状,说明它们一般都是在定向稳定下落过程中形成,而球状单层冰雹则是在各向滚翻过程中长成的。

透明冰雹。由大雨滴直接冻结而成的透明雹块,称之为透明冰雹。透明冰雹具有大冰晶和稀而大的气泡,而无层次和雹胚,是冻结的特大雨滴。就雷达回波资料分析表明,它出现在大片降水区中的强对流云里,与大雨滴抬升冻结过程相关。

2. 冰雹微结构特征

冰晶特征。由于不同云水含量,不同环境气温,不同增长方式,不同运动状态等各类因素对冰雹中冰晶形成都有很大影响,所以从资料里可以看到形形色色的冰晶结构。一般较高气温和较大含水量条件形成的透明冰,具有大的冰晶结构。而较低气温和水汽含量较小条件下,则出现冰晶较小的乳白冰,甚至形成淞冰。

气泡特征。冰雹形成过程中,成冰方式、速度和冰晶大小等造成冰晶中不同尺度和密度的气泡残存,它们也影响了冰的密度和色彩。一般说来透明冰含气泡少,气泡大;而含气泡多,气泡尺度小,其冰的密度亦小,如乳白冰或粒状冰之类。

冰雹层次。均质单层冰雹,无论从冰型还是气泡结构划分,都仅有一层。层积单层冰雹,如果按层积"层次"分层,一般为 2~8 层。定向增长的多层冰雹层次为 2~4 层。

冰雹胚胎。冰雹的胚胎一般由霰或冻滴组成。冰雹胚胎以霰为主,占 73%,冻滴只占 27%。

3. 降雹时的雨滴谱和雹谱

雹谱和降雹有关的雨滴谱研究对冰雹微结构研究很有价值。对 1980 年 7 月 28 日取得地面雨—雹谱资料进行了分析。

降雹时雨滴谱及其演变。降雹开始,雨滴浓度较小,最大滴径亦较小,强烈降雹时,雨滴浓度最大,最大滴径也最大,出现了 7 mm 的大滴;最后雨滴浓度及尺度又减小了。这一雨滴谱变化,特别是大滴拓宽和加浓是与冰雹融化相关的。

冰雹形状。降雹形状分析中使用的 111 个冰雹,基本分属球状、圆锥状、椭球状和梨状;其中圆锥状冰雹最多,有 43 个,占 39%,其次为椭球状和球状冰雹,各为 30% 和 27%,梨状冰雹最少,仅占 4%。

雹谱。冰雹尺度为 3~12 mm,空间浓度在 0.96~0.06 个/m³ 之间。谱型出现双峰,第一峰值出现在 5 mm 处,第二峰值出现在 10 mm 处,两峰值空间浓度差了近一个量级。这个雹谱值与国内外测值基本一致。

13.6.2　圆锥形冰雹阻力系数的实验研究

冰雹在大气中下落时,要受到重力、空气对它的阻力及浮力的共同作用,当这三个力达到平衡时,冰雹则应以一个稳定的速度下落,这就是下落末速度。重力和空气对冰雹的浮力是冰雹体积、密度和空气密度的简单函数,而空气对冰雹的阻力则取决于冰雹的运动速度、形状以及周围气流状况等。因此,研究冰雹下落末速度和空气动力学特性主要归结为研究冰雹下落时所受到的空气阻力。讨论空气对运动着的冰雹阻曳力时,又常常把它归结为研究阻力系数的问题。圆锥形冰雹的阻力系数是一个复杂的空气动力学问题,锥角、底面曲率以及气流来向是影响圆锥形冰雹阻力系数 C_D 值的主要因素,但表面粗糙度也是影响冰雹阻力系数的一个不可忽视的因素。

不同锥角不同底面曲率的圆锥形冰雹的阻力系数 C_D 值是不同的。小雷诺数($Re < 10 \times 10^4$)情况下,C_D 值随 Re 减小而明显减小;大雷诺数情况下,C_D 值却随 Re 变化不大。平底面的圆锥形冰雹 C_D 值最大,随着底面曲率 K 的增大,C_D 值逐渐减小;当 K 超过 3.4×10^{-2} 弧度/毫米时,其 C_D 值接近于圆球形冰雹的 C_D 值。一般地,锥角愈大,圆锥形冰雹的阻力系数 C_D 愈小。锥顶迎气流时的圆锥形冰雹 C_D 值比锥底迎气流时的 C_D 值要小。与圆球形、椭球形冰雹 C_D 值相比,圆锥形冰雹的 C_D 值均比圆球形和短轴迎气流的椭球形冰雹的 C_D 值要大;但当底面曲率较大时,圆锥形冰雹的 C_D 值则比长轴迎气流的椭球形冰雹的 C_D 值要小。$Re > 6 \times 10^4$ 时,圆锥形、圆球形和椭球形冰雹的 C_D 值随 Re 变化很小,其变化幅度均不超过 0.1。

13.6.3　冰雹热传输问题的实验研究——湿生长过程中的热传输问题

冰雹热传输问题是冰雹研究的一个重要方面,因为冰雹生长和融化过程实质上是水物质的相变过程,也就是一种热传输过程。在讨论冰雹生长和融化时,热量平衡问题是首先考虑的基本问题。如果冰雹碰冻的过冷却水滴全部冻结的话,则冰雹处于干生长过程,其表面温度低于 0℃;如果冰雹的热传输不足以冻结所有的碰冻过冷却水滴,则冰雹处于湿生长过程,其表面温度可达到 0℃。Nu 数的物理意义:冰雹表面的热通量,它可以表示成对流和传导引起的冰雹表面总热传输与仅由传导引起的热传输之比值。

实验结果表明,湿生长冰雹 Nu 数明显地取决于环境液水含量,且液水含量愈大,Nu 数愈大。湿生长冰雹 Nu 数也明显地受环境温度影响,温度愈接近于 $0℃$,Nu 数愈大。尽管冰雹旋转频率对表面粗糙度可能会有影响,但在湿生长过程中,旋转频率对冰雹 Nu 数影响并不明显。湿生长冰雹 Nu 数比融化冰雹和蒸发水滴的 Nu 数高出 $2\sim3$ 倍,且并不是 Re 数的简单函数。

很明显湿生长冰雹的 Nu 数是若干参数(如,Re 数、液水含量、温度等)的复杂函数,其表面热传输过程也比融化冰雹和蒸发水滴复杂得多。因此,在冰雹生长方程和热传输方程中对 Nu 数的处理应极为慎重。在实验结果中,强调了湿生长冰雹表面液水膜存在可能对热传输过程的影响,并且指出生长冰雹与融化冰雹的液水膜存在是有不同的物理过程,前者是过冷却水滴碰撞未冻结水,后者是冰雹自身因温度高于融化温度而融化的水,两者表面的温度梯度方向正好相反。此外,生长冰雹与融化冰雹周围含水量场和温度场也不尽相同,前者处于负温、高含水量环境,而后者处于正温、低含水量环境。由此构成的热传输环境有很大区别,当然两者表面热传输就有明显差异。

湿生长冰雹 Nu 数结果表明了湿生长冰雹 Nu 数明显增加,这对于冰雹生长的计算可能会产生相当大的影响。由于湿生长冰雹 Nu 数的增加,可以使冰雹质量增长率增大 75% 左右,也就是说,如果将湿生长冰雹 Nu 数结果代替过去冰雹生长理论所用的冰雹 Nu 数的话,湿生长中的冰雹将明显地比以前理论预测的冰雹生长快得多,也就是说,灾害性的大冰雹将可能更迅速的生长。当然,这对于人工防雹理论也可能是一种补充。

13.7 1974—1980 年新疆昭苏北部防雹试验评价

1974—1980 年的 6—9 月,在昭苏县北部进行了为期 7 年的三七高炮在冰雹云中撒播碘化银催化的防雹试验。经对目标区目标期的各类降雹日数、降雹次数,持续降雹时间等与目标区的对比期和对比区在相应时间内的观测结果进行了比较和分析表明,现行的人工防雹方法对抑制一般冰雹云是有效的,而对能产生直径 2 cm(或受灾面积在 5000 亩)以上的强冰雹云可能是无效的。

1.试验设计

防雹试验的目标区设在昭苏县北部长约 30 km,宽约 20 km 的农田区域内。对比区设在目标区上风方向,与目标区中心相距约 20~30 km 的农田区域,地形、气候等条件及面积与目标区基本相同;为了避免在中小型对流天气活动时由于地形等关系,在云的中下层产生回流污染对比区,在目标区和对比区之间设立了过渡区。

昭苏降雹最早从 4 月 5 日开始,最晚 10 月 24 日结束。防雹试验作业均从 6 月中旬开始,9 月下旬结束。因此,将作业前的 4 月初至 6 月 15 日和 9 月 16 日至 10 月下旬这一时期定为目标区的对比期;而将 6 月 16 日至 9 月 15 日这一时期定为目标区的试验期,因时间长短相差不大(92 d 与 110 d),而且在历史期(1956—1973 年)内目标期与对比期之间的几种主要参数所占比率相差很小,因此,昭苏防雹试验实际上是一种准随机性的试验。

2.催化方法

催化剂的播撒方法是以 3.2 cm 测雨雷达与经验相结合的作业方法,在雷达回波反射率达到 40 dBz 和宏观上基本判断出是冰雹云后,而高炮又能将碘化银送入云中时就开始作业。射击作业方式多以连续的扇面和梯度相结合的方式进行,播撒速率和剂量视冰雹云强度和各撒播点相对于冰雹云的位置而定,每次作业的碘化银撒播一般从几百克到几千克,最大时的播撒速率可达 1000 g/min 以上,当冰雹云移出高炮撒播范围时作业就停止。由于 5 个主要播撒点之间距离均在 10 km 以内,因而,播撒的面积和部位都较集中,根据观测,普遍在冰雹云前部的支撑云内,一般在−5～−10℃左右的过冷云中,与布朗宁、富特和穆希尔等的方法类似。

3.结果分析

经过对昭苏 1974—1980 年采用三七高炮撒播碘化银防雹试验,从目标区和对比区及目标期和对比期试验前和试验后进行的统计分析表明:各类降雹日数和降雹次数都有显著的减少,这表明对于一般的冰雹云来说,现行的防雹方法是有效的。这可能与采用的作业方法有关:即当三七高炮能够将碘化银撒播到冰雹云(包括它前部的支撑云)时就开始进行作业,而且一直到冰雹云移出三七高炮撒播区域时止的"不断撒播作业法";其次是将 5 门高炮集中到直径 10 km 以内的冰雹云主要移动路径上。观测发现:大部分碘化银都集中撒播在冰雹云前部温度为−10℃左右的支撑云中或者回波前部,由于各撒播点之间的距离较近,而且经常同时作业,因此催化剂的撒播数量较大,完全超过了布朗宁等提出的 1 克/(分·千米)的撒播量级,这对冰雹的形成和增长起到了一定的抑制作用。

在 1974—1980 年的 7 年中,目标区气象站共观测到降雹日数 131 天,197 次降雹,而直径在 2 cm 或其以上(或造成 5000 亩以上严重灾害)的特大冰雹只有 10 次,占总降雹次数的5.1%,而这 5.1%的强烈降雹所造成的灾害面积却占全部受灾面积的 75%以上。在防雹试验前的 11 年中,冰雹危害最严重的有 1968、1971 和 1972 三年,它们占总的受灾面积的 70%以上,而冰雹危害特别严重的 1971 年 8 月 29 日一次降雹就占 11 年的总受灾面积的 39%。同样可以看出:从 1974—1980 年的整个防雹试验期间内真正造成严重灾害的只有两年,即 1977 年的 8 月 23 日和 1978 年的 7 月 17 日两次,它们仅占总降雹次数的 1%(占直径≥5 mm 冰雹次数的7.4%)。而这两次特大冰雹损害的农作物达 85000 亩以上,占 7 年总受灾面积的65.8%,而 99%(195 次)的降雹所造成的损失才占 34.2%,也就是说,在防雹试验期间、65%以上的灾害是 1%的强烈降雹所造成的。

目前国内外人工撒播碘化银的防雹方法系基于 20 世纪 60 年代前苏联学者根据雷达观测结果而推断出一个所谓"含水量累积区"理论和以此进行"过量撒播"原理而进行的。他们声称:根据这个原理进行的试验可使冰雹危害的损失减少 80%。然而前苏联本身和其他国家完全应用这一原理和方法进行试验时不但未取得这样好的效果而且往往增加了冰雹的危害。在我国虽然一般也认为这种防雹方法有一定效果,但作业后仍遭到大冰雹的袭击而造成严重灾害的例子也是为数不少。阿特拉斯认为:采用这种防雹方法是无法完全消除其危害的。在昭苏 1977 年 8 月 23 日对一个强冰雹云虽然撒播了 5 kg 左右的碘化银,结果仍然降了直径约 4 cm左右的大冰雹,使 5 万多亩农作物遭到严重损失,占防雹试验期间总的受灾面积的 42%。这也许表明现行的防雹方法只适用于影响一定类型的冰雹云。昭苏防雹试验 7 年,明显地减少了降雹日数和次数,虽然仍有农作物受灾,但是这些受灾面积中的 75%都是由 5.1%的强冰雹云降雹所产生的。这与阿特拉斯等的结论一致。其次,据安·奈特等经装甲飞机进入冰雹云内实际观测结果并非所有的强风暴或雹暴中都有"含水量累积区"存在,而且大冰雹生长并非此区域内,而是在有"弱回波穹窿"出现的风暴中,他们的结论是"在有弱回波穹窿"出现的风暴中要抑制冰雹特别困难。第三,冰雹增长大多数情况下都是"干"增长(雹块平均温度在0℃以下),因此也显示出大多数冰雹不是在"累积区"生长的,这些观测结果对前苏联的防雹原理和方法提出了怀疑,因此要得到更好的人工防雹效果,还应对冰雹云的结构进行实地的大量观测和对冰雹云进行分类。

13.8　五类雹云的作业方案设计

人工防雹作业的技术方案设计通常应包括作业时机、作业部位和作业剂量等部分。国外早期的人工防雹作业方案主要依据累积带理论,采用针对雹源的过量催化原理设计的。近年来,随着成雹过程的外场探测和理论研究工作的进展,已形成了一种新的防雹概念。即在有可能形成冰雹的预定云区内实施早期催化作业,以加速降水的形成,导致云内含水量减少和上升气流减弱,进而抑制雹云发展,达到防雹目的。以下将依据这一新的防雹概念进行五类雹云(表 13.8)防雹作业的技术方案设计。

表 13.8　五类雹云的结构特征

雹云类型	运动特征	回波特征	气流特征
弱单体雹云	稳定少动或移动缓慢	单体尺度小多呈柱状结构	以热对流形式发展,呈轴对称分布。
强单体雹云	在北半球向环境风右侧移动,移速快。	单体尺度大,由前悬回波、弯窿回波和墙回波等特征回波组成,在低层有时可见钩状、指状等特征回波。	云体前部存在一支持续稳定、强烈的上升气流,云体后部有一支与之相对峙的强下沉气流。
点源雹云	每个单体均沿环境风下游方向移动。	由多个单体组成,呈条带分布,每个单体都在同一源区发生,各个单体在移动中依次经历初生、发展、成熟、消亡等阶段,新生单体总是在云体移向的后部产生,而老单体则在云体前部消亡。	多在弱的风向切变环境中形成,云体后部两侧存在一对结构明显的后向入流。
传播雹云	传播运动,单体的相对位置不变。	由多个单体组成,新单体总在雹云移向的右前部产生,而老单体则不断在左后侧消亡。	上升气流区和下沉气流区随雹云向前发展出现有组织的交替。
复合单体雹云	各个单体各自独立发展,随气团或飑线移动。	由多个单体组成,各单体之间生消演变并无明显关系,水平排列无一定规则。	多在近地层存在辐合上升气流区或飑线回波带上形成,各单体气流结构和弱单体相似。

13.8.1　作业时机

1. 根据成雹过程的外场探测研究,冰雹在云中的增长过程一般可划分为以下四个发展阶段:

(1)雹胚生成条件的形成阶段。此阶段出现在云的边界正在更新或上升气流开始形成的区域。

(2)雹胚形成阶段。初始的冰雹粒子分布在雷达回波强度 $10\sim30$ dbz 的弱上升气流区内(3 cm 波长雷达一下同)。

(3)冰雹增长阶段。此阶段分布在雷达回波强度为 $30\sim45$ dbz 的较强上升气流区内。

(4)冰雹降落阶段。此阶段处在雷达回波强度小于 40 dBz 的下沉气流区内。

人工防雹作业时机应选择在冰雹尚未形成阶段,即冰雹增长过程的(1)和(2)阶段。

2.根据大量的雷达探测研究,冰雹云的宏观演变过程一般可划分以下四个发展期:

(1)初生期。它的主要标志是在 $-6℃$ 层高度出现雷达初始回波。

(2)发展期。这一时期的主要特征是回波迅速发展,一般回波顶高伸展到 $-20℃$ 层以上高度,回波反射率 $\geqslant 30$ dBz。

(3)成熟期。它的主要标志是云体中上部回波增强,强回波区($\geqslant 40$ dBz)顶高达到 $-6℃$ 层以上高度。

(4)降雹期。这一时期的主要特征是云体下部迅速出现以降水(或降雹)为主的落地回波。同时,云体中上部回波区随之减弱(除强单体雹云能继续维持一段时间外)。

显而易见,防雹作业时机应选择在冰雹尚未形成的冰雹云初生期和发展期。

3.根据上述冰雹和冰雹云形成演变过程的一般特征,五类冰雹云的作业时机应分别选择在以下发展阶段:

(1)弱单体雹云应选择在 $-6℃$ 以上高度上出现初始回波的初生期或发展期。对弱单体雹云来说,上述初始回波出现到冰雹在云中的形成仅几分钟时间,因此,催化作业必须迅速及时。如果单体已发展到冰雹形成阶段,则催化就没有作用了。

(2)强单体雹云应选择在(a)回波顶高达到最大,而云体中上部强回波区尚未形成的初生或发展期;(b)如果强单体雹云已经形成,则应采取抑制继续降雹的作业措施,即当主云体前部引导云或前悬回波下方的胚胎帘部位进入高炮射程时,便应立即作业。

(3)多单体雹云(包括点源雹云、传播雹云和复合单体雹云)应选择在 $-6℃$ 以上高度出现初始回波的初生期或发展期。

13.8.2　作业部位

(1)作业的高度区间。大量探测研究表明,冰雹胚胎大多形成于 $-4\sim-10℃$ 的环境中。同时雷达探测还发现,如果初始回波出现在 $-6\sim-8℃$ 以上高度时,有 80% 的可能发展成为降雹。所以人工防雹引晶的高度区间应在 $-6℃$ 层以上。播撒层厚度一般为 1 km,个别也达 2 km。

(2)作业的水平区域。人工防雹引晶的水平区域决定于云的类型和发展阶段。

①弱单体雹云应选择在 $-6℃$ 以上高度出现初始回波的新生单体或发展单体的中央部位。

②强单体云也应选择在雹云前部右侧的胚胎帘部位,即主云体前部的引导云或前悬回波区的前部($10\sim30$ dBz)及下部区域。前苏联的一般作法是:既对 $-8\sim-12℃$ 及其以上 1 km 的前悬回波区域进行催化;同时也对弱回波区和前悬回波区下方的 $-2\sim-6℃$ 区进行催化。其目的除了争食水分,减小冰雹直径以外,还试图在弱上升气流区内提前形成降水,以抑制雹云的发展。

③点源雹云应选择在源区附近的新生单体的中央部位,或发展单体后部两侧的悬挂回波及弱回波区部位。

④传播雹云应选择在雹云前部新生单体的中央部位,或发展单体的前部($10\sim30$ dBz)及下方弱回波区部位。

⑤复合单体雹云多数由若干弱单体组成,所以它的作业部位和弱单体相似,即应选择在

−6℃以上高度上出现初始回波的新生单体或发展单体的中央部位。

（3）作业剂量

不同类型的雹云，以及同一类型雹云处于不同发展阶段，其作业剂量是不同的。另外，使用不同的发射工具或采用不同的播撒方式，其碘化银的成冰效率也不同。目前我国大多使用三七炮弹，根据各地的实践经验，一块雹云移经一个高炮作业点，其作业用弹量大致如表 13.9 所列。由表可见，初生期的用弹量除强单体雹云在 50～100 发之间，其他类型雹云均小于 50 发。发展期用弹量根据雹云类型有一定差异，其中强单体雹云一次用弹量一般均大于 100 发，而弱单体雹云一般均小于 50 发，多单体雹云都在 50～100 发之间。

表 13.9 一块雹云移经一个高炮作业点用弹量（发）

雹云类型	初生期用弹量	发展期用弹量	用弹总量
弱单体雹云	<50	<50	<100
强单体雹云	50～100	>100	>150
点源雹云	<50	50～100	<150
传播雹云	<50	50～100	<150
复合单体雹云	<50	50～100	<150

由于碘化银成核率随环境温度降低而呈指数增加，因此不同季节作业用弹量也不尽相同。一般说来，春、秋季节 0℃层高度较低，用弹量可适量少一些；而夏季 0℃层高度较高，用弹量可适量多一些。另外，海拔高度较高的地区（如山区），由于炮弹可以进入较低温度层，碘化银成冰效率明显提高，因此用弹量可相对少一些。总之各地用弹量应根据环境和季节作适量调整。

13.9 近年来新疆冰雹灾害有增多趋势

随着气候变暖变湿，新疆致灾冰雹出现次数略有增加，冰雹频发区致灾冰雹的强度明显加大。产业结构的不断优化和农作物经济附加值的增大，使得致灾冰雹造成的损失明显加大。这一特点在南疆表现得尤为突出，特别是喀什地区。新疆致灾冰雹出现次数略有增加。2009—2012 年北疆年出现致灾冰雹 17～25 次，前两年累计 41 次，后两年累计 50 次，相对增多 9 次；南疆年出现 19～23 次，前两年与后两年相对持平；新疆年出现致灾冰雹 38～48 次，前两年累计 85 次，后两年累计 92 次，相对增多 7 次。新疆致灾冰雹受灾面积明显增多。2009—2012 年北疆平均 34.0 万亩，前两年平均 10.5 万亩，后两年平均 57.5 万亩，增加 4.5 倍（图 13.11）；2009—2012 年南疆平均 82.6 万亩，前两年平均 27.6 万亩，后两年平均 137.7 万亩，增加 4 倍；2009—2012 年新疆致灾冰雹受灾面积平均 116.6 万亩，前两年平均 38.1 万亩，后两年平均 195.2 万亩，增加 4.1 倍。新疆致灾冰雹经济损失增加突出。2009—2012 年北疆平均 1.05 亿元，前两年平均 0.99 亿元，后两年平均 1.10 亿元，相对增多 11％；2009—2012 年南疆平均 8.37 亿元，前两年平均 3.45 亿元，后两年平均 13.30 亿元，增多 2.9 倍；2009—2012 年新疆致灾冰雹经济损失平均 9.42 亿元，前两年平均 4.44 亿元，后两年平均为 14.39 亿元，增多 2.2 倍。

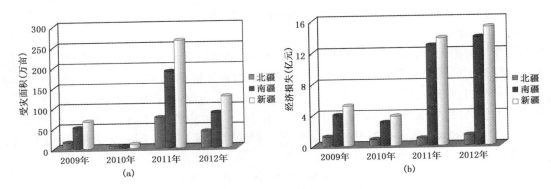

图 13.11   新疆致灾冰雹的受灾面积(a)和经济损失(b)

13.10 新疆中尺度对流系统的时空分布特征

中尺度对流系统(简称 MCS)带来的强烈天气现象而引起人们的关注,如冰雹、暴雨、破坏性大风、龙卷等。MCS 的空间尺度小、维持时间短,并多在傍晚和夜间发生,因此高时空分辨率的地球同步卫星红外云图是监测 MCS 的主要手段之一。受卫星云图资料量大、数据存储和处理能力的限制,对 MCS 的研究工作多为个例分析,普查工作开展得较少。新疆四周高山环绕,天山山脉横亘中央,形成南北两大盆地,地势平坦开阔,理论上讲有利于对流系统的发展。虽然这里远离海洋,气候干燥,但却时常发生冰雹、局地大降水(暴雨)、特强沙尘暴等灾害性天气,它们具有明显的中尺度特征:突发性强,持续时间短,影响范围小。为了对新疆 MCS 有一个较全面的了解,需要利用静止气象卫星红外云图数字资料,分析发生在新疆的 MCS 的时空分布特征及季节变化特点,为利用气象卫星红外云图监测和预警中尺度对流系统提供技术支撑。

13.10.1 新疆中尺度对流系统的定义

采用国家气象卫星中心处理系统产生的兰勃特(Lambert)投影 GMS-5 静止气象卫星的红外云图数字资料,资料的长度为 1998—2002 年 5 年共 60 个月,共计 43800 张红外云图,一张云图的资料量为 512×512 B,云图时间间隔为 1 h,范围为 5°～60°N、70°～140°E。

根据通用的奥兰斯基(Orlanski)尺度划分标准,中尺度天气系统是从 2 至 2000 km。其中 200～2000 km 为 α 中尺度,20～200 km 为 β 中尺度,2～20 km 为 γ 中尺度。由于 Lambert 投影 GMS-5 红外云图数字资料的水平分辨率为 13.22 km,垂直分辨率为 13.03 km,时间分辨率为 1 h,只对 α 中和 β 中尺度的中尺度对流系统进行普查。对于 γ 中尺度的中尺度对流系统,由于其尺度太小,生命史只有 1 h 或更短,目前 GMS-5 卫星的时空分辨率还难以对它进行追踪分析,故不在普查分析范围之内。结合新疆 MCS 的实际情况,表 13.10 和表 13.11 分别给出了 α 中尺度 MCS($M\alpha CS$)和 β 中尺度 MCS($M\beta CS$)的判定标准及其生命史的规定。

表 13.10　**MαCS 的判定标准及其生命史的规定**

判据	描述
最小尺度	TBB≤−32℃的连续冷云盖的短轴＞3.0 个纬距
持续时间	不限
形状	−32℃的连续冷云盖达最大范围时,椭圆率(短轴/长轴)≥0.5
几个规定:	
发生时间	开始满足最小尺度的时间
最大范围(成熟)时间	TBB≤−32℃连续冷云盖达到其最大面积的时间
终止时间	不再满足最小尺度的时间

表 13.11　**MβCS 的判定标准及其生命史的规定**

判据	描述
最小尺度	TBB≤−32℃的连续冷云盖的短轴 1.0～3.0 个纬距
持续时间	不限
形状	−32℃的连续冷云盖达最大范围时,椭圆率(短轴/长轴)≥0.5
几个规定:	
发生时间	开始满足最小尺度的时间
最大范围(成熟)时间	TBB≤−32℃连续冷云盖达到其最大面积的时间
终止时间	不再满足最小尺度的时间

　　为了找出新疆范围内红外云图上全部的 MCS,首先对展宽红外云图的数字资料进行增强处理,用白色、黑、深灰和浅灰分别表示 TBB 在−21 ～−31.9℃,−32 ～−41.9℃,−42 ～−51.9℃,和低于−52℃的云区。图 13.12 给出了一个位于新疆西南部的 MβCS 的个例。

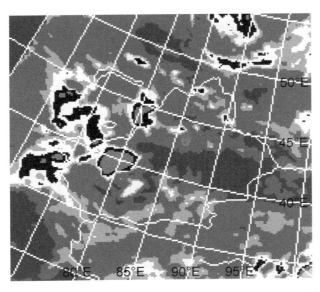

图 13.12　1998 年 6 月 15 日 02 BT(北京时)的 GMS−5 增强红外云图
(白色区域的云顶温度低于−21℃,黑色区域低于−32℃,深灰色区域低于−42℃,
浅灰色区域低于−52℃)

13. 10. 2　新疆 MCS 的地理分布和年变化

新疆 MCS 尺度较小，一般只是 β 中尺度，很少达到 α 中尺度。1998 年 1 月到 2002 年 12 月，在新疆范围内没有普查到 $M\alpha CS$，共发生了 111 个 $M\beta CS$。普查表明，新疆 MCS 不在少数，是相当频繁的。1998 年有 29 个 MCS 发生，1999 年有 25 个，2000 年有 29 个，2001 年有 16 个，2002 年有 12 个。MCS 的发生具有年际的不均衡性，1998、2000 年为多发年，2002 年为少发年。

由图 13.13 给出的地理分布可见，新疆有两个明显的 MCS 集中区。一处在伊犁河谷东边天山山脉的迎风坡，这里正是新疆年降水量最多的区域；另一处在西天山东侧背风坡的柯坪附近，这里是新疆沙尘暴出现最多的地方。还有两个次集中区，一个在包括博斯腾湖的焉耆盆地，另一个在昆仑山北麓、塔克拉玛干沙漠西部。在新疆北部的古尔班通古特沙漠中 MCS 发生得很少，而南部的塔克拉玛干沙漠，以及沙漠腹地也有 MCS 出现，这说明沙漠腹地确实有强对流活动。可见 MCS 不仅对新疆降水有贡献，还会带来沙尘暴等灾害性天气。

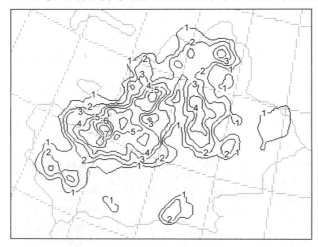

图 13.13　新疆中尺度对流系统的地理分布
（按成熟时的冷云盖覆盖范围，每 13.22 km×13.03 km 范围内的和的个数的等值线）

图 13.14 是新疆 MCS 的月分布曲线，从图中可以看出，MCS 多发生在春末及夏季，秋冬季少见。6 月为高发月份，占总数的 34%，远远超过其他月份，其次是 5 月和 7 月，分别占总数的 25% 和 15%，最少的是 9 月。新疆冰雹多发生在 5—9 月，集中于 6 月，这与 MCS 的高发月份一致。南疆 4—6 月是沙尘暴的高发时段，柯坪则在 6 月，这也与 MCS 的高发时段相对应。

13. 10. 3　新疆 MCS 的生命史

对新疆 MCS 的生命史进行统计（图 13.15），结果表明，多数 MCS 形成于午后到午夜（16:00—24:00），只有小部分在凌晨（04:00）形成。午后形成的 MCS 在 2 h 后冷云盖的面积达到最大（即成熟时间），随即消散。傍晚生成的 MCS 在 2 h 后即成熟，持续 2~4 h 后消散。夜间形成的 MCS 在 2~3 h 后冷云盖面积最大，持续 3 h 后消散。凌晨形成的 MCS 在 3 h 之后成熟，维持 3 h 后消散。这表明新疆的 MCS 也有明显的夜发性。

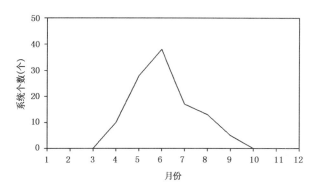

图 13.14　新疆 MCS 的月分布

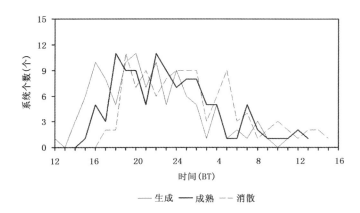

图 13.15　新疆 MCS 的生命史曲线

　　新疆有 74% 的 MCS 可维持 4～6 h(图 13.16)，只有少数可持续达 8 h 以上。同我国东部地区的 β 中尺度 MCS 相比，发生在新疆的 MCS 维持时间较短，这与新疆水汽供应较少有关。

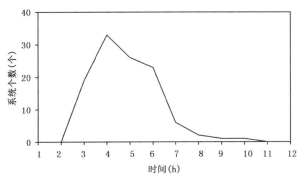

图 13.16　新疆 MCS 的生命史长度

　　新疆 MCS 的形状规则，圆形和椭圆形各占一半。MCS 的云顶亮温(TBB)值比中国东部地区的高，通常在 $-42 \sim -52$℃之间，没有出现低于 -60℃的，这与新疆远离海洋、水汽条件差、对流发展不强盛有关。新疆绝大多数 MCS 是由对流泡发展而成的，它们的尺度较小，其中单体对流泡孤立发展的居多,合并发展的较少;还有小部分的 MCS 来自系统云团瓦解或消散云团再生,它们的尺度一般较大。有 77% 的 MCS 最后消散了,其余 23% 的 MCS 成熟后扩展变形并与其他云团合并。

13.10.4　南疆 MCS 典型个例

1998 年 6 月 15 日在塔里木盆地西部发生一例 MCS,它是造成南疆伽师县连续特大冰雹和暴雨灾害的主要天气系统。14 日夜间翻过帕米尔高原进入盆地的散碎云体融合发展,15 日 00 BST 已成为 MCS,缓慢向西北方向扩展并移动,午夜 02 BST 冷云盖达到最大,06 BST 之后减弱变形(图 13.17)。Wang Xu 等曾指出冷云盖的扩张主要发生在 TBB 等值线密集的部位。但在此个例发展过程中,冷云盖却向 TBB 等值线稀疏的东北方向扩展,与此结论相反。14 日 20 BST 南疆伽师县位于高空 500 hPa 西南—东北向槽内,有明显的西南气流经过伽师县上空。该中尺度对流系统出现在地面—300 hPa 辐合、300~100 hPa 强辐散、对流层整层上升运动的区域内。MCS 形成于 700~500 hPa 对流不稳定的区域($\frac{\partial \theta_{se}}{\partial Z} < 0$)(图略)。

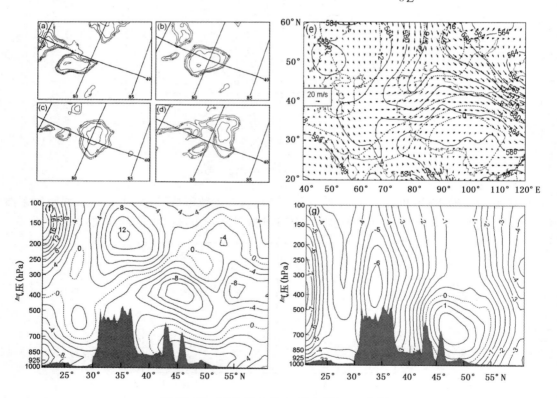

图 13.17　1998 年 6 月 15 日南疆 MCS 个例

(a)~(d)分别为 00、02、04、06 BST 冷云盖 TBB 分布(从 −30℃ 开始,间隔 5℃),(e)~(g)分别为 1998 年 6 月 14 日 20 BST 500 hPa 位势高度(dagpm)和温度(℃)及风(m/s)、散度(10^{-6} s^{-1})和垂直速度(10^{-3} hPa·s^{-1})沿 80°E 气压—纬度剖面。

13.10.5　北疆 MCS 典型个例

　　2000 年 5 月 20 日,北疆的阿勒泰地区发生了一例 MCS。中午 14 BT 有一对流单体在境外发展起来,扩展的同时向东移动,18 BT 冷云盖面积最大时已移过了 3 个经距(图 13.18)。此后 3 h 内在原地消散殆尽。在它发展过程中,冷云盖四周 TBB 等值线均较密集,由于西边与主体云团有一线相连,冷云盖主要向东北扩展。在 5 月 20 日 08 BT 高空 500 hPa 图上,乌拉尔山地区为一高空冷涡,阿勒泰地区位于冷涡外围西南气流控制区。MCS 生成于 850～700 hPa 的弱辐散、700～300 hPa 的强辐合区、300～100 hPa 的弱辐散区,700～100 hPa 的上升运动区,850～500 hPa 的对流不稳定区(垂直剖面图略)。

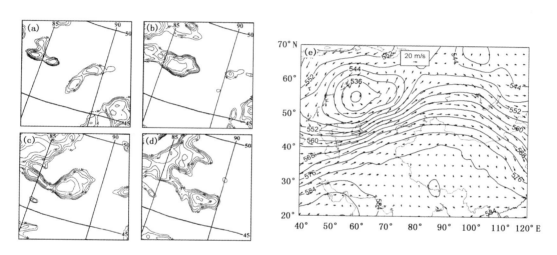

图 13.18　2000 年 5 月 20 日北疆 MCS 个例
(a)～(d)分别为 14、16、18、20 BT 冷云盖 TBB 分布,(e)5 月 20 日 08 BT 高空 500 hPa。

13.10.6　东疆 MCS 典型个例

　　2000 年 5 月 29 日在东疆发生了一例 MCS。28 日晚上不断有对流泡在东疆出现并相互合并,于 29 日 00 BT 已发展成一尺度很小的 MCS,1 h 后迅速扩展,02 BT 面积达到最大,维持 2 h 后云团东移破碎。在它发展过程中,冷云盖也向 TBB 稀疏的东北方向扩展(图 13.19)。在 5 月 28 日 20 BT 高空 500 hPa 图上,MCS 生成于锋区短波槽中,短波槽配合有温度冷槽。在沿 92°E 气压—纬度剖面上(图略),从低层至高层散度场上,呈现出辐散—辐合—辐散的多元结构,即 850～700 hPa 弱的辐散、700～200 hPa 强的辐合、200～100 hPa 弱的辐散。850～100 hPa 整层为上升运动,且上升运动随高度增加而增大。850～500 hPa 呈弱的对流性不稳定。

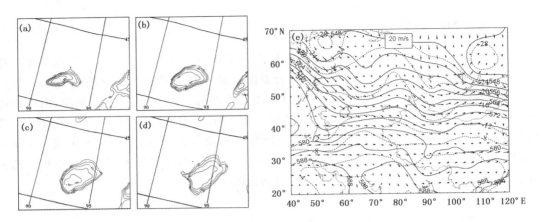

图 13.19　2000 年 5 月 29 日东疆 MCS 个例

(a)～(d)分别为 00、01、02、03 BT 时冷云盖 TBB 分布,(e)5 月 28 日 20 BT 高空 500 hPa 形势图。

13.11　总结分析

1.新疆冰雹的时空分布特征

采用 1961—1999 年新疆 90 个地面气象观测站冰雹资料的分析表明,新疆冰雹主要集中出现在天山山脉、帕米尔高原、阿尔泰山和西部界山山区。新疆冰雹主要出现在 4—10 月,北疆集中在 5—8 月,南疆集中在 5—9 月。新疆的冰雹发生具有明显的地域特征,多发生于午后至傍晚,热力因素与不稳定条件起到了关键作用。在新疆有 60% 的冰雹持续时间在 6 min 以内。

新疆 1961—2003 年共出现冰雹天气过程 2495 次,其中局地冰雹天气 1593 次,一般性冰雹天气过程 821 次,系统性冰雹天气过程 81 次。新疆产生系统性冰雹天气的环流形势主要有纬向型、经向型和南疆低涡型。

2.新疆降雹云团的卫星云图特征

在 1998—2001 年卫星云图上,新疆降雹云团主要表现为单体云团(对流性降雹云团)和大范围系统云系的局部冷云盖(系统性降雹云团)。对流性降雹云团按尺度大小分为雷暴云、对流云和中尺度对流系统(简称 MCS),其中对流云为不满足 MCS 条件的对流云团。系统性降雹云团按其位置分为冷云核、云系云区和云系边缘。1998—2001 年各类降雹云团出现频率由高到低依次是冷云核、雷暴云、对流云、云系云区、云系边缘和 MCS,对流性降雹云团和系统性降雹云团的出现频率相当。

3.博尔塔拉蒙古自治州冰雹云雷达回波指标

高度指标以云体出现跃增为重要判据,0 dBz 高度≥8 km,35 dBz 高度≥5 km,40 dBz 高度≥4.5 km。早期中空回波指标以回波底高≥3.0 km 为警戒线,以 3.5～8 km 高度出现的回波为重点判据。强度指标 35 dBz 为最低强度指标,≥40 dBz 指标为重点判据。以 RHI 上云体中 2～8 km 高度出现≥40 dBz 强核区和前悬,PPI 显示云体呈 V 形、钩状、人字形等为形态特征判别指标。

4.奎玛流域对流性强降水与冰雹云雷达回波判识指标

春季和秋季,当回波强度≥35 dBz、35 dBz 的回波顶高≥6 km、垂直累积液态水含量≥30 kg/m² 时,将有强降水发生;当回波强度≥45 dBz、45 dBz 的回波顶高≥6 km、垂直累积液态水含量≥35 kg/m² 时,将有冰雹发生。夏季,当回波强度≥40 dBz、40 dBz 的回波顶高≥6 km、垂直累积液态水含量≥40 kg/m² 时,将有强降水发生;当回波强度≥55 dBz、55 dBz 的回波顶高≥6 km、垂直累积液态水含量≥50 kg/m² 时,将有冰雹发生。

5.雹云的作业方案设计

人工防雹作业的技术方案设计通常包括作业时机、作业部位和作业剂量。国外早期的人工防雹作业方案主要依据累积带理论,采用针对雹源的过量催化原理设计的。近年来,随着成雹过程的外场探测和理论研究工作的进展,已形成了一种新的防雹概念。即在有可能形成冰雹的预定云区内实施早期催化作业,以加速降水的形成,导致云内含水量减少和上升气流减弱,进而抑制雹云发展,达到防雹目的。

6.新疆中尺度对流系统的时空分布特征

中尺度对流天气一直是预报难点和热点,静止气象卫星是监测中尺度对流系统的有效方法之一。利用 1998—2002 年 GMS−5 静止气象卫星红外云图数字资料,对新疆中尺度对流系统(MCS)的普查和分析表明,①5 年内,在新疆范围内没有出现 α 中尺度的对流系统,出现了 111 个 β 中尺度的对流系统。新疆有两个明显的 MCS 集中区,一处在年降水量最多的伊犁河谷东边天山山脉的迎风坡,另一处在西天山东侧背风坡沙尘暴出现最多和冰雹天气出现较多的柯坪附近。还有两个次集中区,一个位于焉耆盆地,另一个位于昆仑山北麓、塔克拉玛干沙漠西部。古尔班通古特沙漠中 MCS 发生得很少,而塔克拉玛干沙漠及其腹地也有 MCS 的活动。②新疆 MCS 的发生具有年际的不均衡性。MCS 主要出现在春末和夏季,6 月最多,其次是 5 月和 7 月,这与新疆冰雹和沙尘暴的高发季节相一致。多数 MCS 形成于午后到午夜,有小部分在凌晨形成,傍晚至午夜冷云盖的面积达到最大,夜间至凌晨消散,具有明显的夜发性。新疆 MCS 的形状规则,圆形和椭圆形各占一半,TBB 通常在−42～−52℃之间,有 74% 持续 4～6 h,以持续 4 h 的最多。新疆的 MCS 云顶亮温值比我国东部地区的高,维持时间要短,这与新疆远离海洋、水汽条件差、对流发展不强盛有关。③新疆绝大多数 MCS 是由对流泡发展而成的,它们的尺度较小,其中单体对流泡孤立发展的居多,合并发展的较少;还有小部分的 MCS 来自系统云团瓦解或消散云团再生,它们的尺度一般较大。有 77% 的 MCS 最后消散了,其余 23% 的 MCS 成熟后扩展变形并与其他云团合并。

第 14 章　地面人工增雨(雪)

　　新疆山区的暖季云多,空气湿度也大,容易出现有利人工增雨的自然条件;冬季天山山区及周边地区层状云丰富,具备得天独厚的人工增雪条件。新疆人工增雨(雪)作业包括飞机作业和地面作业两部分。

14.1　云与降水的关系

　　新疆区域面积较大,影响新疆降水的云系多种多样,各种云系降水强度各不相同,南、北疆的影响云系也各有不同。通过对 1998—2000 年逐日逐时的 GMS−5 静止气象卫星红外云图资料的分析,以进入新疆云系的来向为主线,对移过北疆和南疆的云系分别做了归类,并对各类云系出现频率、生命史,不同类型云系的降水强度、TBB 值与降水强度的关系进行分析,反映了新疆境内云系的基本特征。

14.1.1　云系的分类及其基本特征

　　1.北疆的云系分为 7 类

　　(1)西方路径:在伊犁、塔城以西或西南方 47°N 以南的新疆境外的主体云系,自西向东平移进入北疆;

　　(2)西南路径:主体云系自伊犁以西或西南方 45°N 以南的新疆境外向东北斜移过北疆;

　　(3)西北路径:主体云系从阿勒泰、塔城以西或西北方 47°N 以北的新疆境外,向东南压入北疆;

　　(4)境内自生型:北疆境内某一区域自生的云团;

　　(5)翻山北移型:南疆的阿克苏和库尔勒一带的主体云系,受强高空西南气流影响,向北或东北翻越天山进入北疆,之后东移。这种云型主要影响北疆西部和北疆沿天山一带和天山山区;

　　(6)北方路径:阿勒泰以北的境外云系向南移进北疆;

　　(7)复合型:在同一时间内,有上述两种以上云系在北疆境内合并。

　　2.南疆云系分为 5 类

　　(1)西北翻山型:伊犁的西部、帕米尔高原西北部的新疆境外云系,在高空较强西北气流的引导下,越过帕米尔高原北侧的西天山进入南疆。这种类型的云系由于高原及天山山脉的阻挡,有时在境外滞留 1~2 d,甚至 2~3 d,一般影响南疆的范围较大、持续时间较长、云顶亮温较低;

　　(2)西方翻帕米尔高原型:帕米尔高原西部的境外云系在高空较强西南或西风气流的引导下越过帕米尔高原进入南疆地区。这种类型的云系有时在境外滞留 2~3 d,多数情况下影响

整个南疆地区,有时影响南疆的局部地区;

(3)青藏高原北涌型:青藏高原上的云团向北涌入南疆。这种类型的云团在高原上滞留的时间较短,不足 1 d,有时在高原上边生成边涌入南疆地区。多数情况下影响南疆的局部地区,个别情况下影响到整个南疆地区,往往造成南疆较大的降水;

(4)境内自生型:在南疆境内某一区域自生的云团;

(5)复合型:在同一时间内,上述任何两种云型同时在南疆出现并合并。

北疆地区(1998—2000)3 年内共被 275 次云系覆盖,夏季 161 次,冬季 114 次,其中 8 月和 12 月云系最活跃(图 14.1),2 月最少。影响北疆的云系主要以西方路径、西北路径为主(表 14.1),夏季境内自生型、冬季复合型也比较常见。北疆夏季极少出现北方路径云系,冬季没有翻山型云系出现。云系在北疆境内最多持续 101 h(4 天多),最短维持 5 h,一般维持 2～3 d。

表 14.1　北疆云系统计表(出现次数/频率%)

云的类型	西方路径	西南路径	西北路径	北方路径	境内自生	翻山型	复合型	合计
夏季	56/35	19/12	43/27	2/1	24/15	5/3	12/7	161/100
冬季	32/28	9/8	30/26	8/7	14/12		21/19	114/100

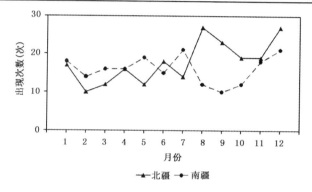

图 14.1　云系月变化曲线

南疆地区(1998—2000)3 年中共出现 192 次云系,比北疆地区少 30%。7 月和 12 月南疆地区云系活跃,8 月到 10 月云系较少。与北疆相反,南疆 5 类云系出现的频率差异不大,出现最多的是西北翻山型和境内自生型,出现最少的是青藏高原北涌型(表 14.2)。云系在南疆境内最长持续 108 h,最短 8 h,一般是 1～2 d,平均比北疆地区短 1 d 左右。

表 14.2　南疆云系统计表

云的类型	西北翻山型	西翻帕米尔	高原北涌	境内自生型	复合型	合计
出现次数(次)	49	42	25	45	31	192
频率(%)	26	22	13	23	16	100

14.1.2　云型与降水强弱的关系

在北疆 275 次云系活动中,61 次没有出现降水,占总数的 22%,其中夏季有 25 次,冬季 36 次,冬季有云无降水的情况多于夏季,冬夏均以西方路径和西北路径有云无降水的情形居多(表 14.3)。出现中弱降水天气 133 次,占总次数的 48%,其中夏季为 89 次,冬季为 44 次。

中度降水天气 42 次,占总次数的 15%,其中夏季为 23 次,冬季为 19 次。中强以上降水 39 次,占总次数的 14%,其中夏季为 24 次,冬季为 15 次。

复合型、西南路径和翻山型虽然出现次数较少,但往往造成中强以上的降水天气。夏季 12 次的复合型中,5 次出现中强以上降水天气,2 次出现中度降水天气。19 次的西南路径中,出现 4 次中强以上降水天气,6 次中度降水天气。5 次翻山型中,北疆沿天山一带 3 次出现中强以上降水天气,1 次中度天气。冬季 21 次复合路径中,6 次中强以上降水天气,8 次中度降水天气。9 次西南路径中,2 次中强以上天气,2 次中度降水天气。西方路径和西北路径的云系大多数情况下造成北疆地区中度或中度以下降水天气。境内自生型和北方路径只能造成弱降水天气。

表 14.3　北疆夏季和冬季各类云系与降水关系统计表(出现次数)

云的类型	夏　季				冬　季			
	无	中弱	中度	中强以上	无	中弱	中度	中强以上
西方路径	11	30	7	8	13	11	5	3
西南路径	2	7	6	4	2	3	2	2
西北路径	6	26	7	4	11	10	5	4
北方路径	1	1			4	4		
境内自生	5	19			6	8		
翻山型		1	1	3				
复合型		5	2	5		8	7	6
合计	25	89	23	24	36	44	19	15

南疆 192 次云系活动中有 90 次没有出现降水,占总云系的 47%(表 14.4),是北疆地区的 2 倍。境内自生型云系常常造成南疆地区有云而无降水情况,但个别情况下也可造成南疆地区强降水天气,而北疆境内自生型云系只能造成中弱以下的降水天气。

南疆地区的云系造成的降水主要以中弱以下天气为主,中度和中强以上降水天气所占比率基本一样。5 种类型的云系均可造成南疆地区中度以上降水天气。复合型、西北翻山型和西方翻帕米尔高原型造成中度以上降水天气的比率较大,西北翻山型和西方翻帕米尔高原型造成南疆地区弱降水天气的比率最大。

表 14.4　南疆各类云系与降水关系统计表(出现次数)

云的类型	无降水	中弱以下	中度降水	中强以上
西北翻山型	23	17	4	5
西翻帕米尔	15	18	5	4
高原北涌型	11	8	4	2
境内自生型	29	11	1	4
复合型	12	8	6	5
合计	90	62	20	20

14.1.3　云顶亮温(TBB)与降水强度的关系

北疆夏季多数情况下云团的 TBB 值为 $-30 \sim -40℃$,有时可以达到 $-40 \sim -50℃$,个别情况下能低于 $-50℃$。冬季多数情况下云图的 TBB 值为 $-40 \sim -50℃$,有时为 $-30 \sim -40℃$ 和 $-50 \sim -60℃$,个别情况下低于 $-60℃$。冬季云团的 TBB 值一般比夏季云团的 TBB 值低 $10℃$ 左右。

南疆云系多数情况下云顶亮温 TBB 值为－20～－40℃,有时达到－40～－50℃,个别情况下低于－50℃,极个别情况下低于－60℃。南疆地区云团的云顶亮温 TBB 值一般比北疆地区云团的云顶亮温高 10℃左右。

当北疆云团的云顶亮温低于－40℃、南疆云团低于－30℃时,可能造成较大的降水,但如果云团的云顶亮温分布较均匀时,造成的降水往往较小。云团移速快且云顶亮温急剧降低时,造成的降水偏大。大降水云团的 TBB 等值线分布不均,在闭合 TBB 等值线内存在几个孤立的 TBB 值较低的云核,云核多变化,呈滚动状,移速快。

另外,在南疆的冬季,当 TBB 值为－10℃的闭合中心在塔里木盆地维持 2～3 d 时,这是南疆阴雾天气的红外云图特征,往往造成盆地边缘的弱降水天气。

14.2　云的微观物理特征

14.2.1　天山山区夏季大气冰核的观测研究

过冷云在大气云雨过程中普遍存在,在过冷云中云滴常常在－20℃甚至更低温度情况下以过冷却状态存在。室内试验表明,无杂质的纯净微滴可过冷却到－40℃,在高于－40℃时,微滴只能借助于称为冰核的杂质粒子才能冻结增长。因而在过冷云中冰相的生成和增长是非常重要的基础问题。2001 年 6—7 月对天山山区大气冰核进行了实验探测,其结果对于揭示天山山区大气冰核的特征有一定代表性。

冰核浓度的平均状况,在－20℃时小渠子平均冰核浓度为 0.29 个/L,牧试站平均浓度为0.34 个/L,两站冰核平均浓度为 0.32 个/L。这比 1964 年乌鲁木齐市区冬季观测结果 4.8个/升低一个量级多,比 20 世纪 60 年代我国东部地区春季观测结果也低一个多量级,比达到降水最大效率的最适宜浓度 125 个/L 低 3 个量级。由此可见,对天山山区云层实施人工播云引晶提高降水效率是合理的、是有可能性的。冰核浓度的逐日变化与天气系统活动关系密切,当天气系统影响测站时,冰核日均浓度均不同程度地出现相对低谷区,而天气系统的前部浓度相对较高,表现为峰值区(图 14.2)。

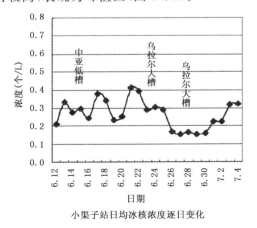

小渠子站日均冰核浓度逐日变化

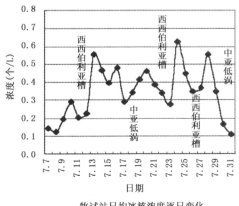

牧试站日均冰核浓度逐日变化

图 14.2　2001 年 6—7 月小渠子站和牧试站的日平均冰核浓度逐日变化

降水对大气冰核浓度的影响非常大,在降水持续阶段冰核浓度均明显地偏低。持续性降水和阴雾天气的发生和出现,对大气冰核有很强的消耗和清洗作用,如图14.3所示。

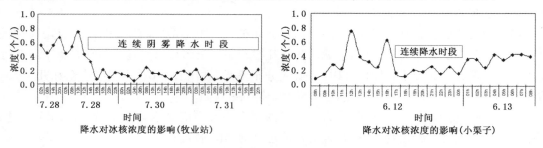

图14.3　2001年降水对大气冰核浓度的影响

14.2.2　天山山区大气总水汽量和云液水量的遥感研究

天山山区大气总水汽量和云液水量的遥感分析表明,晴空大气水汽含量,晴天平均大气积分水汽含量为22 mm(表14.5),与亚洲大气中的水汽含量25 mm相近。这表明在干旱少雨的新疆,天山山区的大气水汽资源并不缺少。

表14.5　晴天大气积分水汽和云量统计

时段	22:00—08:00(夜间)	08:00—14:00(上午)	14:00—22:00(下午)	平均
平均水汽含量(mm)	23.77	23.05	20.42	22.04
时间	08:00	14:00	20:00	平均
平均总云量(成)	5.8	6.2	7.7	6.6
平均低云量(成)	2.8	3.7	4.9	3.8

降水性天气系统的大气积分水汽平均状况,在影响天山山区的降水天气系统中,南支系统的水汽量明显高于北支系统,平均高出21%(表14.6)。从测站附近山区的最大降水来看南支系统也高于北支系统。

表14.6　天气系统的平均总水汽量

	北支系统		南支系统		
日期	7月11日	7月23日	7月15日	7月29日	8月4日
天气系统	巴湖低槽	乌拉尔大槽	南支槽	中亚低涡	中亚低槽
水汽量(mm)	29.4	29.2	36.2	36.3	34.4
测站降水(mm)	15.2	16.3	0.0	15.9	1.4
山区最大降水(mm)	16.9	16.3	17.3	44.8	18.8

几类降水云系内的平均液水量范围和降水临界值见表14.7。降水性云系中Cb cap的积分液水量最高,依次是Ns、As op、Sc op和Sc cug。由于所测是积分水量,其量值与云厚度有关,还不能代表云单位体积含水量值。各类降水性云系的降水临界值Sc最低,依次是As、Ns、Cb。分析发现各类降水性云的降水临界值比较稳定,可以作为天山山区人工增雨实施播云作业的重要参照指标。图14.4给出几类降水云系液水量时间变化。

表 14.7 降水云系内的平均液水量范围和降水临界值

云类型	Sc op,Sc cug	As op	Ns	Cb cap
液水量范围(mm)	0.3~0.6	0.4~1.0	0.5~1.5	1.0~2.2
降水临界值(mm)	0.5	0.8	0.85	1.5
先兆时间(h)		1~2	1	0.5

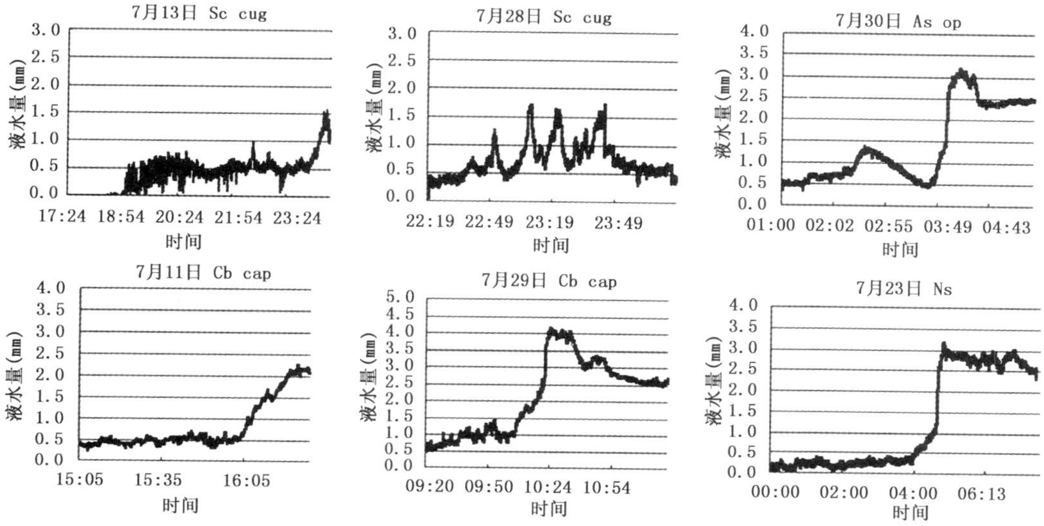

图 14.4 几类降水性云系液水量时间变化

14.2.3 层状云的云滴谱特征

1981 年 5 月 9 日在伊犁河谷飞机人工降水试验期间,使用苏式云滴取样器(ITP-1)熏碘胶片进行了云滴谱的观测,从伊尔-14 飞机右侧窗口伸出机外进行取样,获得 49 次层状云样片资料,飞机探测的云底为 1300 m,云顶为 5200 m。这次试验揭示了新疆层状云的微物理特征。

1.云滴谱谱型特征

低层层积云云滴谱宽为 4~28 μm,小滴浓度较大,随着云滴直径的加大,滴谱浓度呈对数减少(表 14.8)。层积云的最大滴浓度出现在云滴直径 4 μm,浓度值为 22.39 个/cm³。高层云云滴谱宽为 4~48 μm,平均浓度随云滴直径的变化呈单峰型分布,云滴直径 12 μm 时浓度最大,浓度值为 2.8 个/cm³(表 14.9)。

表 14.8 层积云云滴谱平均浓度

云滴直径(μm)	4	8	12	16	20	24	28
平均浓度 lg$N$	1.35	0.35	0.65	2.07	2.50	2.95	7.67

注:N 代表浓度,单位为个/cm³

表 14.9 高层云云滴谱平均浓度

粒径(μm)	4	8	12	16	20	24	28	32	36	40	44	48
平均浓度 lg$N$	0.51	0.35	0.45	1.05	1.95	3.25	4.92	6.10	7.20	7.81	8.45	9.05

注:N 代表浓度,单位为个/cm³

每 400 m 分为 1 层,云滴谱 400 m 内平均后,得到各层平均浓度随谱径的分布(图略)。对于层积云,在云底部 1300～1700 m 内,滴谱直径 4 μm 处浓度最大,为 19.95 个/cm^3,之后随着云滴谱直径的增大,浓度呈对数减少。在 2300～2700 m 内,滴谱直径 8 μm 处浓度最大,为 6.31 个/cm^3,之后随着云滴谱直径的增大,浓度呈对数减少。在 2800～3200 m,滴谱直径 8 μm 处浓度最大,为 2 个/cm^3,之后随着云滴谱直径的增大,浓度呈对数减少。层积云中下部云滴谱宽为 4～28 μm,层积云上部云滴谱谱宽偏窄,为 4～20 μm。对于高层云,在 3300～3700 m,滴谱直径 4～8 μm 处浓度最大,为 1.5～1.6 个/cm^3;在 3800～4200 m,滴谱直径 8 μm 处浓度最大,为 0.5 个/cm^3;在 4300～4700 m,滴谱直径 4 μm 处浓度最大,为 0.3 个/cm^3;在 4800～5200 m,滴谱直径 8～12 μm 处浓度最大,为 1.6～2.0 个/cm^3。

2.云滴浓度的垂直分布

计算 100 m 间隔内所有云滴浓度的平均值,得到云滴浓度随高度的分布(图 14.5)。对于层积云,云底浓度最大,云底 100 m 内为 31 个/cm^3。由于大气层结不存在逆温层,随着高度的升高,云滴浓度迅速下降,当上升到 2700～2800 m 时,浓度最小,为 0.6 个/cm^3。由 2800 m 再向上云滴浓度呈增加趋势,到 3100～3200 m 浓度增加为 5 个/cm^3。低层 1300～1800 m 云滴浓度递减最快,该层云滴浓度也最大,为 31～15 个/cm^3,平均为 23 个/cm^3;1800～2200 m,云滴浓度较大,为 13～9 个/cm^3,平均为 11 个/cm^3;2200～3200 m 内云滴浓度较小,为 7.5～0.6 个/cm^3,平均为 4 个/cm^3。

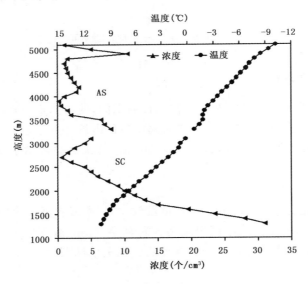

图 14.5　云滴浓度随高度的垂直分布

高层云云滴浓度偏低,在 3300～5200 m,云滴浓度为 0.2～10.5 个/cm^3。高层云云滴浓度随高度的分布表现为"三高三低"型,"三高"分别位于:3300～3400 m,浓度为 8.0 个/cm^3;4200～4300 m,浓度为 3.2 个/cm^3;4900～5000 m,浓度为 10.5 个/cm^3。可见高层云上部云滴浓度大于下部浓度。"三低"分别位于:3900～4000 m,浓度为 0.2 个/cm^3;4700～4800 m,浓度为 1.0 个/cm^3;云顶 5100～5200 m,浓度为 1.0 个/cm^3。

3.云滴大小随高度的变化

计算每 100 m 内云滴直径的平均值,得到云滴大小随高度的变化(图 14.6)。自云底 1300 m 向上到 1800 m,随着高度的增加云滴平均直径加大,云底 500 m 内云滴平均直径增大了2.8 μm,每 100 m 为 0.56 μm。1800 m 到 2800 m,云滴直径虽然仍呈增加的趋势,但 1000 m 高度内云滴直径只增大了 0.32 μm,每 100 m 仅为 0.032 μm。自 2800 m 到 3200 m,云滴直径随着高度的增加而减小。自 3300～3900 m,随着高度的增加云滴平均直径再度迅速增大,由 4.8 μm 增大到 10.5 μm,600 m 内云滴平均直径增大了 5.7 μm,每 100 m 为 0.95 μm,云滴平均直径增加的斜率达到最大。自 3900 m 至云顶,总体趋势是云滴平均直径随高度的增加而减小。

低层层积云云滴平均直径最大值出现在 2700～2800 m,约为 6.72 μm,说明伊犁河谷层积云云内的上升气流较强,使得云滴直径由云底向上随着高度升高而稳定地增加。高层云云滴平均直径最大值出现在 3800～3900 m,约为 10.5 μm。

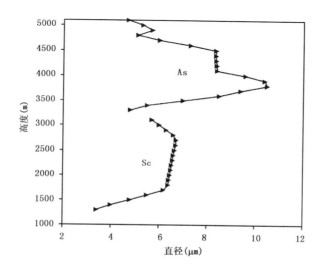

图 14.6 云滴直径随高度的分布

4.云中液态含水量的垂直分布

计算每 100 m 高度内的平均含水量(表 14.10)。一般情况下,在层积云中上部存在逆温层,云底又受乱流的作用,云中含水量的分布是由云底向上随着高度升高而稳定地增加,最大值出现在云的中上部。从该次层积云的观测结果来看,含水量的最大值出现在云底,随着高度的增加含水量迅速减小。在云底 900 m 内的含水量比 2200～3200 m 含水量高一个量级。

对于高层云,从 3300 m 到 4600 m,随着高度的增加,云中液态含水量不断增加,由 0.7×10^{-5} g/m^3 增加到 85.0×10^{-5} g/m^3,增加 3 个量级。4600～4900 m 云中,液态含水量随高度增加而减小;4900～5000 m 云中,液态含水量随高度增加而增大;5000～5200 m 云中,液态含水量随高度增加而减小。高层云中上部 4200～4700 m 液态含水量最大,平均为 68.8×10^{-5} g/m^3。

表 14.10　平均含水量随高度的分布

高度	1300	1400	1500	1600	1700	1800	1900	2000	2100	2200
含水量	80.0	74.0	65.0	60.0	45.0	35.0	21.0	18.0	13.0	9.8
温度	10.0	9.7	9.4	9.0	8.6	8.2	7.4	6.8	6.2	5.6
高度	2300	2400	2500	2600	2700	2800	2900	3000	3100	
含水量	9.0	8.0	7.0	5.9	5.0	4.2	3.0	1.8	1.0	
温度	4.8	4.2	3.6	2.9	2.2	1.6	1.0	0.8	0.2	
高度	3300	3400	3500	3600	3700	3800	3900	4000	4100	4200
含水量	0.7	0.9	1.2	4.0	6.5	9.0	11.0	30.0	50.0	60.0
温度	−0.8	−1.4	−1.8	−1.8	−2.0	−2.4	−3.0	−3.5	−4.0	−4.6
高度	4300	4400	4500	4600	4700	4800	4900	5000	5100	
含水量	73.0	80.0	85.0	65.0	20.0	6.0	30.0	9.0	2.0	
温度	−5.2	−5.7	−6.2	−6.8	−7.2	−7.8	−8.5	−9.4	−10.2	

注:高度单位 m,含水量单位 10^{-5} g/m^3,温度单位℃

14.3　人工增水宏观条件

14.3.1　新疆地表水资源分布特点

1.新疆地表水资源在供需总量上存在着严重的失衡

根据新疆水利厅公布的《2007 年水资源公报》,2007 年全疆地表水资源量 816.6×10^8 m^3,地下水资源量 514.0×10^8 m^3,扣除地表水资源量与地下水资源量中的重复计算量 466.9×10^8 m^3,水资源总量 863.8×10^8 m^3。新疆目前的水资源利用,除额尔齐斯河和伊犁河流域水资源开发利用率在 20%左右外,大部分中小河流引水率已达 85%左右。扣除难以开发利用的水量和出境水量,能够直接用于经济、社会发展的水资源是非常有限的。2007 年全疆总供水量仅为 517.7×10^8 m^3。

水资源的需求可分为农业需水量、工业需水量、生活需水量与生态用水量。2007 年新疆现有耕地面积为 378.73×10^4 hm^2,平均毛灌定额为 638.1 m^3/亩,因此新疆农业需水量为 362.50×10^8 m^3。新疆各地、州及兵团单位工业总产值 2007 年为 1620.95 亿元,按照西北地区每万元 GDP 用水 1433 m^3 计算,新疆工业用水量为 232.28×10^8 m^3。人均生活用水包括饮用、炊事、洗衣、洗浴等日常用水,根据国家建设部 2002 年发布的《城市居民生活用水量标准》,新疆地区为每人每天 75～125 L,取中间值为 100 L,则人均年生活需水量为 36.5 m^3。2007 年全疆有 2095×10^4 人口,以此计算,新疆生活需水量大约为 7.64×10^8 m^3。由于新疆气候干燥,生态环境非常脆弱,所以每年的生态需水量远远高于其他省份。按 2007 年新疆实际生态用水量 20.45×10^8 m^3 计算,则农业需水量、工业需水量、生活需水量、生态需水量总和为 622.87×10^8 m^3。根据以上分析,目前新疆经济生活需水总量为 622.87×10^8 m^3。而流域水资源总供给量仅为 517.7×10^8 m^3。因此,新疆水资源供需总量相差超过 100×10^8 m^3,随着整个社会用水需求的不断增长,新疆的水资源供需矛盾将日趋严重。

2.新疆地表水资源空间分布上的供需矛盾

水资源区域分布与经济社会发展布局不协调。以天山山脉为界,可将新疆划分南部和北部两大区域。根据塔里木盆地、准噶尔盆地和吐鲁番盆地的地理环境,可将新疆划分为南疆、北疆和东疆。在水资源分布上,有"北多、南少、东缺"的显著特征,北部地区单位面积水量是南部地区的 2.6 倍;若以策勒—焉耆—奇台划一线,将新疆划分为西北、东南面积大致相当的两部分,西北部分水资源占全疆水资源总量的 93%,而东南部仅占 7%。东疆地区是石油、天然气、煤炭资源的富集区,却是水资源极度匮乏区;乌鲁木齐—奎屯—克拉玛依天山北坡综合经济带,集中了全疆 42% 的经济和科技力量,而水资源仅占全疆的 7.4%。按照地级行政区统计,从年平均降水量看,伊犁、阿勒泰地区多年平均年降水量位居全疆各地州、市之首;而且地表水、地下水资源比较丰富,远远大于本地区开发之需要,受一些政策(政治)条件限制,水资源开发和利用程度较低;吐鲁番、哈密等地区地表水、地下水资源较贫乏,由于地方工业的发展需要,水资源开发利用的程度比较高,目前已经出现了需求远大于供给的局面。

3.新疆地表水资源在季节上存在供需矛盾

新疆的河流主要靠高山冰川和积雪补给,平均每年的冰川融水达 178×10^8 m³,占新疆地表年径流量的 22.5%。所以水资源总量比较稳定,年际变幅较小,但年内分配不均,季节变化规律较复杂。水资源具有"春旱、夏涝、秋缺、冬枯"的特点。大部分河流的春季水量较小,而且大多调节能力弱,不能满足农业特别是棉花的春灌需要,常出现春旱。夏季水量又过于集中,最大的四个月(6、7、8、9 月)水量占整个年径流量的 70%~83%,经常洪水泛滥,很多地区秋季缺水也相当严重。

4.气候变化增湿趋势并不能改变新疆干旱区气候的本质

半个多世纪以来,新疆气候暖湿化特征明显。虽然近 40 年来,新疆总体上存在增湿趋势,山区降水增加的幅度是显著的,未来降水的增加也会在一定程度上增加水资源,但必须清醒地认识到,由于降水量基数很低,降水增加的绝对量十分有限,增湿趋势并不能改变新疆干旱区气候的本质,水资源匮乏仍然是长期制约新疆经济社会可持续发展的主要因素。《中国科学技术蓝皮书》中引用国内外气候专家研究结果认为:从现在到本世纪中期,未来西部地区干旱化的总格局不可能有根本的改变,甚至有进一步加剧的趋势。

由此可见,新疆地表水资源的供需不平衡,矛盾突出。新疆是一个长期水资源贫乏的地区,水资源的可持续利用是新疆经济社会发展的战略问题。随着经济社会的持续快速发展,水资源供需矛盾问题已成为新疆经济社会发展的重要制约因素。

14.3.2　降水分布特征

新疆区域年降水量的空间分布基本上呈现北多南少,西多东少,山区多平原少的特征,降水量的大小与地形分布有着十分密切的关系。降水量高值区主要位于天山山区中西段、阿尔泰山区和塔城的塔尔巴哈台山地区,降水量均在 400 mm 以上;昆仑山区降水量明显低于天山山区,降水量约在 200 mm 左右。山区降水量是新疆区域河水径流主要的补给来源。

新疆区域降水总量(面雨量)多年平均值为 2724×10^8 t,年平均降水量为 165 mm。北疆地区面积约为 34×10^4 km²,占新疆总面积的 20.5%,面雨量多年平均值为 934×10^8 t,约占新疆总面雨量的 34.3%,最大降水区在阿尔泰山和塔城北部的塔尔巴哈台山区,降水量大多在 400 mm 以上。天山山区面积约为 27×10^4 km²,占新疆总面积的 16.3%,面雨量多年平均值约为 1101×10^8 t,约占新疆总面雨量的 40.4%,山区平均年降水量为 409 mm,最大降水区在天山中部的北坡一带及伊犁河谷两侧,降水量大多在 500 mm 以上。南疆地区面积约为 104×10^4 km²,占新疆总面积的 63.2%,面雨量多年平均值为 689×10^8 t,约占新疆总面雨量的

25.3%。最大降水区在南疆西部山区,降水量约为300 mm左右。

14.3.3 空中水汽条件

利用标准网格点高空资料,对新疆阿勒泰、塔诚、克拉玛依、伊犁、乌鲁木齐、库尔勒、若羌、哈密、北塔山、阿克苏、库车、喀什、和田、民丰14个探空站2001—2005年空中各层逐日(07时与19时平均)比湿、水汽通量、水汽通量散度等几个方面进行了分析和计算,反映出新疆空中水汽状况。

1. 比湿

各高度层比湿北疆高于南疆,西部比湿高于东部。比湿最大值均出现在低层,随高度的增加而迅速减小,北疆冬季从地面到850 hPa比湿有逆增现象。南疆各高度层比湿虽然低于北疆,但两者差值并不像降水量那样显著偏少,而且这种差异越到高层越小。

近地面层比湿一般是傍晚(19时)最大,清晨(07时)最小。这种日变化低层表现最明显,随着高度的升高日变化减小,到400 Pa以上几乎无明显的日变化。比湿在夏季最大,冬季最小,春秋季相近。大部分地区比湿最大值出现在7月份,最小值出现在12月份。比湿的年变化低层最为明显,随高度的增加差异变小。

2. 水汽通量

新疆整层水汽输送的主要特征是由南到北基本呈现逐渐减少的趋势,从西向东也呈现减少趋势。这同新疆年降水量的地理分布基本吻合。水汽输送最强的季节是夏季,最弱的是冬季。新疆全年整层水汽通量只有我国东部地区的一半,这是新疆降水少的主要原因。

水汽通量随高度增高而减少,最强的高度北疆5月到7月出现在近地面到850 hPa,其他月份出现在850 hPa到700 hPa;南疆冬季出现在700 hPa到500 hPa,其他季节出现在850 hPa。民丰、和田7月和8月份在400 hPa出现第二层强的水汽输送带,其量值比500 hPa高出0.06~0.82 g/s(图14.7);喀什7月和9月份在500 hPa也出现第二层强的水汽输送带,其量值比700 hPa高出0.08~0.2 g/s。可见来源于副热带急流的偏西和偏西南气流携带的阿拉伯海和印度洋的水汽,在此季节能够越过帕米尔高原进入南疆西部和南部。

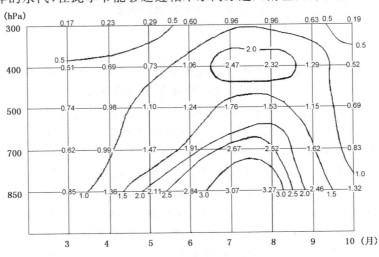

图14.7　和田3—10月水汽通量(单位:g/s)随高度的分布

3.水汽通量散度

新疆水汽通量散度较我国东部地区明显偏弱,水汽通量辐合最大值出现在 5—8 月的 850 ～700 hPa,辐散最大值出现在 12 月的 850 hPa。冬季低层(850 hPa 以下)为辐散,中、高层(700 hPa 以上)为辐合,其他时间整层大气平均呈弱辐合型。

北疆各月水汽通量散度均呈现低层辐散(925～850 hPa)高层(700 hPa 以上)辐合型,最强辐合高度在 700 hPa,此高度以上随高度增加辐合迅速减弱。南疆整层水汽通量 11、12、1 月为辐散,其他各月整层为辐合。冬季低层呈现比较强的辐散,中、高层呈现比较弱的辐合。夏季最强辐合高度出现在 400 hPa,其他季节出现在 500 hPa。辐合强度较全疆平均值明显偏弱,辐散强度则高于全疆平均值。

14.3.4　可降水条件

将一地区上空整层大气的水汽全部凝结并降至地面的降水量称为该地区的可降水量。对降水强度进行时间积分即得到可降水量。

$$W(可降水量) = -\frac{1}{g}\int_{t_1}^{t_2}\int_{p_1}^{p_2}\nabla\cdot\vec{V}q\,\mathrm{d}P$$

表 14.11 给出了新疆各地的 2001—2005 年各月平均可降水量。新疆可降水量的分布特征:北疆可降水量大于南疆;夏季可降水量最大,冬季最小;最大可降水量出现在天山南麓的库尔勒,最小可降水量出现在喀什;可降水量的年际间差异比实际降水量要小。

表 14.11　新疆各地逐月可降水量(mm)

	1	2	3	4	5	6	7	8	9	10	11	12
阿勒泰	4.4	4.3	6.4	13.7	14.9	22.2	21.7	17.6	14.2	10.9	8.2	5.4
塔城	8.6	7.6	13.7	30.0	40.0	42.8	56.0	38.9	23.9	24.7	17.9	10.4
克拉玛依	12.4	11.4	14.6	25.2	26.2	24.7	32.2	25.3	24.2	27.2	22.3	13.1
北塔山	1.3	1.8	3.1	9.7	14.2	24.5	30.0	24.2	9.1	4.3	1.7	1.6
伊宁	5.9	6.4	11.9	20.4	24.4	28.6	28.8	23.5	14.5	11.0	10.0	6.6
乌鲁木齐	14.2	14.4	19.2	22.3	19.9	21.7	26.8	25.7	25.7	29.2	25.2	14.2
阿克苏	3.4	5.6	9.2	13.4	16.6	22.4	25.7	17.5	10.0	7.4	6.8	5.0
库车	2.8	4.2	6.7	15.2	20.4	37.9	44.0	41.8	19.7	6.2	2.6	4.0
库尔勒	8.4	11.3	16.1	22.6	32.5	45.5	61.2	58.3	42.6	25.3	14.0	8.8
喀什	3.2	4.8	9.0	10.0	11.5	12.6	15.1	14.2	8.3	9.7	7.3	5.3
若羌	11.4	10.6	9.1	13.2	16.8	28.1	38.9	31.2	16.1	16.9	15.0	15.0
和田	3.4	4.6	7.2	15.8	28.3	38.9	41.2	35.4	21.5	9.6	4.9	3.7
民丰	4.6	5.2	7.0	13.8	26.3	37.1	40.0	34.6	25.2	10.1	5.4	3.8
哈密	3.6	4.8	5.9	11.9	18.8	25.3	31.2	26.4	14.4	6.7	5.4	3.8

14.4　人工增水潜力

新疆水汽主要受西风带系统的影响,西风环流携带的大西洋及欧亚大陆蒸散的水汽,是新疆最主要的水汽来源。每年流经新疆上空的水汽总量约为 26000×10⁸ t,有 2700×10⁸ t 通过凝结降落到地面。西边界、北边界和南边界为净流入,东边界为净流出。由于新疆地形的原因在对流层中层水汽输送量最大,总水汽流入量为 11765×10⁸ t,总流出量为 11396×10⁸ t,低层和高层水汽输送量相当。夏季流经新疆的水汽量最大,春、秋季次之,冬季最小。新疆区域年平均水汽到降水的转化率为10.4%,最高年份可达14.2%,近40年虽然新疆水汽转化率呈增加趋势,仍低于西北地区15.4%的平均水平,而且远低于全国34%的平均转化率,具有较大的人工增水潜力。

新疆山区云水资源丰富且稳定,降水转化率高,年降水量可达300~800 mm,年降水日数为100~140 d,有干旱区中的"湿岛"之誉,是理想的人工增水区域,空中水资源具有巨大的开发利用潜力。

阿尔泰山是影响我国北方的天气系统必经之地,产生降水的天气系统频繁,平均4~5 d左右就有一次低槽冷锋天气系统过境。而且与新疆其他地方相比,还存在特殊的暖区降水现象,这些天气系统可为人工增水提供比较多的有利时机。阿尔泰山海拔高度多在1000~2500 m,该高度也是山区降水的峰值带。阿尔泰山西南麓是迎风坡,塔城山区是向西开口的喇叭口地形,均有利于空中水汽的汇集和气流的抬升而形成降水,具有较理想的产生降水地形条件。

天山山区有优越的降水和云层条件,天山山脉一带空中7—8月份水汽丰富,冬季也有大量水汽在上空形成降水。天山北坡是迎风坡,伊犁河谷是喇叭口地形,也有利于空中水汽的汇集和气流的抬升而形成降水。天山南坡虽是背风坡,但地形产生的大气背风波遇到合适的水汽条件,产生局地强对流天气的情况比较常见。其次,天山山区地域广阔,气候差异大,几乎一年四季都能找到适合人工增水作业的区域。天山山区冰川积雪面积大,对于水资源的自然调蓄能力强,能够提高人工增水的效益。

14.5　地面增水作业程序

1.作业条件的分析预测

在统计影响新疆降水条件的天气气候特点和多年卫星云图特征、雷达回波特征的基础上,归纳利于降水的天气类型和云系特征,作为识别宜于增水作业的天气形势的预报依据。

2.作业预警

在作业条件分析预测的基础上,结合卫星云图资料,判断有利于人工增水潜力区,指挥中心发布预警,通报空域管制部门,使各地的高炮、火箭进入临战状态,随时待命作业。

3.作业指挥

根据天气分析和实时监测的结果,并与回波催化潜力雷达判断指标进行比较,判断其催化潜力,确定催化剂量、催化部位以及各作业点协同作业方式等,请示空域获准后实施作业。

4.作业效果评估

在作业过程中,雷达要紧密监测目标云的发展,通过分析各种回波参数的变化,初步估计作业的效果,若效果不理想或目标云仍有较大的催化潜力,即可进行二次作业,以获得更好的增水效果。在积累了一定数量的催化云和自然云降水资料后,将催化云回波发展演变特征与自然云进行对比,了解其统计上的差异,来检验作业的增水效果。

14.6　人工增水作业布局

根据新疆地理特点和水资源分布状况,将新疆人工增水作业划分为飞机人工增水作业区和地面人工增水作业区。有关人工增水作业布局内容已在第1章新疆人工影响天气概述中介绍,此处省略。

14.7　人工增水效果分析

通过新疆空中水资源的开发,适时开展人工增水作业,可有效地增加区域降水量,对于改善生态环境、增加河流径流、缓解水资源短缺、改善城市污染和防灾减灾都具有十分积极的促进作用,其综合效益十分明显。下面以 2009—2010 年应急工程实施阶段作为目标,2008 年以前作为对比对象,对人工增水效果进行评价和分析。

14.7.1　降水天气过程偏多

新疆降水天气过程划分为中弱、中度、中度略偏强、中强、强五类。在 1981—2010 年五类降水天气过程中,中弱和中度出现最多,分别占总降水天气过程数的 45％ 和 32％,两者合计为 77％。其余的中度略偏强天气过程占 5％,中强天气过程占 13％,强天气过程占 5％。新疆降水天气过程主要出现在春季(31％)和夏季(30％),秋季(21％)位于第三位,冬季(18％)最少(图 14.8)。

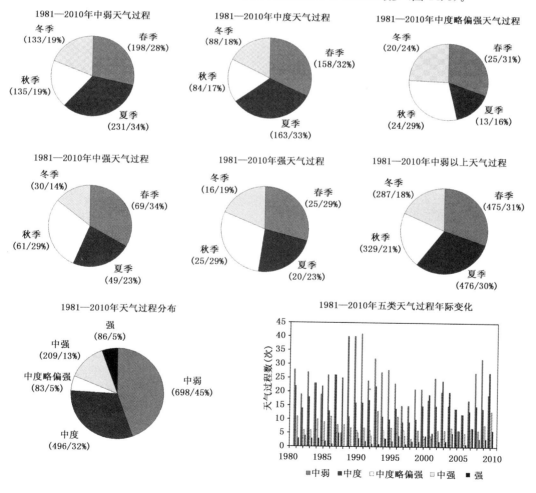

图 14.8　1981—2010 年新疆天气过程的分布和变化

　　1981—2010 年新疆出现中弱以上降水天气过程 1572 次,平均每年出现 52 次。2009—2010 年两年累计出现降水天气过程 126 次,平均每年出现 63 场降水天气过程,较 1981—2010 年气候平均值偏多 11 场,为新疆人工增雨(雪)应急工程的开展提供了较有利的降水天气过程(图 14.9)。

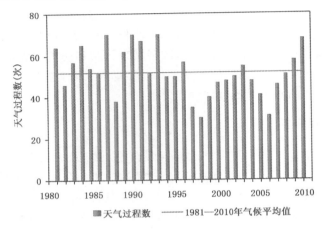

图 14.9　1981—2010 年新疆降水天气过程年际变化

14.7.2　降水量增加明显

　　2009—2010 年应急工程实施期间,北疆年平均降水量 270.4 mm,天山山区年平均降水量471.2 mm,南疆年平均降水量 62.0 mm;工程实施前的 1981—2008 年,北疆年平均降水量218.5 mm,天山山区年平均降水量 420.0 mm,南疆年平均降水量 54.5 mm。工程实施期间相对工程实施前,北疆年平均降水量增加 51.9 mm,相对增加 24%;天山山区年平均降水量增加51.1 mm,相对增加 12%;南疆年平均降水量增加 7.5 mm,相对增加 14%。工程实施期间新疆年平均降水量增加 36.8 mm,相对增加 17%。按作业影响面积 $34 \times 10^4 km^2$ 计算,每年增加降水 $125 \times 10^8 t$,两年累计增加降水 $250 \times 10^8 t$。

14.7.3　草地生态环境趋向良性发展

　　2009—2010 年最大植被覆盖度的平均值(50.22%)与 2006—2008 年最大植被覆盖度的平均值(48.99%)相比,新疆最大植被总覆盖度两年平均比其前 3 年同期平均增加了 1.23%(表 14.12)。2009 年新疆最大植被盖度出现在 8 月为 46.70%,2009 年与前三年同期平均相比,植被盖度减少了 2.29%。2009 年减少的原因主要是因为 2008 年新疆出现了历史上严重的春季和夏季的连旱,进而影响了 2009 年的植被生长情况。2010 年新疆最大植被盖度出现在 8 月为 53.73%,2010 年与前四年同期平均值(48.42%)相比,植被盖度增加了 5.31%。

表 14.12　2006—2010 年新疆最大植被盖度出现时间和盖度构成情况(单位:%)

最大植被覆盖出现时间	总盖度	高盖度	中盖度	低盖度
2006 年 7 月	48.41	4.80	10.86	32.75
2007 年 8 月	49.90	3.94	13.07	32.90
2008 年 8 月	48.67	3.52	11.11	34.05
2009 年 8 月	46.70	3.59	11.06	32.05
2010 年 8 月	53.73	5.73	11.64	36.37

14.7.4　城市大气污染明显好转

　　小量以上的降水天气对城市大气污染物有明显的湿清除能力。2001—2008 年乌鲁木齐年平均蓝天日数 240 d、污染日数 125 d,2009—2010 年平均蓝天日数 263 d、污染日数 101 d(图 14.10)。后两年相对于前八年,乌鲁木齐年蓝天日数增加 23 d,污染日数减少 24 d。通过人工增水工作的开展,乌鲁木齐年蓝天日数相对于年总日数增加 6%。

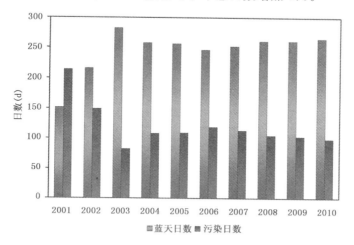

图 14.10　2001—2010 年乌鲁木齐蓝天日数和污染日数年际变化

　　2000—2007 年冬季(11 月至次年 2 月)乌鲁木齐平均蓝天日数 21 d、污染日数 99 d,2008—2010 年冬季平均蓝天日数 38 d、污染日数 82 d(图 14.11)。后三年冬季相对于前八年冬季,乌鲁木齐冬季蓝天日数增加 17 d,污染日数减少 17 d。通过冬季人工增雨(雪)工作的开展,乌鲁木齐冬季蓝天日数相对于冬季总日数增加 14%。

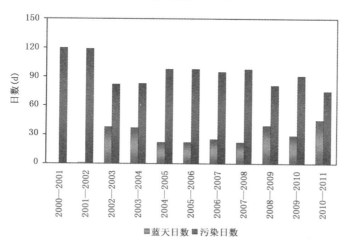

图 14.11　2000—2010 年冬季乌鲁木齐蓝天日数和污染日数年际变化

14.8　降水对空气污染物的湿清除能力分析

采用乌鲁木齐市 2002—2003 年 SO_2、NO_2、PM_{10} 逐日平均浓度值和日降水量资料,分析降水对大气污染物的湿清除能力。日降水量和大气污染物浓度日均值分别是前一日 21 时到当日 20 时的累计值和平均值。设某降水日大气污染物浓度的日均值为 C_T,其前一日的日均值为 C_{T-1},则 $\Delta C = 100 \times \dfrac{(C_{T-1} - C_T)}{C_{T-1}}$,$\Delta C$ 表示该降水日大气污染物浓度较前一日变化幅度占前一日浓度的百分比。$\Delta C > 0$ 表示某日大气污染物浓度较前一日下降,它反映降水对大气污染物的湿清除能力。对同一等级降水日的 ΔC 求平均就可反映出该等级降水对大气污染物的湿清除能力。降水不同等级对应的日降水量范围见表 14.13。

表 14.13　降水不同等级对应的日降水量范围

等级	降水量范围(mm)	等级	降水量范围(mm)
微雨	0.0～0.2	微雪	0.0～0.2
小雨	0.3～6.0	小雪	0.3～3.0
中雨	6.1～12.0	中雪	3.1～6.0
大雨	12.1～24.0	大雪	6.1～12.0

分析表明,降雨对 SO_2、NO_2、PM_{10} 三种大气污染物浓度值均有湿清除作用,不同等级降雨的湿清除能力大小排序为大雨>小雨>中雨>微雨;降雨对三种污染物浓度值的湿清除能力大小排序为 $PM_{10}>NO_2>SO_2$。不同等级降雪的湿清除能力大小排序为中雪>大雪>小雪,而微雪使得三种污染物浓度值增加;小量以上降雪对三种污染物浓度值的湿清除能力大小排序为 $PM_{10}>SO_2>NO_2$。小量以上降雨和降雪对 NO_2 浓度值的湿清除能力,随降水等级变化不大。连续性降水的连续清洗作用使得污染物浓度值连续降低。

14.8.1　降水对大气污染物浓度的影响

降雨对三种大气污染物均有湿清除作用,但湿清除能力不同(图 14.12)。小量以上降雨对 PM_{10} 的湿清除能力明显大于对 SO_2 和 NO_2 的湿清除能力,其中大雨对 PM_{10} 的湿清除能力是 SO_2 和 NO_2 的 2 倍。不同等级降水对三种污染物的湿清除能力大小排序为大雨>小雨>中雨>微雨。微雨对三种污染物的湿清除能力小于 10%,其中对 SO_2 的湿清除能力大于对

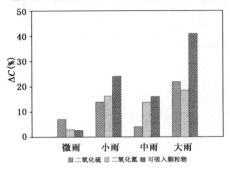
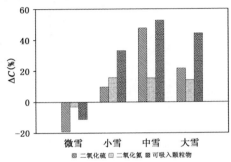

图 14.12　降水对大气污染物浓度值的影响

NO_2 和 PM_{10} 的湿清除能力。对于 NO_2 来说,小量以上降雨出现时,ΔC 随降雨等级的变化较小,为 14%～19%。

除微雪外,小量以上的降雪对三种污染物均有不同程度的湿清除。小雪对 SO_2 和 NO_2 的湿清除在 10%～16%,而对 PM_{10} 的湿清除高达 33%,是前两者的 2 倍。中雪对 SO_2 和 PM_{10} 的湿清除能力大小相当,达到 48%～53%,表明出现中雪时 SO_2 和 PM_{10} 的浓度值减少一半左右。出现大雪时,对 PM_{10} 的湿清除明显高于对 SO_2 和 NO_2 的湿清除。这里值得注意的是 NO_2 的 ΔC 随降雪等级的变化较小,在 14%～16% 之间。综合来看,小量以上降雪对三种污染物的湿清除能力大小排序为中雪＞大雪＞小雪。

当微雪天气出现时,SO_2、NO_2 和 PM_{10} 的浓度值分别上升 19%、3% 和 11%。这是由于乌鲁木齐市冬季微量降雪天气多出现在大气层结比较稳定、对流层中下层呈现较强逆温时的天气即"阴雾或阴雪天气"。这时的气象条件不但不利于大气污染物的稀释和扩散反而还有利于其积聚和增加。

连续两天降水(其中每天降水均为小量以上)对三种污染物的湿清除能力见表 14.14。从表可以看出,连续降雨的每一天,三种污染物浓度值均下降。SO_2 和 PM_{10} 降幅是 NO_2 的 2 倍,且第 1 天 ΔC 大于第 2 天,但相差的百分数并不大。连续降雪日第 1 天三种污染物浓度值均下降,第 2 天 SO_2 和 NO_2 继续下降,但 PM_{10} 略有增加,这表明一方面,地面被雪覆盖后,从地面进入大气的颗粒物明显减少;另一方面,由于乌鲁木齐市冬季采用燃煤方式采暖,发生降雪天气后,供暖加强,燃烧物的颗粒随烟进入自由大气中,降雪携带大气中的 PM_{10} 到达地面,使得观测的 PM_{10} 呈现微弱的增加趋势,从而有降雪第 2 日 $\Delta C<0$ 出现。

表 14.14　连续降水对大气污染物浓度湿清除

	SO_2	NO_2	PM_{10}		SO_2	NO_2	PM_{10}
降雨第 1 天 ΔC/%	12	11	21	降雪第 1 天 ΔC/%	28	14	47
降雨第 2 天 ΔC/%	10	8	17	降雪第 2 天 ΔC/%	20	11	−1
合计(%)	32	19	38	合计(%)	48	25	46

14.8.2　降水对污染物指数等级的影响

根据国家制定的空气污染指数等级与空气污染物浓度范围的对应关系,将降水前 1 天和当天三种污染物的浓度值分别换算成相应的污染指数等级,并统计降水当天较前 1 天污染物等级不变和变化占选取样本的百分率(表 14.15)。污染物指数等级分为 5 级:1 级优、2 级良、3 级轻度污染、4 级中度污染、5 级重污染。

表 14.15　降水对三种污染物指数等级的影响

	SO_2				NO_2				PM_{10}			
降雨	微雨	小雨	中雨	大雨	微雨	小雨	中雨	大雨	微雨	小雨	中雨	大雨
等级不变(%)	100	100	100	100	100	100	100	100	79	50	50	67
下降 1 级(%)									21	50	50	33
降雪	微雪	小雪	中雪	大雪	微雪	小雪	中雪	大雪	微雪	小雪	中雪	大雪
等级不变(%)	81	50	50	80	84	85	83	81	69	50	17	60
下降 1 级(%)		50	50	20	8	15	17	19	8	31	83	20
下降 2 级(%)										13		20
下降 3 级(%)										6		
上升 1 级(%)	19					8				23		

对于 SO_2 和 NO_2 来说,降雨不改变它们的指数等级;PM_{10} 指数等级不变和降 1 级的各占 62% 和 39%。微量降雪发生时 SO_2、NO_2 和 PM_{10} 指数等级大多数情况下保持不变,还有小部分下降 1 级和上升 1 级。中雪主要使 PM_{10} 指数等级下降 1 级,小雪和大雪可使 PM_{10} 指数等级下降 1~3 级。

第 15 章　飞机人工增雨(雪)

新疆冬季飞机人工增雨(雪)是国内第一个针对冬季层状云系进行的大范围人工增水计划。从 1978 年开始,每年在 11 月上旬到来年的 2 月底实施,时间约 60~80 d,是迄今为止国内持续时间最长、规模最大的冬季人工增雪计划。

15.1　新疆冬季人工增雪的主要目的

新疆冬季飞机人工增雪起初的主要目的是增加北疆沿天山地区的冬季降雪量和地表积雪厚度,达到保护冬小麦安全越冬,增加土壤墒情,为春播以及牲畜越冬饮水创造有利条件。由于冬小麦是北疆沿天山地区的主要粮食作物,常因冬季低温少雪而发生冻害,一般年份冻害面积为 6%~8%,严重年份则达 20% 以上,该地区几乎每三年就发生一次严重冻害。从可行性分析冬小麦分蘖节温度 −15℃ 时只要有 5 cm 稳定积雪就可安全越冬。

如今新疆的飞机人工增雨(雪)的目的已不仅仅限于此,新疆受特殊地形和复杂地理条件的影响,极端天气气候事件影响力日趋加剧,干旱等气象灾害频繁发生,严重影响到新疆的农民增收、粮食安全和经济社会发展。实施飞机人工增雨(雪)作业,开发空中云水资源,增加山区冬春季降水量和积雪厚度,缓解新疆水资源短缺,为抗旱减灾、生态环境保护服务,促进新疆经济社会发展和生态环境改善,已成为飞机人工增雨(雪)的主要目的。

15.2　使用的飞机及装备

15.2.1　飞机类型与观测设备

(1)1978—1984 年,使用的是苏制伊尔—12 和伊尔—14 型飞机,安装的云雨粒子观测设备是 TPM−1 型云滴谱仪、TPZ−2 型含水量仪和冰雪晶铝箔取样器。包括温度、飞行高度和空速等观测项目。后来使用了气科院人工影响天气所和吉林省的 PMS 机载云粒子测量系统。主起降机场为乌鲁木齐地窝铺国际机场。

(2)1985—1988 年改装使用了新疆航空公司一架加拿大生产的双水獭型飞机,装备了引进的一套美国生产的 PMS 粒子测量系统和机载碘化银燃烟发生器。主降机场为乌鲁木齐地窝铺国际机场。

(3)1989—1998 年,改装使用了空军苏制安—26 型飞机,装备了 PMS 粒子测量系统和机载碘化银燃烟发生器。主起降机场为昌吉阿纬滩机场。

(4)1999—2003 年,使用了新疆通用航空公司的运—12 型飞机,只改装安装了机载碘化银烟炉。主起降机场为乌鲁木齐地窝铺国际机场。

(5)2004 年使用其他省改装的夏延Ⅲ型飞机。主降机场为乌鲁木齐地窝铺国际机场。

(6)2005 年使用空军运－8 型飞机,安装了碘化银焰弹播撒器、碘化银焰弹发射播撒器。主降机场为库尔勒机场。

(7)2009 年开始使用两架运－8 型飞机,主降机场分别为库尔勒机场和克拉玛依机场同时延长作业时间,在春季 3—5 月也进行飞机人工增雨(雪)作业。

运－8 型飞机(见表 15.1)续航时间为 10 个多小时,控制范围大,符合新疆人工增雨(雪)工作航线长、范围广的需求。运－8 飞机的性能参数见表 15.1。

表 15.1　运－8 飞机的性能参数一览表

机型	国产运－8 飞机		
尺寸数据	性能参数	重量数据	主要装置
翼展 38 m 机长 34.02 m 机高 11.16 m	最大平飞速度 650 km/h 巡航速度 516 km/h 最大爬升率 10 m/s	使用空重 35500 kg 最大起飞重 61000 kg 最大载油量 22066 kg	四台 WJ－6 涡轮螺旋桨发动机。 起飞功率 4 * 4,250 当量马力。
机翼面积 121.86 m² 货舱容积存 23.3 m³	适用升限 10200 m 最大航程 5463 km	最大商务载重 20000 kg	无线电导航设备有航行雷达、 多普勒雷达等

15.2.2　作业播撒催化剂

新疆在实施飞机播撒作业过程中,使用过干冰、液氮、AAC、碘化银－丙酮溶液燃烧烟炉和碘化银复合剂烟条、焰弹等催化剂。

15.2.3　使用的空地传输装备

在飞机作业平台上,新疆开发引进了北斗机载空地传输系统,可将卫星定位技术、数据通信技术、计算机技术、地理信息技术集成于一体,并配合电子地图,实现空地双向、实时信息交流显示。

15.3　新疆飞机人工增雨(雪)作业技术流程

(1)根据天气预报申报人工增雨(雪)作业飞行计划。

(2)根据卫星、雷达和天气实况监测资料,确定作业时间、区域和目标,制定作业计划。

(3)根据飞机探测资料,选择催化云和催化方案。

(4)通过空地传输系统,保持飞机与地面的联络,了解飞机飞行动态。根据地面资料,向飞机作业人员提出作业修正方案。

(5)作业结束后,及时收集各种资料和飞机作业轨迹,分析结果,提出作业过程总结。编制飞机人工增雨(雪)快报和新疆人工影响天气简报,报送自治区领导和各有关部门。

15.4　云微物理理论

15.4.1　云雾形成的核化理论及云粒子

1.云雾粒子形成的核化理论

核化过程:云雾中水相态的变化,总要从新相态的初始胚胎开始,这种胚胎的产生是云雾中水物质状态的突变,称核化过程。核化过程分同质核化和异质核化。

同质核化:如果空气非常纯净,没有杂质,那么云滴胚胎,只能由水汽分子互相结合才能产生,这种过程称为同质核化。在自然界中该过程是十分困难的。实验表明,当空气相对湿度达到 800% 以上时,水汽才出现凝结现象;当温度降低到 -41℃ 时,水滴才会冻成冰晶。

异质核化:在云雾粒子形成中,凡有其他物质作为核参与的核化过程,称为异质核化,这是自然界大气中云雾粒子形成的主要过程。参与云雾形成的核有凝结核、凝华核、冻结核三种。

凝结核:某些物质微粒具有吸附水汽,能使水气凝结成水滴,称为凝结核。

凝华核:能使水汽直接凝华成冰晶的核,称为凝华核。

冻结核:能使过冷水滴直接冻结成冰晶的核,称为冻结核。

2.云粒子

云粒子:是指大气中固、液态水凝物粒子,包括云滴、雨滴、冰雪晶和雹粒等。

云滴:是云中液态粒子之一,尺寸大小从几微米到 50 μm 的称为小云滴;通常半径位于 50~100 μm 的称为大云滴。

雨滴:通常半径大于 100 μm 的大气液态粒子称为雨滴。

冰雪晶:是指大气中水成物的固态粒子,以 0.3 mm 为冰雪晶粒子的分界线。直径小于 0.3 mm 的为冰晶,直径等于和大于 0.3 mm 的为雪晶。

各种降水物的相态及半径范围见表 15.2。

表 15.2　降水物的相态及半径范围一览表

名称		半径范围
雨	毛毛雨	50~250 μm
	连绵雨	300~2000 μm
	阵雨	1500~3500 μm
雪	星体雪及小晶组合	0.5~4.0 mm
	大雪片及雪花	2.6~10 mm
其他固体降水	冰粒	0.5~1.5 mm
	米雪	<0.5 mm
	霰	1~2.5 mm
	小雹	1~2.5 mm
	大雹	2.5~50 mm

15.4.2　云粒子谱

云雾中单位体积的水凝物质粒大小和个数(数密度),可按一定的等尺度间隔,排列成若干组。用每组等尺度间隔的中点值(直径或半径)为该组的代表值,分别计算各组的个数,这称为水凝物质粒谱。云滴则称为云滴谱,雨滴称为雨滴谱,冰雪晶称为冰雪晶谱。

(1)等间隔(Δr):是测量仪器的固定尺度,该值表示测量精度。

(2)云滴浓度(数密度):单位体积内半径为 r_i 的云滴的个数,用 n_i 表示。其单位为(个/m^3)。

(3)云滴总浓度:单位体积内各种尺度云滴的总数,用 N 表示,其单位为(个/m^3),$N = \sum n_i$。

(4)分布密度:单位体积内单位组距中云滴的数。用 $N(r)$ 表示,$N(r) = n_i/\Delta r$,单位(个/$m^3 \times \mu m$)。

(5)总浓度(N):$N = \sum n_i = \sum N(r) \times \Delta r$,单位体积内云滴总个数,单位(个/$m^3$)。

(6)相对浓度(Pi):又称"相对密度"或"频率",$Pi = (n_i/N)\%$。是指半径为 r_i 的云滴占云滴总数的百分比值。

(7)滴谱公式:又称谱函数,它是描述云滴谱分布规律的数学表达式。是据分布特征而拟合的经验公式。常用的云滴谱公式为 Khrgian—Mazin 公式:

$$N(r)dr = Ar^2 e^{-Br} dr$$

①式中 $N(r)$ 是分布密度,A 和 B 为与云雾性质有关的待定系数。

②谱宽:是最小滴与最大滴直径(半径)之差值,实际探测中最小滴很难测定,故以最大滴值为谱宽。

③平均半径(r_p):全部滴的半径总和除以云滴总浓度。

$$r_p = \frac{\sum r_i n_i}{N}$$

④均方根半径(r_2):将所有滴的半径求其平方和的平均值,然后再开方。

$$r_2 = (\frac{\sum r_i^2 n_i}{N})^{\frac{1}{2}}$$

⑤均立方根半径(r_3):将所有滴的半径求其立方和的平均值,然后再开立方。

$$r_3 = (\frac{\sum r_i^3 n_i}{N})^{\frac{1}{3}}$$

⑥峰值半径(r_d):又称重数半径,它滴谱曲线 $N(r)$ 峰值数密度对应的半径。

⑦中值半径(r_m):半数云滴的半径小于或大于此值。

⑧中数体积半径(r_z):即含水量的一半由半径大于此值的滴组成。

⑨优势半径(r_v):即对含水量贡献最多的半径。

雨滴谱公式通常用 Marshall-Palmer(M—P)公式:

$$N(d) = N_0 e^{-\lambda d}$$

式中的 N_0 和 λ 为与雨滴实际观测资料有关的待定系数。

冰雪晶谱:从大量观测资料表明,发现冰雪晶谱也可用 M—P 谱:

$$N(D_0) = N_0 e^{-\lambda D}$$

式中的 D_0 为冰雪晶融解后的相当水滴直径。其待定系数 N_0 和 λ 与冰雪晶实际观测资料有关。

云的微物理特征见表 15.3。

表 15.3　云的微物理特征一览表

云状	半径范围 （μm）	平均半径 （μm）	数密度 （个/cm³）	含水量 （g/m³）	能见度(m)
雾和 St	1～40	4～10	250～1500	0.4～-0.8	50～60
Sc			250～800		40～90
Cu⁻	20 20～40	5 4～6	500 200	0.1～0.4	30～100
Cu⁺	30	4～10	350 200	0.2～1.7	20～100
Cb	3～100	6～15	350 100	0.25～2.0	15～100
Ns	3～80	4～10	80～350	0.2～1.0	70～100
As	1～40	4～10		0.2～0.5	
Ac	4～20	6～8		0.2～0.5	
Ci	50～250 片状,厚度 0～20	0.1～1.0		0.02	
Cs				0.01～0.1	

15.4.3　空中降水物的繁生

雨滴的繁生:当大雨滴下落时,会发生形变,底部成扁平状,以至成凹状,最后发生破裂成许多小水滴,而这些小水滴,又可长成雨滴,这种现象称为雨滴繁生。实验室风洞实验表明,当悬浮在乱流中直水滴的相当半径大到 4.5 mm 时就会破裂。

冰质点的繁生:是指冰粒子破碎成许多小的冰质点,而重新形成许多冰雪晶,称这种过程为繁生。冰晶在云中繁生,主要机制有三种:一是脆弱的冰晶(如辐枝状、针状、鞘状等)与霰与其他冰晶和大水滴碰撞时或受强气流冲击使之破裂;二是在冰质点凇结时形成了碎粒凇晶;三是较大的个别云滴在冻结时破裂。

15.4.4　云的宏观特征参量

云底高:是云底距地面的垂直距离,单位(m)。

云顶高:是云顶距地面的垂直距离,单位(m)。

云厚:是云底距云顶的垂直距离,单位(m)。

含水量:云单位体积内水的含量,单位(g/m³),又称体积含水量。

云中气流:是指云中垂直气流,单位(m/s)。

暖云:是指云的温度在 0℃ 以上的云,主要由水滴组成。

冷云:是指云的温度在 0℃ 以下的云。由冰雪晶和过冷水滴组成。

过冷水:在 0℃ 以下的云中仍未冻结的水滴。

混和云:由水滴和冰雪晶共同组成的云。

15.5　人工增雨(雪)作业观测

15.5.1　飞机宏观观测

1.大气温度

在飞机上测量大气温度是一项很复杂的技术。飞机在飞行中与大气摩擦,机身边界层大气会产生动力增温,所以在飞机机身外测量的温度要比实际大气温度偏高,这个高出的动力增温值与飞行速度有关。

$$\triangle T = \alpha V^2$$

式中$\triangle T$是动力增温值,α是动力增温系数,V是飞行速度。实际的大气温度:

$$T = Tb - \triangle T$$

这里T为实际的大气温度,Tb为测量的机身边界层大气温度,α要经试验得出,并必须定期鉴定。

2.飞行高度

飞机到某一基准水平面的垂直距离,叫飞行高度,简称高度。可区分为:

(1)相对高度:飞机到机场平面的垂直距离。

(2)真高度:飞机到正下方地平面的垂直距离。

(3)绝对高度:飞机到标准海平面的垂直距离。

通常情况下,飞机仪表显示的高度为相对高度,在处理资料过程中,要订正到绝对高度距离。

3.飞机飞行速度

(1)空速(V):飞机相对于空气运动的速度。

(2)地速(W):飞机与地面相对运动的速度。

地速(W)＝空速(V)＋风速×cos【Fj(风角)】。

(3)飞机颠簸:飞机颠簸等级见表15.4。

表 15.4　飞机颠簸等级一览表

颠簸强度		不同速度飞行下的状态特征		
等级	符号	300～500 km/h	500～600 km/h	600～800 km/h
弱	∧	飞机很小抖动,有摇摆,被轻微抛上抛下	飞机很小抖动,被轻微抛上抛下	飞机抖动,有抛上抛下。
中	⋀	飞机剧烈摇摆,强烈抖动,频繁地抛上抛下	飞机抖动,频繁地抛上抛下	飞机强烈抖动,频繁地抛上抛下。
强	⋀	飞机猛烈地抛上抛下,飞机极难操作。	飞机强烈、频繁地抛上抛下,高度变化大	飞机强烈抖动,频繁、剧烈抛上抛下。

(4)飞机积冰:飞机积冰类型、特点及条件见表15.5。

表 15.5　飞机积冰类型、特点及条件一览表

积冰类型	形状	结构	条件
明冰	似地面的薄冰,表面光滑透明	冻得坚实	气温在 0℃ 至 −10℃ 的雨中或云中飞行的飞机
凇冰	不透明,表面粗糙	粒状冰晶组成,松脆	飞机在气温 −20℃ 左右的云中飞行
毛冰	表面粗糙不平,色如白瓷	冻得比较坚固	飞机在 −5℃～−20℃ 的云中

15.5.2　飞机云降水粒子观测

云降水粒子在相态上分液态和固态两类,划分为云粒子(云滴与小冰晶)和降水粒子(雨滴与雪晶)两部分。这些粒子的尺度从 1 μm 到 cm(雹)量级,云滴半径为 1～100 μm;雨滴的半径大于 200 μm;冰晶小于或等于 300 μm;雪晶雪花大于 300 μm。云滴浓度 10^9 个/m^3,降水粒子浓度 10^1 个/m^3。这些粒子都是大气中成云致雨的水凝物,是云雾降水物理科学试验探测的重点对象和人工影响天气作业的重要参数。

(1)云滴谱:取样器用 16 mm 的电影胶片为片基,用糊晶为涂料熏碘,采用直接取样进入云雾中捕获水滴粒子,水滴撞击取样器后,留下黄色斑痕。用显微镜读出斑痕的大小和个数,通过鉴定斑痕与水滴大小的关系来测量粒子尺度大小和数浓度。

(2)含水量:云中的液态水主要是以云滴(半径 1～50 μm)、雨滴(250 μm 以上)和中等大小(50～250 μm)的水滴的形式存在,用飞机测量云中含水量通常用下式:

$$W = m/s \cdot t \cdot v$$

进行计算,式中 W 为含水量值,m 为测量云中水滴后计算所得的水的重量,s、t、v 分别为仪器取样面积、取样时间和飞行真空速度。

由于云中水滴大小不同,取样器伸出飞机机身的部位不同,测量仪器对云中水滴收集效率也不相同,总有一部分云中水滴主要是小滴被分离,从而造成测量误差。因此,在飞机上测量云中液态水含量,科学合理地安装探测仪器,尽量减少测量误差以保证资料的可靠信。而面对测量的云中水滴由于尺度不同,取样也有不同的要求见表 15.6。

表 15.6　不同粒子尺度范围的取样要求一览表

项目　　名称	小的	中间的	大的
水滴	云滴	毛毛雨	雨滴
冰晶	—	云冰	雪花
水滴直径或冰的大小	1～50 μm	50～250 μm	250 μm
预期的总浓度	1～10^3 个/cm^3	1～10^3 个/L	1～10^3 个/L
1 千米飞行路径的取样体积	10 cm^3	10L	10L
取样面积	$10^{-2} cm^2$	1 cm^2	$10^3 cm^2$

新疆飞机人工增雨(雪)曾经使用过枪式纸带含水量仪,这种仪器利用滤纸吸收水分强的

原理,伸出机身的部位装上滤纸吸入云雾中的液态水,测定吸水后滤纸上生成的斑痕大小,来换算含水量值。

(3)冰雪晶粒子:使用铝箔取样器来测量大云滴、雨滴和冰雪晶粒子。当粒子撞击后,在铝箔上留下一个印痕,测量印痕大小,通过鉴定值订正,即可获得粒子的实际尺度。同时观测印痕图像还可鉴别固态粒子的形状。

(4)PMS 机载粒子探测系统

PMS 机载粒子探测系统可在现场测量、记录、显示云粒子谱、测量云、雨粒子谱和图像、降水粒子谱和图像,这些资料对了解目标云的粒子情况和作业十分重要。机载 PMS 探测系统设备的种类和主要性能参数见表 15.7。

表 15.7　机载 PMS 探测系统设备的种类和主要性能参数

仪器名称	用途	测量范围	分辨率
FSSP－100 前向散射 小云滴谱探头	测量云粒子谱	档♯0:2.0～47.0 μm	3.0 μm
		档♯1:2.0～32.0 μm	2.0 μm
		档♯2:1.0～16.0 μm	1.0 μm
		档♯3:0.5～8.0 μm	0.5 μm
OAP－2D－C 二维云 粒子探头	测量云、雨粒子 谱和图像	25～800 μm	25 μm
OAP－2D－P 二维降 水粒子探头	降水粒子谱和图像	200～6400 μm	200 μm
2D－64 处理器	记录、显示	连接各类探头与记录器	

①FSSP－100(前向散射小云滴谱探头)

仪器尺寸:104.5 cm(长)×17.78 cm(直径);重量:18.2 kg;V/Hz:115V/50－400Hz,28Vdc;W/A:120 W/1.0A;通道数 15;激光束宽 0.255 mm;采样面积 0.540 mm^2;量程:0.5－47;$\Delta D=0.5-3.0\ \mu m$

0♯ 2－47 μm;$\Delta D=3.0\ \mu m$

2－5 μm;5－8 μm;8－11 μm;11－14 μm;14－17 μm;

17－20 μm;20－23 μm;23－26 μm;26－29 μm;29－32 μm;

32－35 μm;35－38 μm;38－41 μm;41－44 μm;44－47 μm

1♯ 2－32 μm;$\Delta D=2.0\ \mu m$

2－4 μm;4－6 μm;6－8 μm;8－10 μm;10－12 μm;

12－14 μm;14－16 μm;16－18 μm;18－20 μm;20－22 μm;

22－24 μm;24－26 μm;26－28 μm;28－30 μm;30－32 μm

2♯ 1－16 μm;$\Delta D=1.0\ \mu m$

1－2 μm;2－3 μm;3－4 μm;4－5 μm;5－6 μm

6－7 μm;7－8 μm;8－9 μm;9－10 μm;10－11 μm

11－12 μm;12－13 μm;13－14 μm;14－15 μm;15－16 μm

3♯ 0.5－8 μm;$\Delta D=0.5\ \mu m$

0.5－1.0 μm;1.0－1.5 μm;1.5－2.0 μm;2.0－2.5 μm;2.5－3.0 μm;

3.0－3.5 μm;3.5－4.0 μm;4.0－4.5 μm;4.5－5.0 μm;5.0－5.5 μm;

5.5—6.0 μm;6.0—6.5 μm;6.5—7.0 μm;7.0—7.5 μm;7.5—8.0 μm;

②OAP—2D—C(二维云滴图像谱探头)

尺寸:98.87 cm(长)×17.78 cm(直径);重量:20.25 kg;V/Hz:115V/50—400 Hz,28Vdc;W/A:120W/1.0A;光电管阵列:32;量程:25—800 μm;$\Delta D = 25$ μm。

25—50 μm;50—75 μm;75—100 μm;100—125 μm;

125—150 μm;150—175 μm;175—200 μm;200—225 μm;

225—250 μm;250—275 μm;275—300 μm;300—325 μm;

325—350 μm;350—375 μm;375—400 μm;400—425 μm;

425—450 μm;450—475 μm;475—500 μm;500—525 μm;

525—550 μm;550—575 μm;575—600 μm;600—625 μm;

625—650 μm;650—675 μm;675—700 μm;700—725 μm;

725—750 μm;750—775 μm;775—800 μm。

③OAP—2D—P(二维降水粒子图像谱探头)

尺寸:98.87 cm(长)×17.78 cm(直径);重量:20.25 kg;V/Hz:115v/50—400Hz,28Vdc;W/A:120W/1.0A;光电管阵列:32;量程:200—6400 μm;$\Delta D = 200$ μm

200—400 μm;400—600 μm;600—800 μm;800—1000 μm;

1000—1200 μm;1200—1400 μm;1400—1600 μm;1600—1800 μm;

1800—2000 μm;2000—2200 μm;2200—2400 μm;2400—2600 μm;

2600—2800 μm;2800—3000 μm;3000—3200 μm;3200—3400 μm;

3400—3600 μm;3600—3800 μm;3800—4000 μm;4000—4200 μm;

4200—4400 μm;4400—4600 μm;4600—4800 μm;4800—5000 μm;

5000—5200 μm;5200—5400 μm;5400—5600 μm;5600—5800 μm;

5800—6000 μm;6000—6200 μm;6200—6400 μm。

15.5.3　地面云降水观测

(1)天气雷达观测:在冬季人工增雨(雪)作业时,利用北疆沿天山一带的天气雷达监测网,对云系实施监测,提供作业云层条件和作业时机。

(2)探空观测:利用 701 测风探空雷达,进行跟踪加密观测(3 h 或 6 h)。同时选择时机,利用系留气球进行低空探空观测(1400 m)。

(3)地面雪强观测:在作业区设置多个观测点,利用称重法进行雪强观测,间隔 20 min 一次。

(4)地面降雪微物理观测:有雪晶的印模复制(Formver)法和显微照相法、融雪滴谱观测。

(5)陆基微波辐射计观测:1992 年采用北京大学研制的双波长微波辐射计对降雪天气进行了观测。取得了微波辐射计在新疆降雪天气上的观测资料。

(6)地面降雪化学分析:在空阔、较为洁净的环境中,收集降雪,放入洁净的水样瓶中,后由化学分析实验室进行微量化学分析。

15.6　新疆北疆冬季层状云的物理结构

15.6.1　冬季层状云物理结构

北疆冬季层状云分两种：

（1）锋面云：天气形式为冷锋过境时产生的云系，通常有 2～3 层结构，产生的是系统性降水，对新疆冬季降水贡献大。水平尺度东西长 200 km 左右，南北宽 100 km 左右，云厚 3～5 km，低云云底海拔高度 1300 m，云顶 2400 m，云中温度 −11～−13℃；中云云底高度 2900 m，云顶 3600 m，云中温度 −14～−17℃；高云在飞机探测范围之上，无法测定；冬季 0℃层平均高度 1160 m，锋面层状云是新疆冬季降水的主要云系。

（2）气团内部云：气团内部低云是新疆冬季出现的一种特殊类型云系，冬季准噶尔盆地边界层局地水汽循环，是低云形成的重要水汽来源。

北疆冬季层状云降水云系的雷达回波强度，通常都在 10 至 30 dBz，云层顶部平坦。水汽来源一是天气系统从西方带来水汽，占主要部分。二是冬季准噶尔盆地内部低层累计的水汽，可能是低层云系形成的主要水汽来源。

新疆冬季层状云是典型的冷云，冬季的主要降水过程，出现在 11 月份。降水随时间和空间的分布有很大的起伏变化。

15.6.2　冬季层状云微物理结构

云中冰晶浓度 1～10 个/L，雪晶浓度 0.1～1 个/L，较同纬度其他地区偏低。地面冰核浓度在 −20℃的平均值为 4.5 个/L，与云中冰晶浓度相当。云中过冷水区较厚，一般在几百米到上千米，液态水含量在 0.1～0.2 g/m³，有时可达 0.5 g/m³。

15.6.3　增雨（雪）机制

新疆北疆冬季层状云降雪的物理机制基本是 Seeder-Feeder（播撒—供给）过程，催化云与供水云常是分离的云体，中间为无云区，催化云的云顶温度一般在 −20℃以下，而供水云的云顶温度通常在 −20℃以上。降水分配为催化云一般占 30%，供水云 70%。

天山对低层云产生地形抬升作用，增大了低层水汽的凝结，增强了低层供水云。当锋面抵达开始阶段，供水云云顶温度高于 −20℃且没有高层催化云的自然催化时，降水效率很低，因此具有人工引晶催化的潜力。随着锋面的移动，作业区上空形成深厚的 Seeder-Feeder（播撒—供给）云系配置时，由于有强的自然催化作用产生，可以耗尽供水云中的过冷液态水。因此，人工催化作业应尽量在天气系统过程的早期进行，在降水天气系统的中、后期，不适宜进行人工催化作业。

15.7　飞机人工增雨（雪）效果分析

15.7.1　北疆沿天山一带冬季人工增雨（雪）的初步效果分析（1978—1998 年）

（1）降水量：冬季降水量，人工增雪后比人工增雨（雪）前增加 38.2%，达到 7.4 mm，比自然增加率高 20%。统计检验表明,人工增雨(雪)使北疆沿天山一带的冬季降水量增加 20.5%,约 4.6 mm。显著度水平 0.01。在人工增雪期间,每年平均增加降水总量 1.656×10^8 t。21 年总量约 35×10^8 t。

(2)降水日数:人工增雨(雪)期间,冬季降水日数也相应增加,且$\geqslant 5.0$ mm 的降水日数增加率$\geqslant 1.0$ mm 的降水日数。

冬小麦冻害:人工增雨(雪)后,北疆沿天山一带的冬季平均积雪厚度增加 1.2 cm。北疆沿天山一带冬小麦冻害面积减少 80%。

通过对人工增雨(雪)减轻冬小麦冻害的经济效益评估,北疆沿天山一带每年减少播种成本约 2000 万元,21 年合计约 4 亿元。

15.7.2　新疆冬季飞机人工增雪作业效果统计检验

科学客观的人工增水作业效果检验,对提高播撒水平,验证和改进人工增水理论和方法非常重要。评估人工增水作业的效果一般有两种方法,一种是物理检验方法,即通过对监测到的云物理信息来判断作业后是否出现预期的云物理响应。第二种是统计检验方法,即在一定置信水平下检验作业效果是否明显。

选取 1960—1998 年飞机作业区和对比区逐年 12 月降水量资料,采用统计方法分析新疆冬季飞机人工增雪对比区和作业区 12 月份降雪量的相关关系,利用相关关系计算增雪效果和增雪量。计算结果表明,飞机人工增雪作业效果是显著的。在实施飞机人工增雪的 1978—1998 年冬季 12 份降水量平均增加量为 5.9%,在降水偏多的年份其增加量达到 13%。飞机人工增雪作业重点应选择在降水云层出现次数较多,自然降水量较多的年份开展,以增加其作业效果。

1.作业区和对比区设计

作业区域主要是东起木垒西到博乐的北疆沿天山一带,播撒对象是新疆冬季降水的主要云系为层状云。

(1)作业区的选择:新疆开展冬季飞机人工增水作业以来,先后使用了地窝铺、昌吉阿尾滩、库尔勒机场为基地。由于受到天气系统的限制,每次飞行作业区域和航线虽有不同,但北疆沿天山一带是作业的首选区域,作业基本覆盖乌鲁木齐、昌吉、石河子、炮台一带。该区域是北疆沿天山主要经济带,又属于同一气候区,冬季降雪天气过程基本一致。因此确定乌鲁木齐、昌吉、石河子、炮台为代表的北疆沿天山一带作为作业区。

(2)对比区的选择应具备的条件。①应位于作业区的上风方,且与作业区相距 50 km 以上,对比区未受作业污染;②对比区与作业区降水天气系统基本相似,降水趋势基本相同,对比区应位于作业区的天气上游;③对比区与作业区地形相似,面积基本相当;④对比区与作业区降水的相关性较好,相关系数应通过 0.01 显著性水平检验。

(3)对比区的确定。根据对比区选择应具备的条件要求,确定位于伊犁河谷中部的伊宁市和霍城县所代表的广大区域为对比区。以伊宁市和霍城县为代表的广大区域位于伊犁河谷中部的平原地区,距作业区西部边缘 100 km 以上。伊犁地区只有在个别年份进行过冬季人工增雪作业,对冬季降水量的影响甚小。对比区与作业区基本位于同一纬度带(表 15.8),降水天气的水汽来源,均以西来水汽为主。形成降水的天气系统均以中亚低值系统为主,降水天气系统首先进入对比区,然后再东移进入作业区产生降水。对比区与作业区均为辽阔的平原区域,地形基本相似。

表 15.8　作业区与对比区地理概况

	作业区			对比区		
	乌鲁木齐	昌吉	石河子	炮台	伊犁	霍城
纬度	43°07′	44°01′	44°19′	44°51′	43°57′	44°03′
经度	87°37′	87°18′	86°03′	85°15′	81°20′	80°51′
海拔高度(m)	917.9	577.2	442.9	337.1	662.5	640.0
气象记录开始年份	1951	1953	1954	1954	1951	1959

(4)对比区和作业区评价时间选择为 12 月份。在开展冬季飞机人工增雪作业之前,对比区与作业区 12 月份降水趋势相似,对比区降水偏多(少)的年份,作业区也同样为降水偏多(少)的年份(表 15.9)。以飞机人工增雪作业前的 1960—1977 年每年 12 月份,乌鲁木齐、昌吉、石河子、炮台 4 站的平均降水量代表作业区的降水量,伊宁市、霍城县 2 站的平均降水量代表对比区的降水量,作业区与对比区降水的相关系数为 0.6820,通过 0.01 的显著性水平检验,证实对比区与作业区 12 月份降水量相关显著。

表 15.9　作业区与对比区 1960—1977 年逐年 12 月份降水量(mm)

	作业区					对比区		
年份	乌鲁木齐	昌吉	石河子	炮台	平均	伊犁	霍城	平均
1960		4.9	4.0	3.2	4.0	12.7	11.5	12.1
1961	2.5	1.8	2.9	1.7	2.2	1.4	0.5	1.0
1962	6.5	8.1	5.4	0.0	5.0	9.9	8.5	9.2
1963	5.0	5.3	9.1	10.3	7.4	14.4	18.4	16.4
1964	20.2	18.2	16.8	8.7	16.0	17.0	21.5	19.3
1965	11.5	10.0	6.4	7.2	8.8	7.6	3.8	5.7
1966	14.1	13.9	16.8	15.7	15.1	31.3	24.9	28.1
1967	0.3	0.1	0.0	0.1	0.1	1.7	1.2	1.5
1968	2.9	1.9	2.7	10.3	4.5	31.9	27.3	29.6
1969	4.4	5.4	7.3	8.3	6.4	6.0	7.9	7.0
1970	6.9	6.0	6.9	10.4	7.6	19.8	18.4	19.1
1971	15.9	17.1	12.8	9.8	13.9	44.1	38.9	41.5
1972	11.2	10.6	5.3	0.8	7.0	14.8	18.1	16.5
1973	1.0	2.1	1.1	1.4	1.4	6.8	4.1	5.5
1974	1.7	1.0	1.0	0.9	1.2	1.6	2.1	1.9
1975	9.9	10.5	10.8	10.2	10.4	28.6	25.1	26.9
1976	12.1	10.3	13.9	7.5	11.0	42.7	35.3	39.0
1977	27.4	22.6	21.7	20.1	23.0	36.2	30.2	33.2
平均	9.0	8.3	8.1	7.0	8.1	18.3	16.5	17.4

2. 冬季 12 月份飞机人工增雪效果分析

新疆冬季层状云含有较丰富的过冷水,但由于云中自然冰晶含量较少,致使过冷水转化为自然降水的概率较低。通过飞机对云层播撒催化剂后,增加云中冰核的浓度,促进过冷水转化,从而达到增加自然降水的目的。为了分析作业效果,分别计算了 1978 年飞机人工增雪作业后的 21 年(1978—1998)作业区与对比区逐年 12 月份的降水量和降水增长率(表 15.10,表 15.11)。从表可以看出,飞机人工增水作业后的 21 年,作业区平均降水量有明显的增加。乌鲁木齐、昌吉、石河子、炮台四站分别增长 51.1%、20.5%、40.7%、25.7%,平均增长 34.6%。对比区的伊犁和霍城分别为 34.4%、21.8%,平均增长率为 28.7%。作业区与对比区相比较增多了 5.9%,飞机人工增水作业总体效果是明显的。从对比区降水的增加也表明新疆降水出现增多的趋势。

表 15.10　1978—1998 年作业区与对比区逐年 12 月份降水量(mm)

| 年份 | 作业区 | | | | | 对比区 | | |
	乌鲁木齐	昌吉	石河子	炮台	平均	伊犁	霍城	平均
1978	10.3	12.5	12.5	9.0	11.1	26.3	31.0	28.7
1979	7.5	9.5	6.5	8.1	7.9	20.8	8.8	14.8
1980	8.0	9.1	5.3	9.2	7.9	19.9	7.8	13.9
1981	10.4	9.4	17.5	8.0	11.3	18.0	12.6	15.3
1982	6.6	4.5	4.3	2.3	4.4	2.3	1.0	1.7
1983	6.2	2.9	4.0	6.1	4.8	8.4	12.1	10.3
1984	16.6	10.5	10.8	13.7	12.9	29.2	24.1	26.7
1985	4.9	4.1	7.2	8.7	6.2	24.0	26.9	25.5
1986	30.4	12.8	8.8	6.2	14.5	21.9	20.1	21.0
1987	14.8	7.4	9.4	9.0	10.2	27.2	25.4	26.3
1988	8.8	13.0	13.8	8.8	11.1	11.1	14.0	12.6
1989	8.4	8.4	16.2	10.7	10.9	34.7	32.2	33.5
1990	6.9	5.7	5.6	4.5	5.7	7.8	8.7	8.3
1991	16.3	15.6	14.7	5.3	13.0	28.9	12.6	20.8
1992	23.5	17.9	16.6	11.3	17.3	34.3	25.6	30.0
1993	17.7	7.9	21.5	23.7	17.7	27.0	12.2	19.6
1994	35.3	14.6	13.1	8.2	17.8	38.5	38.1	38.3
1995	15.7	10.9	9.5	4.5	10.2	16.5	9.6	13.1
1996	9.2	12.6	14.9	5.5	10.6	32.6	24.8	28.7
1997	7.2	7.1	8.7	7.9	7.7	31.6	29.3	30.5
1998	20.2	12.9	19.0	14.3	16.6	55.6	44.5	50.1
平均	13.6	10.0	11.4	8.8	10.9	24.6	20.1	22.4

表 15.11　作业区与对比区降水平均增长率

| | 作业区 | | | | | 对比区 | | |
	乌鲁木齐	昌吉	石河子	炮台	平均	伊犁	霍城	平均
1960—1977 年平均降水量(mm)	9.0	8.3	8.1	7.0	8.1	18.3	16.5	17.4
1978—1998 年平均降水量(mm)	13.6	10.0	11.4	8.8	10.9	24.6	20.1	22.4
增长率(%)	51.1	20.5	40.7	25.7	34.6	34.4	21.8	28.7

增长率＝100×[(1978—1998 年平均降水量)－(1960—1977 年平均降水量)]/(1960—1977 年平均降水量)

冬季飞机人工增雪作业期间,总体上作业区 12 月份降水量有所增加,但不同年份增加量有所不同。在降水量偏多的年份,作业区降水量增加量较多;降水量偏少的年份,增加量较少,甚至出现负增长。这是因为在降水少的年份,降水云层出现次数少,云中含水量低,适合作业的机会少,即使进行飞机催化作业,降水增加量也不会太多。而降水较多的年份,由于降水云层出现次数多,云中过冷水含量丰富,适合飞机作业的机会多,飞机催化作业后效果会更加明显。

　　1978—1998 年,作业区平均降水量大于 10 mm 的年份共出现了 14 年。作业区 14 年平均降水量 13.2 mm,相对于作业区 1960—1977 年平均降水量 8.1 mm 增加 63.0%;对比区 14 年平均降水量 26.1 mm,相对于对比区 1960—1977 年平均降水量 17.4 mm 增加 50.0%。在降水量丰富的年份,作业区 12 月份降水量高出对比区 13%。这充分证实,合理选择作业时机,实施科学作业,冬季飞机人工增雪作业效果是显著的。

第三编

技术装备研发与应用

第 16 章　多种弹型火箭发射装置

　　火箭发射装置主要是用来进行火箭发射前的测试并完成火箭的发射。防雹增雨火箭属于无控火箭,发射装置的好坏与火箭飞行状态密切相关。它提供火箭飞行弹道相应的初始速度、方位角和仰角,以便稳定飞行,并能达到预定的高度。

　　多种弹型火箭发射装置是新疆人工影响天气办公室自主研发的火箭作业专用工具,主要由发射架、发射控制器和连接电缆线三部分组成。

　　适用于陕西中天火箭有限公司生产的 WR−98 型、中国人民解放军第三三零五工厂生产的 HJD−82 型、内蒙古北方保安民爆器材有限公司生产的 RYI−6300 型和国营九三九四厂生产的 BL−1 型增雨、防雹火箭弹的检测与发射。操作简单、性能稳定,广泛用于新疆人工影响天气火箭作业中,如图 16.1、16.2、16.3、16.4 所示。

图 16.1　发射 WR−98 型火箭图

图 16.2　发射 HJD−82 型火箭图

图 16.3　发射 BL−1 型火箭图

图 16.4　发射 RYI−6300 型火箭图

16.1　火箭发射架

发射架是用于装载和定向发射火箭弹的机械装置。

16.1.1　构造原理

发射架主要由定向器、主支撑机构、地面基架或车载滑轨组成,实物如图 16.5、16.6 所示。

图 16.5　地面固定式发射架实物图

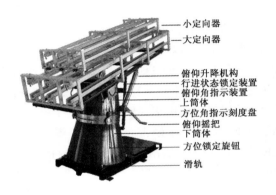

图 16.6　车载移动式发射架实物图

1. 定向器

定向器由托架、导轨、轨道撑架、挡弹器等组成,实物如图 16.7 所示。材质为铝合金,质量轻并能防锈,6 组轨道分上下两层,每层 3 个轨道,一次可以装载 6 枚不同规格的火箭。

图 16.7　定向器实物图

图 16.8　托架实物图

（1）托架

托架是由矩形钢管焊接而成的长方形框架,实物如图 16.8 所示,起支撑和固定轨道撑架的作用。托架的上面用螺栓将定向器轨道撑架固定住,下面则通过销轴与俯仰机构连接,再由耳轴与上筒体上部两轴连接。

（2）轨道

上下两根导轨可组成一个火箭发射轨道,轨道口径的大小由火箭弹的直径确定。

（3）导轨

每个发射轨道由上、下两根导轨组成,包容圆直径分别为 $\phi56$ mm、$\phi66$ mm、$\phi82$ mm,导轨通过螺栓固定在轨道撑架上。上、下导轨留有点火装置安装孔、撑架安装孔和挡弹器安装孔。导轨采用铝合金材料一次成型工艺制成,经氧化处理,防锈、轻便。如图 16.9 所示。

图 16.9 φ56 mm、φ66 mm、φ82 mm 导轨

图 16.10 大、小轨道撑架

（4）轨道支撑架

轨道撑架用铝合金型材加工组合而成。分为大轨道支撑架和小轨道支撑架。φ56 导轨固定在小轨道支撑架上，φ82 导轨、φ66 导轨固定在大轨道支撑架上，实物如图 16.11 所示。

（5）导轨垫块

φ82、φ66、φ56 口径的三种导轨垫块均采用铝合金材料一次成型工艺制成，保证了导轨垫块精度和轨道口径的一致性。道轨口径可根据用户需求，通过更换不同的导轨垫块而实现，实物如图 16.11 所示。

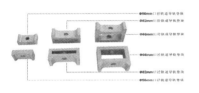

图 16.11 导轨垫块

图 16.12 档弹器

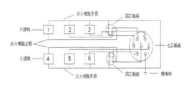

图 16.13 测试/点火线路图

（6）档弹器

在大小轨道每个通道的后端，装有可以调整 20 mm 距离档弹器，实物如图 16.12 所示。火箭进入导轨后，档弹器挡片自动下垂，将火箭弹顶住，不致滑落。

（7）检测/点火线路

发射架上线路用于火箭的通电检测和点火发射，由点火触头、接线柱、导线、护线管和电缆头、电缆插座等组成。

定向器上 6 组轨道的测试/点火线路分两组，用两个 4 芯电缆头接到上筒体的两个 4 芯插座上，最后经过下筒体的 7 芯插座与发射控制器相连。测试/点火线路如图 16.13 所示。

（8）点火触头总成

点火触头总成是火箭发射架线路与火箭弹上点火片直接接触的装置，由铜制触头和弹簧、绝缘管套等组成。

在大轨道各导轨的中前部，装有上、下各一个点火触头总成，用来与 82 mm、66 mm 火箭腰部点火片（或导电环）接触，传递火箭发射电能量。上点火触头总成接发射电源（＋），下点火触头总成接地（－）实物如图 16.14 所示。

（9）接线柱

在大轨道各上导轨最后端的导轨垫块上，装有两个接线柱，一个正极，一个负极，用来与小火箭点火线相接，传递点火电源，实物如图 16.15 所示。

图 16.14　点火触头

图 16.15　接线柱

（10）电缆插头、插座

火箭发射架下筒体上安装一个 7 芯插座，通过 7 芯电缆线与发射控制器连接，上筒体安装两个 4 芯插座，通过导线分别与大、小通道点火触头总成或接线柱相连。插头、插座实物如图 16.16、16.17 所示。

图 16.16　四芯插头座　　　　　图 16.17　七芯插头座　　　　图 16.18　护线管安装座

（11）护线管

普通 $\phi6$ mm 内径铜管，导线从中穿过，起到保护导线的作用。

（12）护线管安装座

护线管安装座是用普通的铜棒加工、表面镀锌而成，其作用是将护线管固定在轨道支撑架上，实物如图 16.18 所示。

2.主支撑机构

由下筒体、方位机构、方位锁定装置、三角支撑架、上筒体、俯仰机构等组成。

（1）下筒体

下筒体为火箭发射架主体支座，筒体采用 2 mm 厚钢板卷焊而成，形如锥体。安装在滑轨托架（移动式用）或固定支架（固定式用）上，实物如图 16.19 所示。

图 16.19　下筒体　　　　　图 16.20　方位机构　　　　图 16.21　三角支撑架

（2）方位机构

方位机构是一个平行转盘，采用铸造工艺加工而成。分上、下两片，边缘有滚珠，通过中间轴用锁片连接在一起。下片用螺栓固定在下筒体上，并刻有 0°～360°的方位度盘；上片用螺栓固定在上筒体上。上片装有方位锁定装置，结构如图 16.20 所示。

（3）三角支撑架

三角支撑架是用钢管焊接而成，上部用螺栓连接轨道托架，下部安装在下筒体上，起到在行军状态下固定定向器的作用,实物如图 16.21 所示。

（4）上筒体

采用 2 mm 厚钢板卷焊而成,形如锥体,用于火箭发射架方位调整和支撑定向器,安装于方位转盘的上片。实物如图 16.22 所示。

在上筒体上、下两部位各有一长横轴,上部位长横轴通过耳轴与定向器托架相连,下部位长横轴两端安装俯仰机构。

上筒体左、右两侧各有一个 4 芯电缆插座,用于连接大小轨道点火线路。

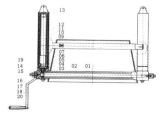

图 16.22　上筒体　　　　　图 16.23　俯仰机构结构图　　　　图 16.24　俯仰刻度盘

（5）俯仰机构

俯仰机构主要由齿轮、齿轮护套、丝杆、丝杆护套等组成。

两丝杆护套内装左旋螺杆和右旋螺杆各一根,一端安装在上筒体下端的长轴上,另一端与定向器托架相连。通过一套齿轮组合传动机构带动定向器作俯仰运动。齿轮、丝杠、防护套筒、螺帽等选用不锈钢材料制作,以提高防腐蚀性能,结构如图 16.23 所示。

（6）俯仰刻度盘

俯仰刻度盘用不锈钢制作,采用重锤原理指示俯仰度数,安装在托架右面的耳轴上,随定向器俯仰角度的变化,指针移动指示当前的俯仰角。实物如图 16.24 所示。

（7）方位手动旋转手柄

方位手动旋转手柄用 M24 梅花扳手改制而成,套在上筒体下部横轴两头的 M24 螺母上旋转,可改变定向器的俯仰角,结构如图 16.25 所示。

图 16.25　手柄结构图　　　　图 16.26　车载滑轨　　　　图 16.27　地面支架

3.底座

底座有两种形式:一是用于车载发射架的滑轨,二是用于地面发射架的固定支架。滑轨拉伸距离是 640 mm,地面固定支架高度是 490 mm,使用者可根据地面固定或车载流动的需要进行相互转换。

车载发射架滑轨结构如图 16.26 所示。

地面固定支架结构如图 16.27 所示。

16.1.2　维护保养及注意事项

（1）每次作业前必须检查发射架各部位有无变形，是否灵活等。

（2）零部件无松动、缺失，导线、焊点无断（短）路。

（3）导轨无磕碰、变形。

（4）点火触头无锈蚀、伸缩自由。

（5）挡弹器转动灵活。

（6）俯仰角传动机构转动平稳、灵活，调整范围：$17°\sim70°$并有刻度指示。

（7）方位角转动机构转动平稳、灵活，调整范围：$0°\sim360°$并有刻度指示（车载、船载式可根据需要设置）。

（8）每次作业后应擦干水渍、污物，除去锈迹后用柴油擦洗箭轨，并在结合部位涂防锈油。

（9）车载架作业时，防止火箭喷射的火焰触及车厢、电缆。

（10）车载架在行车途中严禁超速行驶，避免碰撞，确保发射架轨道不变形。

（11）无论车载架是运输状态还是工作状态，都必须使用固定螺杆将发射架主体固定在各自的位置上，运输过程中要经常查看，固定螺杆是否松动，以免发射架倾覆。

16.2　发射控制器

控制器是与火箭发射装置配套使用的装置，用来检测发射回路阻值、提供点火电能量并控制火箭的发射。

16.2.1　构造原理

1.外部结构

控制器外部结构由外包装箱和内部机箱两部分组成。实物如图16.28所示。

为了工作方便，控制器随机配备了使用手册、6方组合工具、车用点烟器连接线、备份电源电池盒、5（A）电源保险管、测试线、0.5～1（A）测试保险管，实物如图16.29所示。

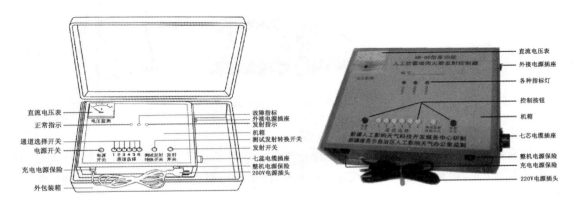

图 16.28　发射控制器结构图和实物图

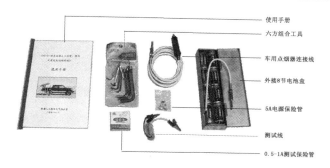

图 16.29 随机配备材料

2.内部结构

主要由电源板电路、控制板电路、指示灯板电路和电瓶组成,如图 16.30 所示。

16.2.2 电路工作原理和分析

发射控制系统电路由三部分组成,整机连线如图 16.31 所示。第一部分是产生检测电压和发射电压的发射控制器电路;第二部分是电缆传输电路,作用是将电信号通过电缆线送至发射架;第三部分是分组点火的发射架电路。

发射控制器的工作主要由电源电路、充电电路、检测电路、升压电路和点火电路五部分组成,工作原理示意如框图 16.32 所示。

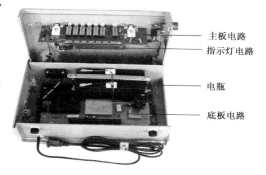

图 16.30 内部结构图

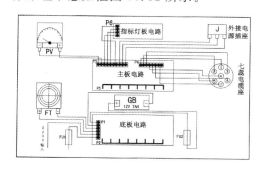

图 16.31 整机连线图

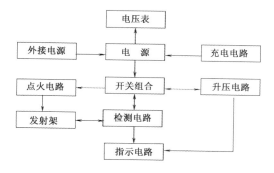

图 16.32 工作原理示意框图

1.电源电路

电源电路提供整个发射控制器工作的电源能量。

(1)电路组成

由电源开关 CK1、内置电瓶 GB(12V7AH)、外接电源插座 J、AC/DC 和 IC2 为主要元器件组成。AC/DC 转换器将 220 V 交流电转换成直流 15 V,负责给电瓶充电和 IC2 供电,IC2 是三端稳压器 7805,由它转化成 5 V 工作电压,外接电源插座 J 完成外部备份电源(8 节电池盒或车用点烟器插头线)的输入。

（2）电路结构

GB（电瓶＋12 V）电源经 Fu2、P2－1、P5－1 到 P3－10，通过 J 回到 P3－9，再由 CK1 第 2 脚、第 3 脚和第 6 脚分成 2 路，1路到 CK8 第 8 脚、第 9 脚经 P5－4、P2－4输至 DC/DC 第 2 脚，另 1 路 R11 到 IC2 第 1 脚。IC2 第 2 脚输出＋5 V 直流电，1 路到 IC1 第 4 脚使其工作，另 1 路经 CK9 第 6 脚，通过 P5－5、P2－5 到 KS 的第 2 脚，作固态继电器开启电压。外接电源通过 J 的第 1 脚接入至 CK1 的第 2 脚。如图 16.33 所示。

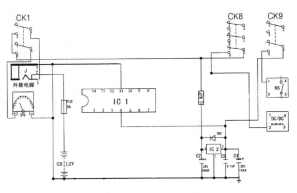

图 16.33　电源电路原理图

（3）工作原理

整机用电由 GB（12V7AH）电瓶提供。当按下电源开关 CK1 时，电瓶＋12 V 电进入发射控制器，1 路由 IC2（7805）转换成＋5 V 电，另 1 路通过 CK8 输入到 DC/DC 转换成＋48 V 电。

R11 是＋12 V 限流电阻，C2 为 7805 输入低频滤波，C3 为 7805 输出高频滤波，C4 为 7805 输出低频滤波，VD2 反峰保护，J 是音频双声道插座。

（4）故障及故障原因

由于是电源电路，所以要从电瓶和 7805 入手，可能产生的故障有：

①无 12 V 电压，电瓶损坏或 Fu2 烧断或 J 接触不良。

②无＋5 V 电压，7805 损坏或 C3、C4 击穿。

2. 充电电路

充电电路是给电瓶充电的电路，电瓶电压可从电表显示。

（1）电路组成

充电电路由交流 220 V 输入连接线和插头、Fu1、AC/DC、R18、VD1、JFu2、GB 组成。

（2）电路结构

220 V 交流电通过插头进入机箱，1 路经 P1－5 接到 AC/DC 第 1 脚，别 1 路经 Fu1 到 P1－6 至 AC/DC 第 2 脚。AC/DC 第 3 脚输出＋15 V 直流电，其中 1 路由 R17 至风扇正极，另 1 路则通过 R18 到 P2－2 和 P5－2 上，经 VD1、CK1 的第 1 脚和第 2 脚，相连于 J 的第 1 脚，再经 P5－1、P2－1、Fu2 与电瓶正极相连。如图 16.34 所示。

（3）工作原理

充电电路的核心器件是 AC/DC（AC220S15D－10W）交/直转换器；它将市电交流 220V 转换成＋15 V 直流输出，给

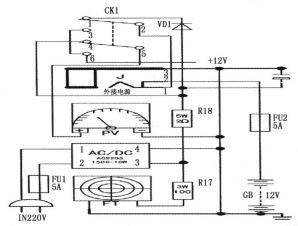

图 16.34　充电电路原理图

电瓶(12V7AH)充电。

当市电 220 V 接入 AC/DC 第 1 脚和第 2 脚时,AC/DC 第 3 脚就有＋15 V 电压输出,由于 AC/DC 工作时会发热,故输出 1 路到风扇正极,使风扇转动,抽去机箱里的热量。另 1 路直接给电瓶充电,电压表可显示电压。当电压表显示电压在 13～14 V 时,意指电瓶已充好,可拔去交流电接入插头。

R17 是风扇限流电阻器,R18 是充电限流电阻器,VD1 防止电瓶静态电流通过其他电路泄放。

(4)故障及故障原因

充电电路是为给电瓶充电设计的,电路简单,可能产生的故障是:

①AC/DC 损坏。当第 1 脚和第 2 脚接入市电后,无＋15 V 输出。

②电瓶不用时,电瓶电量很快跑光,是 VD1 被击穿,失去单向导电功能。

③电瓶损坏。有工作电压,开机后电压降得很快,充电时,电压表显示 15 V,且长时间无变化。

3. 检测电路

检测电路完成火箭发射回路阻值结果显示。

(1)电路组成

检测电路由 IC1(LM324 通用型四运算放大器)R4、W、R5、R6、R7、R8、C1、VT(C9013)、CK8、CK 2～CK7(其中之一)VD5、VD6 等元器件组成,如图 16.35 所示。

(2)电路结构

测试基准由 R7、R8 分压所得,分两路输出,1 路经 R5 限流、R6 补偿到 I C1－3,另 1 路经 CK8－2、CK8－1 到 CK2～CK7－2、－3 的基中之一开关到 7 芯电缆 1～6 号线而进入发射架的 7 芯电缆插座,再由 7

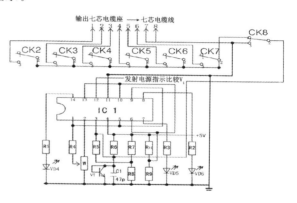

图 16.35　检测电路原理图

芯电缆插座分成 2 路,其中 1 路(1、2、3 号线)接到发射架上筒体右面 4 芯插座的 1、2、3 引脚上,通过导线分别与大导轨的 1、2、3 通道的点火触头＋极相连;另 1 路(4、5、6 号线)接到发射架筒体左面 4 芯插座的 1、2、3 引脚上,通过导线分别接到小导轨的 1、2、3 通道的接线柱＋极上。7 号线是地线,与发射架各轨道地相通。

(3)工作原理

IC1(LM324)是通用型四运算放大器,在本电路中 LM324 第 1 运算的 1、2、3 脚接成电压反向放大器形式,第 2、第 3、第 4 运算的 5、6、7、8、9、10、12、13、14 脚接成电压比较器形式。5 V 经 R7、R8 分压()产生的测试基准电压输出至 IC1 的第 3 脚和发射架某一通导点火触头的＋极上。若外电路未接负载或负载过高时(高阻状态),这种平衡状况没有被打破,维持 IC1 第 1 脚输出高电平,此时,Vi(IC1 第 1 脚输出电压＝IC1 第 5 脚、第 9 脚的输入电压)＞V 参考 (R9、R10 分压产生的参考电压),此电压分别加到 IC1 的第 6 脚、第 10 脚和第 13 脚),第 2 比较器的第 5 脚 VI＞第 6 脚 V 参考,第 7 脚输出电高平,维持 VD5(故障指示灯)亮,第 3 比较器的第 9 脚 VI＜第 10 脚 V 参考,第 8 脚输出低电压,维持 VD6(正常指示灯)灭(这里需要注意的是,第 2 比较器是正向接法,第 3 比较器是反向接法,在输入参考电压相同时,只有一个比较器输出高电平,另一个比较器输出低电平,这也是故障灯亮、正常灯灭,或正常灯亮、故障灯灭的原因);当外电路负载低于一定值时(低阻状态),所产生的现象与高阻状态恰恰相反。

VT(C9013)是晶体三极管,将发射极 C 和基极 b 接到一起连至 IC1 的第 3 脚。当外电路干扰或本电路工作不正常时,防止测试电压高于 0.7 V,保证了检测的安全性。

通道的选择由一组 6 选 1 琴键开关(CK2、CK3、CK4、CK5、CK6、CK7)实现,考虑到琴键开关的负载较小,故将此开关的四组触点全部并联,提高了带载能力。

按下其中一个开关,便确定了相应的待测试轨道,通过电缆线连接至各轨道上。各轨道＋、－极之间用测试导线连接(相当于外电路接负载)构成回路。如果回路阻值在规定范围内(小于或等于 18 Ω),IC1 第 3 脚为低电平,则 IC1 的第 1 脚、第 7 脚输出低电平,VD5 灭(故障指示灯);IC1 第 8 脚输出高电平,VD6 亮(正常指示灯)。如果测试导线未接(相当于没有外电路负载,呈高阻状态)或回路阻值高于规定的范围,IC1 第 3 脚为高电平,则 IC1 第 1 脚输出高电平,VD5 亮(故障指示灯),IC1 第 8 脚输出低电平,VD6 灭(正常指示灯)。

选择发射回路阻值最大值 18 Ω 为正常值的上限,要依据电缆线粗细、电缆插头座以及外线路状况和火箭弹内阻而定,当然也可选择其他阻值来模拟外线路回路电阻的上限值。一般而言,线路阻值在 5 Ω 以内,火箭弹并联内阻在 3 Ω 以内,规范值定在 18 Ω 以内较为正常,高于 18 Ω 是故障。

(4)故障及故障原因

从上所得,电阻器工作相对稳定,故障的产生来源于两个器件:

① VT(C9013),9013 在测试电路中起保护作用,当测试电压高于 0.7 V,9013 导通,限制检测电压高于 0.7 V。当 9013 被击穿损坏时,相当于测试电压直接对地短路,造成 IC1 第 3 脚输入呈低阻状况,导致正常指示灯在任何情况下都是亮的。

② IC1(LM324),LM324 在电路中起信号放大和比较作用的,当它工作不稳定或损坏时,会导致各种指示灯不亮或指示灯亮、灭指示不合逻辑。

4. 升压电路

升压电路提供点火发射火箭的电能量。按下 CK8,电路由检测状态转为发射状态,同时 12 V 通过 K8 第 9 脚供给 DC/DC 的第 2 脚,DC/DC 的第 3 脚输出＋48V 电压给 C7 充电,提供的发射开路电压≥45 V,发射电流(5Ω 负载)≥1 A。

点火电压是保证火箭弹可靠点火的关键,点火电压的确定通常取决于所激发的发火元件特性、火箭系统结构以及点火能量的释放形式。目前固体火箭中广泛采用的发火管是金属桥丝式发火管,通常称电发火管,增雨防雹火箭使用的发火元件也是电发火管。

(1)电路组成

升压电路由 CK8、DC/DC 直/直转换器、R12、R13、R19、VD3、VD4 和 C7 组成。

(2)电路结构

当 CK8(测/发转换开关)按下时,CK8 第 8 脚、第 9 脚的 12 V 电压两分路输出,其中 1 路经 P5－4、P2－4 至 DC/DC 第 2 脚,DC/DC 第 3 脚产生＋48 V 直流电,经 R19、VD3 给 C7 充电;另 1 路由 R12、R13 产生的分压到 IC1 第 12 脚。如图 16.36 所示。

(3)工作原理

电路的核心器件是 DC/DC（DC/DC12S48－25W）直/直转换器,由它将＋12 V 直流电升压至＋48 V 直流电压输出。CK8 是将 12 V 输至 DC/DC 第 2 脚,R19 输出限流,此电阻过小,使充电电流加大,影响 DC/DC 工作。如果过大,则使充电时间变长,故其阻值要合适。VD3 防止充电电流回流,C7 存贮电能,R12、R13 将 12 V 分压

$$\frac{R_{12}}{R_{12}+R_{13}}\times 12,加至 IC1 的第 12 脚与$$

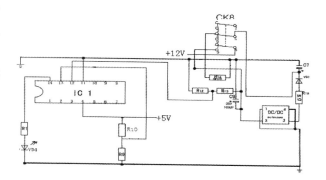

图 16.36　升压电路原理图

IC1 的第 13 脚的基准电压进行比较,IC1 的第 14 脚输出高电平,VD4（发射电源指示灯）亮,提示已产生了＋48 V 发射电压。

（4）故障及故障原因

升压电路由于使用了 DC/DC 而变得简单,可能产生的故障是:

①DC/DC 损坏,在第 3 脚无＋48 V 电压输出。

②VD3 损坏,虽有＋48 V 电压,其他电路都正常,但似有可能不能发射火箭。

③C7 损坏,因为火箭发射的电能量来源于 C7 若 C7 被击穿,仅靠 DC/DC 无法满足火箭发射所需电能量。

5.点火电路

点火电路使火箭发射电能量到达该通道的发射线路上。CK9 是两组联动开关,压下时,2、3 脚接通,5、6 脚接通。由 6 脚来的 12 V 电压经 R17 给 C5 充电,当充至＞5.1 V 时,D3 反向导通,提供给固态继电器 KS 的第 2 脚开启电压,KS 瞬间导通,使 C7 上的发射电流经 KS 的第 4 脚、第 1 脚、CK9 的第 2 脚、第 3 脚,通过通道选择开关去发射架给火箭弹点火。由于采用了 RC 延时电路,延时了 1 秒左右的时间,使 CK9 的 2、3 脚已完全接触,于是消除了点火开关容易积碳的弊端,使点火电路更畅通。

（1）电路组成

发射电路由 CK9、KS、R15、R16、C5、C6 等组成。

（2）电路结构

当 CK9 按下时,CK9 的第 5 脚、第 6 脚的＋5 V 电压加至 KS 第 2 脚,使 KS 的第 4 脚与第 1 脚相通,C7 上的＋48 V 电压通过 KS 第 4 脚、第 1 脚输至 CK9 的第 2 脚、第 3 脚,再经 CK8 第 1 脚、CK2～CK7 其中之一开关的第 1 脚、第 3 脚输到 7 芯电缆线（1～6 号）上,进入发射架下筒体的 7 芯插座,最后接到各通道的点火触头的＋极上。如图 16.37 所示。

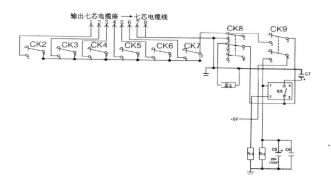

图 16.37　点火电路原理图

　　另外,KS 的第 4 脚经 P2—6、P5—6 与 CK8 的第 5 相连,CK8 在测试状态时,CK8 的第 5 脚与 CK8 的第 4 脚和 R14 相连,可使 C7 上残存的电流通过 R14 泄放掉;CK8 在发射状态时,CK8 的第 5 脚与第 4 脚断路。各轨道正负极之间,通过火箭弹的两个点火片连接构成回路。

　　(3)工作原理

　　电路的核心器件是 KS(JGX—3FA)固态继电器,它有两个作用,其一是将升压电路与发射电路隔离,其二是将 C7 上的发射电能量,通过 CK9 可靠的输送至发射架。

　　当发射开关(CK9)按下时,CK9 的第 2 脚与第 3 脚相连,第 5 脚与第 6 脚相连。CK9 第 5 脚上的 +5 V 电压,通过 CK9 第 6 脚输至 KS 的第 2 脚,此 +5 V 电压作为 KS 的开启(接通)电压,同时也加到 C5 上,由于 C5 上的电压不能突变,维持很短的时间,才使继电器接通(第 4 脚与第 1 脚相连),此时 CK9 的第 2 脚与第 3 脚已完全接实,使 C7 上的高电压、大电流顺利通过,消除了开关抖动和触点积碳的缺点。R15 产生 KS 负输入端对地压降,R16 产生 KS 正输入端对地压降,C5 低频滤波,C6 高频滤波。

　　(4)故障及故障原因

　　此电路简单,故障是 KS 所致:

　　① KS 损坏,第 4 脚和第 1 脚无法接通,+48 V 电压送不出去。

　　② 开启(接通)电压没有或过低,使 KS 无法正常工作。原因是 +5 V 电源没有或 R16、C5 烧坏。

16.2.3　火箭发射控制器的调试

　　整机调试步骤如下:

　　(1)将交流电源线接入市电,如果电压表头有指示,且听见风扇转动声,说明 AC/DC 转换器工作正常,有 DC15V 输出。

　　(2)按下电源开关,如果故障指示灯亮,电压表头有指示,说明电源电路和检测电路、指示电路工作正常。

　　(3)按下测/发转换开关,故障指示灯灭,正常指示灯和发射电源指示灯亮,说明升压电路工作正常。

　　(4)拔掉电瓶正极插头(断开电瓶电源),将 1 号 8 节电池盒的插头(如图 16.38 所示)插入机箱外接电源插座。打开电源开关,如面板电压表有指示且故障指示灯亮,说明外接电源输入无问题。

　　(5)打开机箱上面板,用连接线(如图 16.39 所示)将主控板电路与电源板电路连接,连接时,插板上附铜板最宽的一面(第 7 插板)要插在电源板电路插槽的最右边,千万不要插反,如图 16.40 所示。

　　(6)将测试头(如图 16.41 所示)安装于 7 芯电缆座上。在测试导线(如图 16.42 所示)上装保险管的位置接入 18Ω 电阻器,一头接 7 芯电缆头的第一脚引出线(意为选择了 1 通道),另一头接 7 芯电缆头的第七脚引出线(意为选择了地线),如图 16.43 所示。

　　(7)打开机箱电源开关,按下 1 通道选择开关,然后用钟表起子右旋可调电阻器(W)的调整螺钉,观察正常指示灯是否亮。如果不亮,听见"咔咔"的声音,说明电阻器右旋已到头,再反过来左旋螺钉,直到故障指示灯灭,正常指示灯亮为止。在故障指示灯灭和正常指示灯亮的临界点上,要向正常指示灯的方向调一点,这样发射回路阻值正常范围就确定了(在 18 Ω 以下,

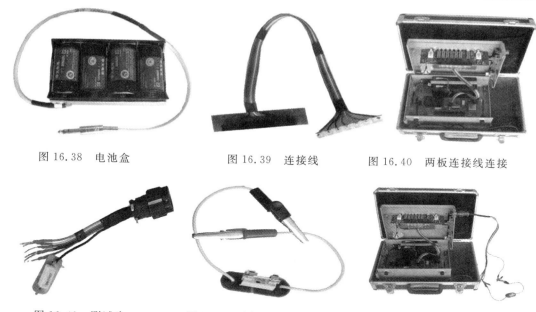

图 16.38　电池盒　　　　　图 16.39　连接线　　　　　图 16.40　两板连接线连接

图 16.41　测试头　　　　　图 16.42　测试导线　　　　图 16.43　测试导线与测试头连接

正常指示灯亮是回路阻值允许的范围)。换 18 Ω 电阻为 19 Ω,如果故障指示灯亮,说明发射回路阻值过大,在回路中有接触不良的情况。选择发射回路阻值最大值是 18 Ω 为正常值上限,要依据电缆线粗细、电缆头座以及外线路状况和火箭弹内阻而定。当然也可选择其他阻值来模拟外线路回路电阻的上限值。

　　(8)调整好 1 通道后,再依次选择调整 2～6 通道。

　　(9)在测试导线上取掉 18 Ω 电阻,安上 1 A 保险管。打开机箱电源选择 1 通道,此时正常指示灯亮。按下测/发转换开关,发射电源指示灯亮,再按下发射开关,看见保险管内的保险丝被熔断,说明发射回路正常,发射电源能量可以点火发射火箭弹。

　　整机调试到此完毕,有关详细操作请看配备的技术手册。

16.2.4　主要技术参数测量

　　选择 1 通道,用调试的一套配件,接法同上。

　　1. 检测开路电压的测量

　　打开机箱电源,选择 1 通道,万用电表调到电压挡上,表笔正极接测试头第 1 脚的引出线,表笔负极接测试头第 7 脚的引出线(地线),如电表显示在 0.4～0.6 V 以内,说明检测电压正常(也可用电缆线连接发射架,在 1 通导的上、下两点火触头测量)。

　　2. 检测电流的测量

　　测试导线接 5 Ω 电阻器,万用电表选择在测电流挡上,表笔的正极接测试头第 1 脚的引出线,表笔负极接 5 Ω 电阻器的一头(5 Ω 电阻器的另一头与测试头第 7 脚的引出线相接)。如电表指示<1 mA,则说明检测电流正常。

　　3. 点火开路电压的测量

　　万用电表选择在电压挡,表笔正极接测试头第 1 脚的引出线,表笔负极接测试头第 7 脚的引出线（地线），按下测/发转换开关，再按下发射开关，如万用电表显示在 45～48 之间属正常。

4. 点火电流测量

电表选电流挡，测试导线上接 5 Ω 电阻器，表笔的正极接测试头第一脚的引出线，表笔的负极接 5 Ω 电阻器的一头（5 Ω 电阻器另一头与测试头第 7 脚的引出线相接），按下测发转换开关，再按下发射开关，看电表的显示，如显示≥1 A，属正常。因为电容放电很快，电表显示较慢，所以此值要多测量几次才能确定。

5. 回路阻值检测精度测量

方法如同整机调试步骤(5)，在 18 Ω 状态下，正常指示灯亮，然后换成 19 Ω，如果故障指示灯亮，则说明检测精度≤1 Ω。

16.2.5　维护保养及注意事项

(1)火箭发射控制器虽安装于外包装箱内，但仍需轻拿轻放，妥善保存。

(2)发控器是火箭发射的专用设备，不用时可上锁，专人保管，注意安全，严防丢失。

(3)在雨天作业时，需用伞或雨布、雨衣等物盖住机箱，防止雨水漏进机箱。

(4)每次作业完后，可给电瓶充电。平时不用时，每月给电瓶充电一次，这样可延长电瓶的使用寿命。充电时，必须有专人看守。

(5)外接电池盒里的 8 节 1 号电池用时可装上，不用时卸下，防电池漏液腐蚀电极。

(6)当控制器出现故障时，应及时与新疆人工影响天气办公室联系或将实物送回检修，严禁他人私自卸装或检修。

16.3　火箭发射装置规格

多种弹型人工增雨防雹火箭发射装置规格见表 16.1。

表 16.1　多种弹型人工增雨防雹火箭发射装置规格一览表

数据 名称	重量(kg)	长(mm)	宽(mm)	高(mm)
发射器	2.5	276	228	95
包装箱	3.5	460	330	155
发射架	160	1740	569	1730(17.5) 2380(75°)
滑轨	35	1192	580	95
筒体	70	下底直径 545	上底直径 320	620
大轨道组合	37	1740	569	223
小轨道组合	13	1445	423	140
地面固定支架	10	640	640	490

16.4　火箭发射装置主要技术指标

火箭发射装置主要技术指标见表 16.2。

表 16.2　多种弹型人工增雨防雹火箭发射装置主要技术指标一览表

项　　目	性　能　技　术　指　标
箭轨长度	大 1740 mm、小 1445 mm
导轨包容圆直径	大 83±0.2 mm、中 67±0.2 mm、小 57±0.2 mm
高低射角	17°～75°
方向射角	0°～360°
各通道电阻	18～5 Ω
装载弹量	ϕ82(mm)3 枚、ϕ66(mm)1 枚、ϕ56(mm)1 枚,合计 6 枚。可调
工作电压	5～12 V
检测开路电压	＜0.7 V
检测电流(5Ω 负载)	＜1 mA
回路阻值检测精度	≤1Ω
点火开路电压	≥45 V
点火电流(5Ω 负载)	≥1 A
点火成功率	99%
作业方式	车载流动、地面固定
点火通道数	6 个
工作温度	－40～＋50℃
滑轨拉伸距离	640 mm
工作湿度	＜95%,无凝露
整机质量	160 kg

16.5　火箭发射装置安装

16.5.1　固定式火箭发射架的安装

用 GPS 定位系统确定"正北"方位,使发射架定向器的方位指示到零度。根据配发的固定支架的尺寸,在地面打好水泥平台,并埋好四个固定螺杆,固定支架安装其上,再将发射架安装在固定支架上。

16.5.2　车载式火箭发射架的安装

车载式火箭发射架的安装:用配发的四个安装螺栓块,按规定尺寸焊接在车厢底板的钢板上,然后将火箭架滑轨托架用螺栓固定在上面。作业状态时,用滑轨将发射架拉至后车厢板外,进行作业;行进状态时,将发射架推进滑轨托架内,固定在锁定装置上。

16.6　火箭发射装置检查

16.6.1　发射控制器检查

1.测试电压检查

打开电源开关,控制器处于测试状态。选择相应通道,将万用表"＋、－"表笔与发射架对应通道的上、下点火触头相接,万用表选择档位拨到直流 2 V,此时万用表显示电压值应小于或等于 0.7 V。

2.测试电流检查

打开电源开关,控制器处于测试状态。选择相应通道,将配置的专用测试导线一端接到发射架对应通道点火触头的"＋"极,另一端接到万用表"＋"表笔,万用表"－"表笔与点火触头的"－"极相接,万用表选择档位拨到直流 2 mA 档位,此时万用表显示电流值应＜1 mA。

3.发射电压检查

打开电源开关,按下测/发转换开关,控制器处于发射状态,发射电源指示灯亮。选择相应通道,将万用表"＋、－"表笔与发射架对应通道的上、下点火触头相接,万用表选择档位拨到直流 200 V 档位,按下发射开关,此时万用表显示电压值应在 45～48 V 之间。

4.发射电流检查

打开电源开关,按下测/发转换开关,控制器处于发射状态,发射电源指示灯亮。将配置的专用测试导线一端接到发射架对应通道点火触头的"＋"极,另一端接到万用表"＋"表笔,万用表"－"表笔与点火触头的"－"极相接,万用表选择档位拨到直流 20 A 档位,按下发射开关,此时万用表显示电流值应在 1 A 左右(专用测试导线上的保险管应大于 1 A)。

5.各通道线路检查

打开电源开关,控制器处于测试状态。选择相应通道,将配置的专用测试导线两端分别接到发射架对应通道的上、下点火触头上,若正常指示灯亮,表示该通道线路正常可以使用。若故障指示灯亮则,说明该通道线路有问题,需进一步检查排除故障。依次对所有通道进行检查。

6.开关按钮操作检查

依次检查各种开关按钮,应无卡滞、复位正常。

7.状态切换检查

测/发转换开关弹起时,发射控制器处于测试状态,正常指示灯或故障指示灯亮。测/发转换开关压下时,发射控制器处于发射状态,正常指示灯及发射电源指示灯亮。

8.发射检查

将配发的测试导线两端分别接到发射架相应通道上、下触头处,开启电源,按下相应通道开关,正常灯亮,按下测试/发射转换开关,发射电源灯、正常灯均亮,按下发射开关,测试导线上的保险管被点燃烧断,发射系统正常(专用测试导线上的保险管 1 A)。

9.供电及充电电路检查

(1)供电电路检查

打开电源开关,正常灯或故障灯正亮,电压表指示应在 12 V 左右,若低于 12 V,要给电瓶充电(按说明书要求进行)。

(2)外接电源电路检查

在配置的电池盒内装入 8 节 1 号电池,将电池盒上的插头插入发射控制器插座内,打开电源开关,电压表有显示,故障灯正亮,外接电源电路正常。

(3)充电电路检查

关闭电源开关,将发射控制器上交流 220 V 电源插头,插入 220 V 市电插座内,发射控制器上电压表显示充电电压值 12～15 V,风扇转动,充电电路正常。

16.6.2　发射架检查

1.导轨包容圆柱直径检查

测量前应检查导轨无损坏、变形。测量时,用 3 种不同规格的标准芯棒对不同规格的导轨包容圆柱直径进行检查。芯棒直径、长度分别为(a)ϕ82.5(－0.1)mm、长度为 1200 mm;(b)ϕ66.5(－0.1)mm、长度为 1000 mm;(c)ϕ56.5(－0.1)mm、长度为 600 mm。测量时,将芯棒从导轨上部放入,此时芯棒应稍许露出导轨,用塞尺对芯棒与导轨间隙进行测量,要求间隙在 0.2～0.5 mm 之间。接下来,向下缓慢放芯棒,注意不要碰伤导轨的点火触头。芯棒露出底端少许,按要求进行测量,如果间隙过大或过小,可用增、减垫片的方法进行调整。

2.俯仰机构检查

转动摇把,丝杆转动平稳、灵活、无卡滞,升降自如,工作时无异常响声,俯仰角调整范围 17.5°～70°。丝杆表面有锈蚀时,应及时除锈、保养。

3.方位机构检查

发射架方位机构转动应平稳、无卡滞;机构锁紧可靠、无松动;方位角调整范围 0°～360°。

4.挡弹器检查

挡弹器要求灵活、无卡滞、无变形,挡弹器工作可靠,前后间距能调整。

5.点火触点检查

点火触点要求上下活动自如、无卡滞、无变形、表面无锈蚀。

6.紧固装置检查

用于连接发射架各部件的螺栓装配到位,无松动、无缺失;焊点焊接牢靠、无脱焊;连杆、支撑、转动机构等部件要经常保养、防锈、涂油。

16.7　火箭发射装置操作

16.7.1　固定式发射装置操作

(1)解开并脱去发射架炮衣。

(2)松开主箱体上方位固定旋纽,转动定向器,检查方位旋转是否正常。

(3)摇动俯仰摇把,检查俯仰上下转动是否正常。

(4)接好发射架及发射控制器之间的连接电缆。

(5)打开发射控制器电源开关,直流电压表指示电压应在 12V 左右,如小于 12V 应事先按要求对电瓶充电。此时发射控制器处于测试状态。选择相应通道,用配发的测试导线接通该通道上下点火触头,若正常指示灯亮,表示该通道回路正常,可以用来发射火箭弹,若故障指示灯亮,表示该通道回路有问题,应做检查,否则不能进行下一步操作。依次对各通道内阻进行检查。

(6)发射电源检查:各通道内阻检查完后,可选择某一通道,将配发的测试导线接通该通道的上、下点火触头,打开发射控制器电源开关,正常指示灯亮,按下测/发转换开关,发射电源指示灯亮,此时发射控制器处于发射状态,按下发射开关,测试导线上的保险管被烧断,说明点火电路正常。

(7)若测试各通道均正常,关闭电源。将发射架定向器的俯仰摇至最低,便于装填火箭弹。

(8)火箭弹上架:首先工作人员需两手触地或手扶发射架定向器(发射架必须可靠接地)释放身上的静电,然后检查包装箱内火箭弹是否完好(外观无损伤,零件无脱落、结构无松动),否则停止使用。记下准备发射火箭弹的出厂编号,将该火箭弹的两点火铜片间的短路线取掉,检查两个点火铜片是否清洁,如不清洁需用砂纸打磨,保证导电性能良好。

(9)装填火箭弹前确认控制器处于关闭状态,人员必须站在发射架侧后方,将火箭弹弹头顺着轨道方向从轨道尾部装入轨道内,前后活动自如,确保火箭弹点火铜片与发射架轨道点火触头接触良好。发射 BL-1 型(9394 厂)火箭弹时,必须将火箭弹尾部的两根点火线拉直,分别插入两个点火接线柱内(接线不分正、负极)。

(10)带弹测试:手动发射架定位到作业的方位和仰角,然后旋紧方位锁定螺钉,人员全部撤离到安全区内。开电源开关,此时发射控制器处于带弹测试状态,可根据正常指示灯和故障指示灯的亮与不亮,判断通道回路是否正常。若有故障可关闭电源开关,将火箭弹从轨道内取出,用手按一按轨道点火触头弹性是否正常,再将点火触头和火箭弹上两铜片轻轻擦拭干净,再装弹,开机测试,若故障指示灯依然亮,则说明火箭弹有问题,不能使用,需交有关单位处理(注意此时发射通道阻值必须正常,可用测试导线进行检测)。

(11)上弹后测试通道正常,接到发射命令,可按下测/发转换开关,正常指示灯、发射电源指示灯都亮,再按下发射开关,火箭弹即可发射出去。

(12)若需继续作业,可重复前面几个步骤。在火箭连续发射时,间隔时间不得低于 5 秒。

(13)作业结束后,关闭电源开关,将发射架方位对准正北,仰角放置最低,旋紧方位锁定螺钉,拆下电缆线。

(14)擦拭火箭架,穿上架衣。

16.7.2　车载式发射装置操作

(1)用 GPS 定位系统确定火箭车的确切位置,然后确定"正北"方位,使发射架定向器的方位指示到零度。

(2)解开并脱去发射架炮衣。

(3)松开 3 个滑轨固定螺栓,将发射架主体拉动后移到位,旋紧滑轨固定螺栓。松开行军状态三角支架螺栓。

(4)松开上筒体方位固定旋钮,转动定向器,检查方位旋转是否正常。

(5)摇动俯仰摇把,检查俯仰上下转动是否正常。

(6)接好发射架及发射控制器之间的连接电缆。

(7)打开发射控制器电源开关,观察直流电压表指示电压应在 12 V 左右,如小于 12 V 应事先按要求对电瓶充电。此时发射控制器处于测试状态。选择相应通道,用配发的测试导线接通该通道上、下点火触头,若正常指示灯亮,表示该通道回路正常,可以用来发射火箭弹,若故障指示灯亮,表示该通道回路有问题,应做检查,否则不能进行下一步操作。依次对各通道内阻进行检查。

(8)发射电源检查:各通道内阻检查完后,可选择某一通道,将配发的测试导线接通该通道上、下点火触头,打开发射控制器电源开关,正常指示灯亮,按下测/发转换开关,发射电源指示灯亮,此时发射控制器处于发射状态,按下发射开关,测试导线上的保险管被烧断,说明点火电路正常。

(9)若测试各通道均正常,关闭电源。将发射架定向器仰角摇至最低,便于装填火箭弹。

(10)火箭弹上架:首先工作人员需两手触地或手扶发射架定向器(发射架必须接地)释放身上的静电,然后检查包装箱内火箭弹是否完好(外观无损伤,零件无脱落、结构无松动),否则停止使用。记下准备发射火箭的出厂编号,将该火箭弹的两点火铜片间的短路线取掉,检查两个点火铜片是否清洁,如不清洁需用砂纸打磨,保证导电性能良好。

(11)装填火箭弹前确认控制器处于关闭状态,人员必须站在发射架侧后方,将火箭弹弹头顺着轨道方向从轨道尾部装入轨道内,前后活动自如,确保火箭弹点火铜片与发射架轨道点火触头接触良好。发射 BL-1 型火箭时,必须将火箭尾部的两根点火线拉直,分别插入两个点火接线柱内(接线不分正、负极)。

(12)带弹测试:手动发射架定位到作业的方位和仰角,然后旋紧方位锁定螺钉,人员全部撤离到两侧安全区或隐蔽在驾驶室内。开电源开关,此时发射控制器处于带弹测试状态,可根据正常指示灯和故障指示灯的亮与不亮,判断通道回路是否正常。若有故障可关闭电源开关,将火箭弹从轨道内取出,用手按一按轨道点火触头弹性是否正常,再将点火触头和火箭弹上两铜片轻轻擦拭干净,再装弹,开机测试,若故障指示灯依然亮,则说明火箭弹有问题,不能使用,需交有关单位处理(注意此时发射通道阻值必须正常,可用测试导线进行检测)。

(13)上弹后测试通道正常,接到发射命令,可按下测/发转换开关,正常指示灯、发射电源指示灯都亮,再按下发射开关,火箭弹即可发射出去。

(14)若需继续作业,可重复前面几个步骤。在火箭弹连续发射时,间隔时间不得低于5秒。

(15)作业结束后,关闭电源开关,将发射架方位对准正北,仰角放置最低,用三角支撑架将发射定向器固定在行进状态锁定装置上,旋紧方位锁定螺钉,拆下电缆线。

(16)松开两个滑轨固定螺栓,将发射架滑轨向前推动到滑轨托架内,然后再旋紧 3 个滑轨固定螺栓。

(17)擦干净火箭架,穿上架衣。

16.8　故障分析及处理

16.8.1　发射架检查

1.发射架俯仰上下升降困难,或摇把摇不动

(1)固定转轴的大螺帽松动,使齿轮错位,摇动困难。将大螺帽上紧。

(2)齿轮脏且缺油。清洗齿轮,上油。

(3)俯仰机构两根丝杆安装时长短不一致,造成托架扭曲,受力不均。

(4)卸下丝杆与托架连接的销轴,调整两根丝杆,使其长度一致,再固定上即可。

2.火箭弹放入道轨内较困难,其至进不去

(1)检查轨道和活动垫块的固定螺栓是否松动,将固定螺钉上紧。

(2)定向器受碰撞变形,送厂检修。

3.点火触头损坏

最好的办法更换点火触头,整体更换点火触头总成也行。

4.挡弹器损坏

更换挡弹器。

16.8.2　发射控制器检查

1.发射控制器电源开启后,电压表无指示,正常灯或故障灯不亮

(1)电源保险丝断,更换 5 A 保险管。

(2)电瓶坏,更换电瓶。

(3)电瓶"＋、－"极接线松脱。检查线路,重新接好。

(4)电源开关接触不良。更换开关。

2.发射控制器电源开启后,电压表有指示,正常灯及故障灯均不亮

(1)电源开关接触不良,＋12 V 电未送到主板上,更换电源开关。

(2)IC2(7805)坏,未提供＋5 V 工作电压。更换 7805。

(3)IC1(LM324)坏,更换 LM324。

(4)主板到指示灯线路接触不良。检查线路,重新接好。

(5)正常灯、故障灯均坏。更换有关指示灯。

3.发射控制器电源开启后,电压表有指示,正常灯或故障灯不亮

(1)正常灯或故障灯坏。更换有关指示灯。

(2)主板到指示灯线路接触不良。检查线路,重新接好。

4.发射控制器电源开启后,正常灯一直亮

(1)发射控制器主板上 VT(三极管 9013)坏,更换 9013。

(2)发射控制器测试电路内部短路(某个元器件或接线与地短路)。

5.测试时,通道被短路后,故障灯一直亮

(1)通道选择开关未按下。按下对应通道开关。

(2)通道位置选择不对,将通道选择开关置于该通道。

(3)测试导线未联好。重新接好测试导线。

(4)连接发射控制器与发射架的电缆线未接好,重新接线。

(5)发射架上点火触头接触不好(包括与地接触)。擦拭干净,使接触良好。

(6)发射控制器或发射架内部电路故障。按"测试电路分析"方法,检查线路,排除故障。

6.开机后电表指示小于 12 V,但充电充不进去

(1)220 V 电源线未接好。检查接线,重新接好(外部电源线及机箱内部接线)。

(2)充电保险丝断,换 5(A)保险管。

（3）电瓶坏。换电瓶。

（4）AC/DC 充电模块坏。更换模块。

（5）AC/DC 模块输出的 15 V 直流电未接到电瓶上。逐级检查线路连接，找出毛病，重新接好。

7. 充电时电风扇不转

（1）电风扇坏。换电风扇。

（2）15 V 电未到电风扇＋极。检查线路，重新接好。

8. 测/发转换开关按下（使发射控制器处于发射状态），发射电源指示灯不亮

（1）发射电源指示灯坏。换指示灯。

（2）DC/DC 模块无 12 V 电压输入，DC/DC 模块不工作。检查 12 V 电压输入电路。

（3）测/发转换开关坏。更换测/发转换开关。

9. 无发射电压及电流或电压、电流未达到规定值

（1）DC/DC 升压模块坏。无 48 V 输出，换 DC/DC 模块。

（2）继电器不工作。继电器坏，换继电器。

（3）继电器不工作。继电器初级无开启电压，检查控制端＋5 V 电压使其正常

（4）储能电容 C7 性能下降。更换底板上储能电容 C7。

（5）发射电源开关或测/发转换开关坏。更换有关开关。

（6）线路上有关元器件损坏（电源板上 R16、R19、C5、C6、VD3 等）。

10. 测试时，所有通道均不通

（1）7 芯电缆未接好。重新插好 7 芯电缆。

（2）IC1（LM324）坏。换 324。

（3）W（5K 电位器）调整不当。重新调整。

（4）发射控制器或发射架内部电路故障。

11. 火箭弹上架测试时，正常灯不亮

（1）火箭弹点火触片脏。将火箭弹卸下，用干净布或细砂纸轻轻将点火触片及发射架上的点火触头擦拭干净。

（2）火箭弹点火触片与发射架上点火触头错位，接触不好，调整挡弹器位置。

（3）火箭弹故障，登记弹出厂编号，报上级有关部门处理。

12. 火箭弹上架测试正常，但发射不出去

（1）发射电源指示灯不亮，无发射电源。检查发射电路。

（2）发射电源指示灯亮，有发射电源。检查点火电路。

（3）火箭弹故障，登记弹出厂编号，报上级有关部门处理。

13. 测试电压大于 0.7 V

测试电路中有关元器件有短路、断路现象。

16.8.3　作业中的故障分析及处理

1. 哑弹

（1）故障现象

火箭弹发射不出去。

（2）故障原因

由点火系统失效致使火箭发动机和火箭播撒系统瞎火的火箭弹。

（3）处理方法

①火箭短路或断路。关闭发射控制器电源，等待 5 分钟后换弹。火箭弹从发射架上退出，操作释放静电后，将原铜带缠绕在导电片上，用胶带纸贴紧，保证铜带与导电片可靠接触，做好标记并上报有关部门处理。

②导电环与触头接触不良。关闭发射控制器电源，等待 5 分钟后，将火箭弹退下，将火箭弹上导电环（接触片）及点火触头擦拭干净，再将火箭弹装入导轨中，继续测试或发射。

③电源电压不足。更换电池。

④线路及控制器故障。等待 5 分钟后，按电路分析方法找出故障并排除。

2.炸架

（1）故障现象

火箭弹滞留在发射架上，产生爆炸的现象，如图 16.44 所示。

（2）故障原因

火箭弹发动机不工作，火箭未发射出去，但其自毁装置电路已点燃，箭体产生爆炸自毁，造成发射架导轨损坏。此种现象在 BL 系列火箭弹上发现较多，但其他型号火箭弹也有发生。

（3）处理方法

关闭发射控制器电源，15 分钟后再接近发射架，检查火箭弹爆炸及发射架受损情况，上报有关部门处理。该导轨请勿继续使用，可与厂家联系修理事宜。

图 16.44　发射架受损和弹体残骸

3.留架燃烧

（1）故障现象

火箭弹滞留在发射架上，产生焰剂燃烧的现象。

（2）故障原因

火箭弹发动机不工作，火箭未发射出去，但其播撒装置电路已工作，催化剂开始燃烧播撒，放出大量烟雾。

（3）处理方法

待火箭焰火熄灭 15 分钟后，再走进现场，退出火箭弹残骸，检查发射架零部件、点火线路有无损坏，若有损坏需及时修复，并上报有关部门处理。

4.跳弹

（1）故障现象

点火后,火箭弹离轨沿地面飞行或原地窜动。

(2)故障原因

火箭弹发动机故障。

(3)处理方法

①注意隐蔽,待发动机停止运动 15 分钟后或听到爆声后,找回残骸分析。

②本批火箭弹停止使用,并及时上报。

16.9　特点

(1)发射轨道和导轨活动垫块均用铝合金材料一次成型工艺制作,导轨撑架用特制的铝合金条组合成型,不锈钢螺丝连接组合,整体结构具有轻便、可靠、防锈的特性。

(2)采用活动式导轨垫块,可改变不同规格火箭弹的装载容量,同时使火箭发射轨导口径具有可扩展性。

(3)定向器可以同时装载 WR—98 型、HJD—82A 型、RYI—6300 型和 BL—1 型四种规格的火箭弹共 6 枚。

(4)组合轨道撑架为定向器发射轨道的可扩充性创造了条件。

(5)采用双丝杠的俯仰结构,不仅结构简单易于操作,而且提高了定向器升降的稳定性。

(6)为了满足发射不同的火箭弹的需求,可调整挡弹器,保证了各种火箭弹点火片与导轨点火装置的完全接触。

(7)火箭发射架采用流动式和固定式的二合一架体结构。

(8)发射电源由 AC/DC 电源模块供给,大电容储能、无触点固态继电器点火,满足了发射的能量要求。

第 17 章　人工影响天气弹药储存柜

　　为解决基层作业点弹药的安全存储和管理问题，2010 年新疆人工影响天气办公室参照 GB10409－2001 防盗保险柜有关标准，研制生产出大、小两种规格的增雨弹、火箭弹存储柜，如图 17.1、17.2 所示。

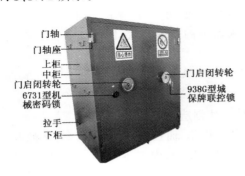

门轴
门轴座
上柜
中柜
门启闭转轮
6731型机
械密码锁
拉手
下柜
门启闭转轮
938G型城
保牌联控锁

图 17.1　大弹药储存柜

图 17.2.　小弹药储存柜

17.1　大弹药储存柜结构原理

　　大弹药储存柜由三节分柜（下分柜、中分柜、上分柜）上、下叠压内螺栓组合而成。

17.1.1　下分柜

　　由左侧柜壁、右侧柜壁、后柜壁、下柜壁、高度可调式柜脚、门框、门轴、拉手等组成。

　　1.整体结构

　　由左侧柜壁、右侧柜壁、后柜壁和下柜壁对接焊合成整体（无上柜壁）。有左、右、下门框。考虑搬运易变形，可在柜体前面（上门框的位置）安装 1 个可拆性简易门框，此简易门框要安装在里层木板表面上（可在里层木板表面上开两个安装孔，用螺栓连结在里面竖筋板上），防止上柜未组合前的形变（柜体整体组合好后，此简易门框要拆除）。左侧柜墙壁、右侧柜墙壁和后柜墙壁上端最外层 Q235（A）钢板比本墙壁框短 5 mm，实物如图 17.3 所示。

　　左侧柜壁、右侧柜壁、后柜墙壁和下柜墙壁最外层柜板是 4.5～5 mm 厚 Q235（A）钢板，夹层用 50 mm 厚陶瓷纤维板填充；最里层安装 10 mm 厚的木地板，内部结构和材质如图 17.4、17.5 所示。

　　2.下、中分柜连接

　　在下分柜左侧的上柜墙壁框、右侧的上柜墙壁框 6 mm 厚的扁钢上各开 5 个 φ12 的孔，在后上柜墙壁框 6 mm 厚的扁钢上开 8 个 φ12 的孔，两侧的孔尽量靠边，其余的孔等距排列，对

图 17.3　下分柜

图 17.4　下分柜内部结构

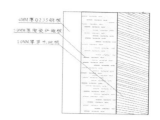

图 17.5　下分柜材质示意图

准各孔中心线贴焊的 M12 的螺帽。此 18 个螺帽要对应于中分柜各柜墙壁框上开的 18 个 $\phi 14$ 的孔,用 M12 螺栓可将下分柜与中分柜连接,如图 17.6 所示。

图 17.6　下分柜与中分柜连接图

图 17.7　高度可调式柜脚

3. 高度可调式柜脚

高度可调式柜脚由底盘和固定螺帽(两个 M24 螺帽焊接在一起)两部分组成,如图 17.7 所示。

8 个固定螺帽要焊接在下柜壁板最外层钢板 8 个支撑点上,然后旋进底盘,圆盘与地面接触,用扳手转动底盘上的 M24 螺帽,柜脚可升高或降低,便于调整下柜壁板与地面的水平,柜脚高度的调节量为 15 mm。

4. 门框

用 15 mm 厚的钢板贴焊于各柜墙壁钢板的内表面,高出柜墙壁 10 mm。焊接要牢靠,焊好后打磨平焊点,保证门长期闭合的撞击,而不出现裂痕。如图 17.8 所示。

5. 门轴

下柜左侧柜墙壁前端面、右侧柜墙壁前端面各焊一门轴,焊接要牢靠,用于门扇的安装。如图 17.9。

6. 拉手

柜体两侧外柜墙壁的靠两边的位置安装两个用于搬动的拉手,尺寸符合双手握的大小,承载 200 kg 重量,可自由坠放。如图 17.9。

图 17.8　门框

图 17.9　上分柜门轴、拉手

7.接地装置

在后排外侧的柜脚底盘上焊 1 个 M8 螺帽。用 M8 螺栓将接地线与柜体连接,有效泄放柜体静电和其他感应电。

8.下壁板

下柜壁板承载着整个柜体和存储物品的重量,合计 2000 kg 左右。下柜壁板可能会受压产生局部变形,导致柜门合缝不严和柜门闭合不好。所以,下柜壁板要用 6.3♯槽钢做边框,中间再用 4 根 5♯槽钢做的竖筋板,保证其钢性强度。夹层填充 50 mm 厚陶瓷纤维板,最上层 12 mm 厚木地板用 M5 的螺丝连接于下壁板的各竖筋上。

17.1.2　中分柜

由左侧柜壁墙、右侧柜壁墙、后柜壁墙、隔板、隔板支架、门框、拉手等组成。

1.整体结构

将左侧柜壁墙、右侧柜壁墙、后柜壁墙对接焊合成整体(无上柜壁墙和下柜壁墙)。有左、右、门框,考虑搬运易变形,可在柜体前面(上、下门框的位置)各安装一个可拆性简易门框,此两个简易门框要安装在里层木板表面上(可在里层木板表面上开两个安装孔,用螺栓连结在里面竖筋板上),防止中分柜未组合前的形变(柜体整体组合好后,此两个简易门框要拆除)。左侧柜壁墙、右侧柜壁墙和后柜壁墙最外层 Q235(A)钢板的上端比本身柜墙壁框短 5 mm;下端比本身柜墙壁框长 5 mm。如图 17.10 所示。

图 17.10　中分柜　　　　图 17.11　中分柜连接孔　　　　图 17.12　中分柜隔板

2.连接孔

因中分柜要连接上分柜和下分柜,所以在左侧上下墙壁框、右侧上下墙壁框 6 mm 厚的扁钢上各开 5 个 φ14 的孔、在后柜墙壁上下柜墙壁框 6 mm 厚的扁钢上各开 8 个 φ14 的孔,两侧的孔尽量靠边,其余的孔等距排列。这 36 个孔,要对应于上分柜和下分柜各柜框内贴焊的 M12 的螺帽,用 M12 螺栓可将上分柜和下分柜连接,如图 17.11 所示。

3.隔板调孔

在左侧柜墙壁框、右侧柜墙壁框内,靠两侧的三根竖筋板上垂直方向等距 100 mm 开 5 个 φ13 的孔,在孔内贴焊 M12 的螺帽,用 M12 螺栓固定隔板支架。这 5 个 φ13 的孔是方便隔板高度的调节,隔板高度的调节量为 500 mm。

4.隔板

用角钢焊一长方框,中间加两根横撑,焊一张等面积的铁皮,上铺胶皮,用于存放防雹增雨火箭弹。如图 17.12 所示。

5.隔板支架

隔板支架用 3 mm×3 mm 的角铁两根,在每根角铁上各开 2 个 φ13 的孔,用 4 个 M12 螺栓将两根隔板支架安装在两侧柜壁上,用于安置隔板。

6. 门框和拉手

前面已介绍,此处省略。

17.1.3　上分柜

由左侧柜壁、右侧柜壁、后柜壁、上柜壁、门框、门轴、拉手等组成。

1. 柜体结构

将左侧柜壁、右侧柜壁、后柜壁、上柜壁焊合成整体(无下柜壁)。有左、右、上门框,考虑搬运易变形,可在柜体前面(下门框的位置)安装一个可拆性简易下门框,此简易门框要安装在里层木板表面上(可在里层木板表面上开两个安装孔,用螺栓连结在里面的筋板上),防止上柜体未组合前的形变(柜体整体组合好后,此简易下门框要拆除)。左侧柜壁墙、右侧柜壁墙和后柜壁墙最下端的最外层 Q235(A)钢板,比本身柜墙壁的壁框长 5 mm。如图 17.13 所示。

图 17.13　上分柜

2. 连接螺帽

在左侧下柜壁墙框、右侧下柜壁墙框 6 mm 厚的扁钢上各开 5 个 φ12 的孔、后柜壁墙框 6 mm 厚的扁钢上开 8 个 Φ12 的孔,两侧的孔尽量靠边,其余的孔等距排列。对准各孔中心线贴焊 M12 的螺帽,此 18 个螺帽要对应于中分柜各柜壁墙框内开的 18 个 φ14 的孔,用 M12 螺栓可将上柜和中柜连接。

3. 门框、门轴和拉手

前面已介绍,此处省略。

17.1.4　柜门

大小一样左、右两扇门,嵌入门框内,右门扇的左门边压在左门扇的右门框上。左、右两扇门各有两门轴。两门闭合后,门缝间隙≤1.5 mm。

1. 结构

右门扇和左门扇最外层门板是 5.5～6 mm 厚 Q235(A)钢板,两门扇框用 20 mm 厚的扁钢焊接,夹层是门锁、门闩、门闩连动机构和 50 mm 厚的陶瓷纤维板,最里层是 10 mm 厚的木地板。

右门扇左边最外层 Q235(A)钢板比门框长 15 mm,左门扇右边最外层 Q235(A)钢板比门框短 15 mm,用意是两门合闭时右门扇的左门边压在左门扇的右门框上,两门中间不会产生直接穿透性缝隙,叠压宽度 15 mm,如图 17.14 所示。

2. 门轴座

图 17.14　两柜门图　　　　　　图 17.15　门轴座图　　　　　图 17.16　门启闭转轮图

在左门扇左侧端面和右门扇右侧端面各贴焊两门轴座,实物如图 17.15 所示。

3.门启闭转轮

在右门中央靠左的外表面和左门中央靠右的外表面各安装一个手动门启闭转轮,转轮轴与门闩连动机构连接。手动转动门启闭转轮就可带动门闩的伸缩,控制两门的开启或闭合,实物如图 17.16 所示。

4.左门门闩

左门扇左边门框上焊有 3 个固定门闩,长度 30 mm;门框内各装有两对上下伸缩的活动门闩;右边门框内装有 3 个左右伸缩的活动门闩。当左门扇锁闭时,左门扇左边门框上的 3 个固定门闩、门框内的两对上下伸缩活动门闩,要伸长紧密插进柜门框内的各栓孔内;右边门框内的 3 个左右活动门闩要伸长插进右门扇左门框上的 3 个栓孔内。各活动门闩的伸缩长度不少于 40 mm。

5.右门门闩

右门扇右边门框上焊有 3 个固定门闩,长度 30 mm;门框内各装有两对上下活动门闩,当右门扇锁闭时,右门扇右边门框上的 3 个固定门闩、门框内的两对上下伸缩活动门闩,要伸长紧密插进柜门框内的各栓孔内。各活动门闩的伸缩长度不少于 40 mm。

6.门闩联动机构

门闩联动机构由齿轮和齿条及附属部件组成。门启闭转轮带动各活动门闩的伸缩,其加工精度直接影响到门的开启或闭合。所以,要求门启闭转轮轴、齿轮和齿条及附属部件装配间隙≤1 mm,齿轮和齿条及附属部件材质钢性要强、耐磨,并在相互接触面涂少许的黄油,保证联动机构转动灵活,工作稳定可靠。

7.门锁

左门扇表面安装一把 6731 型机械密码锁,如图 17.17 所示;右门扇表面安装一把 938(G)型城堡牌双头联控锁,如图 17.18 所示,符合 GA/T73 要求。两门的门锁舌头控制着两门的门启闭转轮。

图 17.17　6731 型机械密码锁　　　　　图 17.18　938(G)型城堡牌双头联控锁

8.两门互控

在两门锁闭时,由于右门扇的左门边压在左门扇的右门框上,左门扇右边门框内的 3 个活动门闩插进了左门扇右门框的栓孔内,从而实现了两门的互控,无法单独开启任何一扇门。开门时,可先开左门扇的 6731 型机械密码锁(使门锁舌头内缩),手动转动左门扇的门启闭转轮;再用两把钥匙打开右门扇的 938(G)型城堡牌双头联控锁,手动转动右门扇的门启闭转轮,然后两手各抓住一门启闭转轮,同时用力向外拉,两门才能同时开启。两门锁的开启方法请阅读产品技术说明书。

17.2　小弹药储存柜结构原理

小弹药储存柜由两节分柜(上分柜、下分柜)上、下叠压内螺栓组合而成。

17.2.1　上分柜

与组合式保险柜结构原理中的上分柜结构原理一样,这里不再赘述。

17.2.2　下分柜

与组合式保险柜结构原理中的下分柜结构原理基本一样,不同之处是:
(1)下壁板最下(外)面等距的焊接 6 个高度可调式固定底盘。
(2)无中间隔板。

17.2.3　柜门

与组合式保险柜结构原理中的柜门结构原理一样,此处省略。

17.3　片组合式弹药储存柜设计

弹药储存柜虽然在设计时考虑了安装、搬动、运输和进入现有作业点房间的方便,但由于分柜大而重,仍存在搬运和仓储方面的问题。为了彻底解决这些问题,提出片组合式弹药储存柜设计方案。

17.3.1　总体结构

由底柜壁、顶柜壁、左侧柜壁、右侧柜墙壁和后柜壁内螺栓组合而成,门嵌入柜内,通过外门轴将其安装在左侧柜墙壁和右侧柜墙壁的门轴座内,如图 17.19 所示。

17.3.2　底柜壁

底柜壁,从外至里共分五层:第一层六个高度可调式柜腿;第二层 4.5～5 mm 厚 Q235－A 钢板;第三层 50 mm×50 mm 的槽钢组成的柜边框和竖筋板;第四层 50 mm 厚陶瓷纤维板;第五层:10 mm 厚木地板。

在最外层 Q235(A)钢板的外表面焊接六个高度可调式柜腿,内表面的四周贴焊 50 mm×50 mm 的槽钢,组成底柜边框。左边柜框和右边柜框 50 mm×50 mm 的槽钢上各开 6 个 φ12

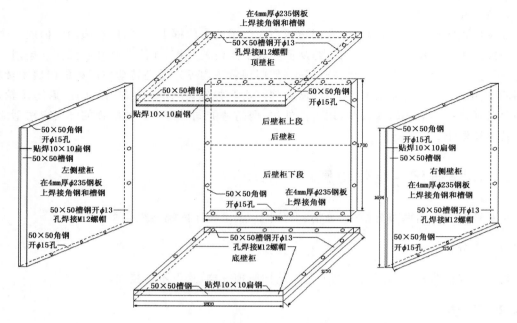

图 17.19　片组合式危险品保险柜设计结构示意图

的孔,对准孔的中心线在槽内各焊接 6 个 M12 的螺帽;后边柜框 50 mm×50 mm 的槽钢上各开 6 个 ϕ12 的孔,对准孔的中心线在槽内焊接 6 个 M12 的螺帽;前边柜框 50 mm×50 mm 的槽钢上,距槽钢前端面 8 mm 处焊接 10 mm×10 mm 的扁钢,组成前下门框;在柜框内贴焊 4 根 50 mm×50 mm 的槽钢,作为底柜壁板的竖筋;用 50 mm 厚陶瓷纤维板填充整个柜壁板框内;距四周 50 mm×50 mm 槽钢的 10 mm 处,铺设 10 mm 厚木地板,用 M5 的螺丝连接于底柜壁的竖筋板上。

17.3.3　顶柜壁

顶柜壁,从外至里共分四层:第一层 4.5～5 mm 厚 Q235(A)钢板;第二层 50×50 的槽钢组成的柜边框和竖筋板;第三层 50 mm 厚陶瓷纤维板;第四层 10 mm 厚木地板。

在最外层 Q235(A)钢板的内表面的四周贴焊 50 mm×50 mm 的槽钢,组成柜边框。左边柜框和右边柜框 50 mm×50 mm 的槽钢上各开 6 个 ϕ12 的孔,对准孔的中心线在槽内各焊接 6 个 M12 的螺帽;在后柜边框 50 mm×50 mm 的槽钢上各开 6 个 ϕ12 的孔,对准孔的中心线在槽内焊接 6 个 M12 的螺帽;在前柜边框 50mm×50mm 的槽钢上,距槽钢前端面 8(mm)处焊接 10×10 的扁钢,组成前上门框;在柜框内贴焊 3 根 50 mm×50 mm 的槽钢,作为顶柜壁板的竖筋;用 50 mm 厚陶瓷纤维板填充整个柜壁板框内;距四周 50 mm×50 mm 槽钢的 10 mm 处,铺设 10 mm 厚木地板,用 M5 的螺丝连接于底柜壁的竖筋板上。

17.3.4　左侧柜壁

左侧柜壁,从外至里共分四层,各层同顶柜壁。在最外层 Q235(A)钢板的内表面的四周,下边贴焊 50 mm×50 mm 角钢,在角钢上,对应底柜壁左边槽钢的 6 个 ϕ12 孔,开 6 个 ϕ15 的孔,组成下边框;上边贴焊 50 mm×50 mm 角钢,在角钢上,对应顶柜壁左侧槽钢的 6 个 ϕ12

孔,开 6 个 φ15 的孔,组成上边框;前边贴焊 50 mm×50 mm 槽钢,距槽钢前端面 8 mm 处焊接 10 mm×10 mm 扁钢,组成前边框和前左门框;后边贴焊 50 mm×50 mm 槽钢,在槽钢上,对应后柜壁板左边角钢的 6 个 φ15 孔,开 6 个 φ12 的孔,对准孔的中心线在槽内焊接 6 个 M12 的螺帽,组成后边框;在柜框内贴焊 2 根 50 mm×50 mm 的槽钢,在两根槽钢的中央,等距各开 5 个 φ12 孔,孔内各贴焊 5 个 M12 的螺帽,作为左侧柜壁板的竖筋,5 个 M12 的螺帽用作安装隔板支架;用 50 mm 厚陶瓷纤维板填充整个柜壁板框内。

在左侧柜壁板前边贴焊 50 mm×50 mm 槽钢的侧端面上,上、下各焊一门轴座,用来安装左柜门。

17.3.5　右侧柜壁

右侧柜壁,从外至里共分四层,各层同左侧柜壁。在最外层 Q235(A)钢板的内表面的四周:下边贴焊 50 mm×50 mm 角钢,在角钢上,对应底柜壁右边槽钢的 6 个 φ12 孔,开 6 个 φ15 的孔,组成下边框;上边贴焊 50 mm×50 mm 角钢,在角钢上,对应顶柜壁右边槽钢的 6 个 φ12 孔,开 6 个 φ15 的孔,组成上边框;前边贴焊 50×50 的槽钢,距槽钢前端面 8 mm 处焊接 10 mm×10 mm 的扁钢,组成前边框和前右门框;后边贴焊 50 mm×50 mm 的槽钢,在槽钢上,对应后柜壁板右侧角钢的 6 个 φ15 孔,开 6 个 φ12 的孔,对准孔的中心线在槽内焊接 6 个 M12 的螺帽,组成后边框;在柜框内的贴焊 2 根 50 mm×50 mm 的槽钢,在两根槽钢的中央,等距各开 5 个 φ12 孔,孔内各贴焊 5 个 M12 的螺帽,作为右侧柜壁板的竖筋,6 个 M12 的螺帽用作安装隔板支架;用 50 mm 厚陶瓷纤维板填充整个柜壁板框内;整柜壁板最里层铺设 10 mm 厚木地板,用 M5 的螺丝连接于底柜壁的竖筋板上。

在右侧柜壁板前边贴焊 50 mm×50 mm 槽钢的侧端面上,上、下各焊一门轴座,用来安装右门扇。

17.3.6　后柜壁

后柜壁板较大,较难搬动和运输,可分为下段和上段。

1. 后柜壁板下段

后柜壁板下段,从外至里共分四层,各层同顶层柜壁。在最外层 Q235(A)钢板内表面的四周,下边贴焊 50 mm×50 mm 的角钢,在角钢上,对应底柜壁的后柜壁板框槽钢 6 个 φ12 孔,开 6 个 φ15 的孔,组成下边框;左边贴焊 50 mm×50 mm 的角钢,在角钢上,对应左侧柜壁板的后边框槽钢 2 个 φ12 孔,开 2 个 φ15 的孔,组成左板框;右边贴焊 50 mm×50 mm 的角钢,在角钢上,对应右侧柜壁板的后边框槽钢 2 个 φ12 孔,开 2 个 φ15 的孔,组成右边框;上边贴焊 50 mm×50 mm 的槽钢,组成上边框,贴焊时,50 mm×50 mm 的槽钢比 Q235(A)钢板高出 5 mm;在柜框内贴焊 3 根 50 mm×50 mm 的槽钢,作为后柜壁板下段的竖筋;用 50 mm 厚陶瓷纤维板填充整个柜壁板框内;整柜壁板最里层铺设 10 mm 厚木地板,用 M5 的螺丝连接于底柜壁的竖筋板上。

2. 后柜壁板上段

后柜壁板上段,从外至里共分四层,各层同顶层柜壁。在最外层 Q235(A)钢板内表面的四周:下边贴焊 50 mm×50 mm 的槽钢,组成下边框,贴焊时,50 mm×50 mm 的槽钢比 Q235(A)钢板短 5 mm;左边贴焊 50 mm×50 mm 的角钢,在角钢上,对应左侧柜壁板的后边框槽钢 2 个 ϕ12 孔,开 2 个 ϕ15 的孔,组成左边框;右边贴焊 50 mm×50 mm 的角钢,在角钢上,对应右侧柜壁板的后柜边框槽钢 2 个 ϕ12 孔,开 2 个 ϕ15 的孔,组成右边框;上边贴焊 50 mm× 50 mm 的角钢,在角钢上,对应顶柜壁板的后边框槽钢 6 个 ϕ12 孔,开 6 个 ϕ15 的孔,组成上边框;在柜壁板框内的贴焊 3 根 50 mm×50 mm 的槽钢,作为后柜壁板上段的竖筋;用 50 mm 厚陶瓷纤维板填充整个柜壁板框内;整柜壁板最里层铺设 10 mm 厚木地板,用 M5 的螺丝连接于底柜壁的竖筋板上。

17.3.7　柜门

柜门分左柜门和右柜门,大小一样,嵌入门框内,右柜门的左门边压在左柜门的右门框上。左、右两柜门各有两外门轴。各门缝间隙≤1.5 mm。

左柜门和右柜门的构造原理与弹药储存柜一样。

17.3.8　其他部件

隔板、板隔板支架、高度可调式柜脚、门锁等部件,其构造原理与弹药储存柜一样,此处省略。

17.3.9　组合方法

先置底柜墙壁于夯实的地面,将左侧柜壁、右侧柜墙壁下端面放在底柜壁内表面上的两侧,用 M12 的螺栓将左侧柜壁、右侧柜墙壁与底柜壁连接;再将顶柜壁压在左侧柜壁、右侧柜墙壁的上端面,用 M12 的螺栓将左侧柜壁、右侧柜墙壁与顶柜壁连接;然后将后柜墙壁镶嵌在底柜壁、顶柜壁、左侧柜壁、右侧柜墙壁之间,用 M12 的螺栓将底柜壁、顶柜壁、左侧柜壁、右侧柜墙壁与后柜墙壁连接;最后调整好底柜壁外表面 6 个高度可调式柜脚与地面的水平,将两门安装好。

17.3.10　技术要求

片组合式人影弹药储存柜,因为由底柜壁、顶柜壁、左侧柜壁、右侧柜墙壁和后柜壁内螺栓组合而成,存在组合后整体结构不稳定和缝隙过大的弊端。所以要特别保证各柜板、门和孔的加工精度,否则无法进行组合安装。

17.4　规　格

弹药储存柜规格见表 17.1。

表 17.1　弹药储存柜规格一览表

数据 名　称	重量(kg)	长（mm）	宽（mm）	高（mm）
上分柜	300	1700	1030	585
中分柜	300	1700	1030	585
下分柜	350	1700	1030	585
大柜	1200	1700	1030	1800
小柜	800	1700	1030	1200

17.5　主要技术指标

弹药储存柜主要技术指标见表17.2。

表 17.2　弹药储存柜主要技术指标一览表

项　目	性 能 技 术 指 标
大保险柜容积	3.15 m³
大保险柜质量	1200 kg
大保险柜承载重量	2000 kg
大保险柜装载量	单独存放 37 增雨弹 640 发、WR－98 型火箭弹 32 枚、WR－1D 型火箭弹 100 枚、HJD－82 型火箭弹 42 枚、YIR－6300 型火箭弹 72 枚、BL－1 型火箭弹 240 枚(整箱存放)。
小保险柜容积	2.10 m³
小保险柜质量	800 kg
小保险柜承载重量	1500 kg
小保险柜装载量	单独存放 37 增雨弹 400 发、WR－98 型火箭弹 24 枚、WR－1D 型火箭弹 60 枚、HJD－82 型火箭弹 32 枚、YIR－6300 型火箭弹 48 枚、BL－1 型火箭弹 160 枚(整箱存放)。
隔热温度	≤1200℃
隔板承载量	≤30 g/cm²
柜表面抗拉强度	≥235 MPa
整体晃动量	≤1 mm
表面平面度	≤6 mm
柜体壁厚度	64.5(＋0.5) mm
门扇壁厚度	65.5(＋0.5) mm
柜墙壁隔热层厚度	50 mm
门缝间隙	≤1.5 mm
工作相对湿度	<95％,无凝露
工作温度	－40～＋60℃

17.6　安装

17.6.1　安装要求

(1)弹药储存柜一般安置在弹药库里靠墙的位置,但离墙要有 300～500 mm 的距离。

(2)安装前,应将弹药储存柜所放位置的地面整理平坦,对应柜脚的支撑点要夯实。

(3)房间不应有任何杂物。

(4)房间内无任何电源线和电器设备。

17.6.2　安装步骤

1.下分柜安装

将下分柜放置于整理平坦的地面,调整 8 个高度可调式柜脚,使下分柜与地面水平。

2.中分柜安装

将中分柜置于下分柜之上,放置时要恰好对准中、下分柜之间的卡槽。中分柜放置到位后,应用螺栓将中分柜与下分柜连接。

3.上分柜安装

置上分柜于中分柜之上,放置时要恰好对准中、上分柜之间的卡槽。上分柜放置到位后,应用螺栓将中分柜与上分柜连接。

4.柜门安装

两柜门安装,应在上分柜、中分柜、下分柜所有连接螺丝紧固好后再进行。抬起柜门,柜门的两门轴对准柜体的两门轴座的中心线,然后慢慢地将两门轴放进两门轴座内。

柜门安装好后,推动柜门感其松紧;闭合后看与门框的缝隙和两门之间的缝隙,如果不理想,可调整 8 个高度可调式柜腿。

大、小柜的安装方法基本一样,此处介绍大柜安装步骤。

17.7　柜门启闭

17.7.1　开启

先开左门扇的 6731 型机械密码锁(使门锁舌头内缩),手动转动左门扇的门启闭转轮;再用两把钥匙打开右门扇的 938(G)型城堡牌双头联控锁,手动转动右门扇的门启闭转轮,然后两手各抓住一门启闭转轮,同时用力向外拉,两门同时开启。

17.7.2　锁闭

先关上左柜门,后关上右柜门,双手抓住右柜门的门启闭转轮逆时针旋转到位,拔去机械双头联控锁的钥匙,随便旋转一下机械密码锁的旋转盘,这时两柜门就锁闭了。

17.7.3　门锁

1.密码锁

(1)结构

机械密码锁主要由可旋转盘、固定盘和旋转卡片盘等三组成,如图 17.20 所示。

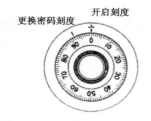

图 17.20　机械密码锁示意图

图 17.21　938(G)型城堡牌双头联控锁

（2）开启方法

根据需要密码一般设为 3 位数,第 1 位数字顺时针三圈,第 2 位数字逆时针两圈,第 3 位数字顺时针一圈。可把机械密码锁打开,关锁时把旋转盘随便旋转一下即可。

密码位数的设置不可太多,其一是担心作业点人员不好记(位数和数字要便于记忆,并在办公室作记录备查),其二是担心开锁时间长,影响作业。

2. 双头联控锁

（1）结构

双头联控锁主要由锁孔护片、锁芯和两把钥匙组成,如图 17.21 所示。

938（G）型城堡牌双头联控锁有两把钥匙,分别为 1 号钥匙和二号钥匙,1 号钥匙柄上有一个五角星,2 号钥匙柄上有两个五角星。如图 17.22 所示。

锁的护片下有两个锁孔,上锁孔为 2 号,下锁孔为 1 号,如图 17.23 所示。

图 17.22　两钥匙图　　图 17.23　锁孔位置图　　图 17.24　插进位置图　　图 17.25　1 号钥匙旋转位置图

（2）开启方法

开锁时将两把钥匙与钥匙孔必须一一对应插入钥匙孔,钥匙柄上有五角星一面都朝左手方向,如图 17.24 所示。先右旋转 1 号钥匙 90°,钥匙柄与地面水平,五角星朝上,如图 17.25 所示;然后再右旋转 2 号钥匙 180°,钥匙柄与地面垂直,五角星朝右,此时,938（G）型城堡牌双头联控锁已被打开(注意:开锁时两把钥匙与钥匙孔必须一一对应,否则无法开启双头联控锁)。

锁闭扇门时,先旋转柜门手轮到关闭位置,先反向旋转 2 号钥匙 180 度,钥匙柄上的五角星朝向右,将钥匙拔出,;然后再反向旋转 1 号钥匙 90 度,钥匙柄上的五角星朝向右,将钥匙拔出(注意:右柜门在开启状态时不能将钥匙取出,否则右柜门门销无法旋转到正常位置,导致右柜门锁不住)。

17.8　使用注意事项

（1）安装柜体时先调整好下柜 8 个高度可调式柜脚与地面的水平,否则,可能导致柜门关闭不上或长时间放置柜体容易变形。

（2）柜体安装完毕后,上分柜与中分柜、中分柜与下分柜组合后产生两道缝隙(不直接穿透性缝隙),缝隙≤0.5 mm。

（3）6731 型机械密码锁、938（G）型城堡牌双头联控锁为精密锁具,密码要牢记,钥匙应妥善保管,密码忘记或钥匙损坏都会造成不必要的麻烦。

（4）运输和安装柜体时,要注意对表面喷塑的保护。

(5)每年应及时更换柜内干燥剂,保持柜内干燥,防止柜内人工影响天气弹药受潮。

17.9　故障的排除

弹药储存柜在使用过程中一般不会出现问题,如有问题,主要来源于密码锁和双头联控锁。

17.9.1　密码锁的故障

(1)密码忘记:向生产厂家询问。
(2)更改密码:由生产厂家操作。
(3)密码锁打不开:打开密码锁步骤要对,旋转的圈数和对准的数字精确,要做到耐心细致。
(4)密码锁坏:更换密码锁。

17.9.2　双头联控锁的故障

大部分问题是1号钥匙(有1星标志的钥匙)拔不出来,主要是拔钥匙的顺序出了问题,可按正确程序操作。

17.10　特点

(1)三分柜(上分柜、中分柜、下分柜)上、下叠压式螺栓内组合结构,可组合成大、小两种容积的柜体,整体结构稳定,便于运输和安装,供用户选择。
(2)结构紧凑、合理,具有足够的刚性强度和隔热、液体渗透防护性能,全柜体无直接穿透性缝隙。
(3)左门扇表面安装一把6731型机械密码锁,右门扇表面安装一把938(G)型城堡牌双头联控锁,两门的门锁舌头分别控制着两门的门闩连动机构,符合GA/T73要求的门锁设计
(4)右门扇的左门边压在左扇门的右门框上,两门都有固定门闩和上、下活动门闩,左门扇右边门框内的3个活动门闩伸长插进右门扇左门框上的栓孔内;两把门锁分别安装在两门上,控制着两门的门闩连动机构,无法单独开启任何一扇门,增强了门的安全性,实现了两柜门互控。
(5)隔板高度可调,范围500 mm,方便用户存储物品。
(6)每个柜脚高度可调,通过调整,可保证柜体与放置地面的水平。

第 18 章　人工影响天气作业点
人体静电消除装置

　　静电是由于气体的高速流动、固体物质大面积摩擦产生的,在天气干燥的环境下运输弹药容易产生静电。据有关方面统计,我国每年因静电造成直接经济损失高达数十亿元人民币。由于静电危害存在隐蔽性、潜在性、随机性、复杂性等特点,如果不加防护,随时会发生人身和财产安全事故。

　　静电主要有人体自身带的静电及人体感应静电等几种形式。而这几种存在形式恰恰在作业点上都有可能出现:①电子设备的故障和误动作,造成电磁干扰,火箭弹误发射或火箭弹无法发射;②击穿集成电路和精密的电子元件,或者促使元件老化,造成通讯指挥失灵,贻误作业时机;③高压静电放电造成设备漏电,危及人身安全。

　　该装置是新疆人工影响天气办公室为解决基层人工影响天气作业点无任何防静电设施而研制的,适用于人工影响天气作业点的人体静电消除。

18.1　构造原理

　　主要由一个人体静电消除器和一个接地体组成。

　　人体静电消除器,用半导体材料和金属材料制作。工作人员只需用手指触摸一下上面的金属触摸球 1 s 即可消除人体的静电。人体静电消除器电阻≤600 Ω,因此消除静电时无电火花和人体电击感,如图 18.1 所示。

　　接地体用 1～2 块非金属接地模块和一些物理性降阻剂,使人体静电安全导入大地。如图 18.2 所示。

图 18.1　人体静电消除器图　　　图 18.2　非金属接地模块图　　　图 18.3　消除器与接地体连接示意图

18.2　安装方法

在弹药库的缓冲房房间内或需要安装人体静电消除装置的地点,挖一个 800 mm×600 mm×800 mm 的坑,按 3∶2 的比例,把物理性降阻剂加水搅拌均匀成糨糊状,将一半立即倒入坑中,再将连接好的非金属接地模块和热镀锌扁钢放入坑内,然后将另一半成糨糊状的降阻剂倒入坑中接地模块上方,用填满细土并夯实,最后用螺栓连接热镀锌扁钢与人体静电消除器,如图 18.3 所示。

18.3　使用方法

当作业人员在接触电子装备、火箭弹前,应站立在人体静电消除器脚踏底板上,双手触摸不锈钢导电球 1 秒钟,将人体本身所积累的静电电荷安全的消除掉,然后再进行工作。

18.4　主要技术指标

人体静电消除装置主要技术指标见表 18.1。

表 18.1　人体静电消除装置主要技术指标一览表

项目	数值范围
接地体外型尺寸(mm):	500×400×60
接地体重量(kg):	20
单体接地效果	$R=0.16\rho$(ρ 为土壤电阻率)
室温下电阻率	$\leqslant0.5\ \Omega\cdot m$
地下长期保湿性能	$30\pm10\%$
接地阻值	平原$\leqslant100\ \Omega$,山区$\leqslant1000\ \Omega$
人体静电电压	$V\leqslant20\ kV$
静电释放时间:	$t\leqslant100\ ms$
最大释放电流	$I\leqslant0.1\ mA$
工作温度	$-50\sim100℃$
环境湿度	$\leqslant80\%(40℃)$

18.5　产品功能和特点

18.5.1　功能

(1)消除人体携带的静电电荷。
(2)消除人体静电时无电火花和人体电击感。

18.5.2　特点

（1）结构简单，安装和使用方便。

（2）消除人体静电时无电火花和人体电击感。

18.6　注意事项

18.6.1　安装

（1）要戴乳胶手套接触物理性降阻剂，若粉末溅到手、脸、眼上时应及时用清水洗净。

（2）非金属接地模块的埋设位置，应避开可能遭受化学腐蚀及高温影响地段，埋设深度不小于 0.8 m；在寒冷地区，模块应埋设在冻土层以下。

（3）应在非金属接地模块和热镀锌扁钢的螺栓连接处，涂上防腐导电漆或沥青漆。

18.6.2　存储和运输

（1）物理性降阻剂须存放在不受雨淋的干燥处，严防受潮。

（2）非金属接地模块存储应保持一定湿度，避免高温、干燥、暴晒；运输和安装时，应避免机械力对其的损伤。

18.6.3　测量

回填土时可适量洒水，分层夯实，待非金属接地模块充分吸湿 72 h 后，再进行测量。

18.6.4　维护保养

人体静电消除装置结构简单，其头部要经常擦干净，防止生锈；脚踏板如变形，需更换。

第19章　作业点人工影响天气弹药库报警装置

作业点弹药安全储存的闭环防御系统由危险品保险柜、人体静电消除装置和弹药库内的实时报警装置三部分组成。为完善这个防御闭环系统使基层弹药储存达到一个较高的安全标准,新疆人工影响天气办公室2012年研制作业点人影弹药库报警装置。

19.1　构造原理

19.1.1　硬件结构

报警装置以SAMSUNG公司的ARM RISC处理器为核心,在嵌入式处理器基础上添加电源电路、控制电路等构成了一个嵌入式核心控制模块,辅以存储器(SDRAM、Flash、SD卡等)、通用设备接口和I/O接口(A/D、I/O等),其中操作系统和应用程序都固化在Flash中。再根据报警装置需要实现的功能,加入通信模块、人机交互装置、传感器、报警灯等外围硬件设备,实现监控报警、资料上传等功能。

报警装置由机箱、控制管理电路板、传感器(两路红外微波双鉴探测器、两路红外摄像头、震动传感器)、键盘、声光报警灯、两个12V/20AH电瓶等部分组成。控制管理电路板由核心板(含ARM9 32位嵌入式微处理器、数字语音编码解码芯片、网络芯片、64M RAM、64M NAND FLASH)、底板(含电源管理模块、4GB SD卡、核心板接口、通信模块接口、键盘接口、传感器接口、声光报警器接口、两路USB接口、串口和网线接口)、通信模块。装置实物如图19.1所示,硬件结构如图19.2所示。

图19.1　报警装置实物图

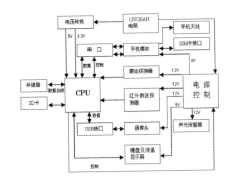

图19.2　报警装置硬件结构图

19.1.2　监控软件结构

主要由引导程序、操作系统、文件系统、设备驱动程序、守护程序、监控报警软件等组成。操作系统采用嵌入式 LINUX2.6.28；文件系统采用 busybox 根文件系统、YAFFS2 文件系统；设备驱动程序含摄像头驱动、传感器驱动、键盘驱动、电源管理等驱动程序；监控报警软件包含任务管理模块、事件处理模块、拍照模块、短信收发模块、手机通信模块、定时器任务处理模块等软件模块。报警装置软件结构如图 19.3。

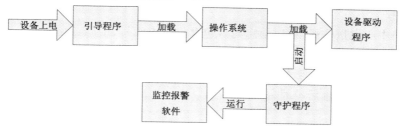

图 19.3　报警装置软件结构图

19.1.3　监控软件工作流程

软件工作流程如图 19.4 所示。

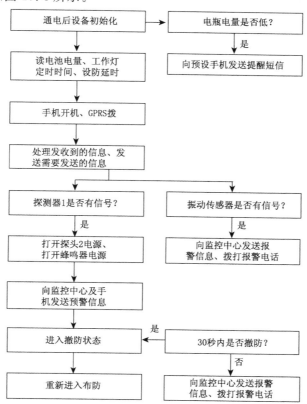

图 19.4　报警装置软件工作流程图

1.开机启动

(1)设备初始化:打开设备驱动程序,打开手机模块电源,启动探头 1,向键盘发送同步信号;

(2)登录 GPRS;

(3)登录 GPRS 成功后注册;

(4)注册成功后手机休眠;

(5)进入主循环。

2.注册流程

(1)终端向中心发送注册信息,信息内容包含作业点编号、密码、库存弹药、报警短信号码、报警电话号码;

(2)主机收到注册信息后回复当前时间;

(3)终端收到回复信息后校时;

3.主循环

(1)系统休眠:

①启动休眠时间:重新布防后,等到发送完所有信息以后;

②步骤:关闭键盘电源;关闭摄像头电源;关闭第二个探头电源;手机休眠;

③唤醒:探头 1 或探头 2 、振动传感器或电瓶电压低中断唤醒。

(2)探头 1 探测到有人进入:

①启动探头 2;

②唤醒手机;

③打开摄像头 1 电源。

④清空监控信息记录表,记录监控信息:捕获时间;

⑤登录 GPRS,成功后向中心发送:1 预警信息、2 预警图片(最新图片);

⑥若失败发送预警短信到短信号码;

⑦检测摄像头 1 设备驱动是否加载,若已加载,打开摄像头 2 电源;摄像头 1 开始拍照。

(3)探头 2 探测到有人进入:

打开摄像头 1 电源。

(4)撤防:

①记录撤防时间;

②GPRS 发送撤防信息。

(5)弹药入库:

①记录监控信息:存入火箭弹、炮弹数量;炮点信息:库存火箭数量,炮弹数量;

②GPRS 发送入库信息:

③若中心无回应发送入库信息短信。

(6)弹药出库:

①记录监控信息:存火箭数量,取炮弹数量;炮点信息:库存火箭数量,炮弹数量;

②GPRS 发送出库信息;

③若中心无回应发送出库信息短信。

(7)重新布防:

发送监控信息,发送时间：

①正常情况下重新设防后发送；

②非法进入、破坏报警：打完报警电话后发送。

19.1.4　监控报警软件功能

1. 预警

探头 1 探测到有人或活动物体进入后唤醒所有设备,摄像头 1 启动开始以 6 张/秒的速度拍摄,液晶屏提示输入撤防密码,5～30 秒内 1 秒拍摄 1 张照片。并发送预警短信到设置好的 5 组号码,内容为"预警:有人进入弹药库房！库房编号:××××××××"。并通过 GPRS 网络向监控中心发送预警信息、现场图像。

2. 非法进入报警

30 秒内不撤防进入非法报警模式,发送报警信息到预设的 5 组电话号码,内容为"报警:有人非法进入弹药库房！库房编号:××××××××"。短消息发送后轮流拨打设置好的 5 组电话号码直至有人接听或挂断,电话内容为警笛声,并通过 GPRS 网络向监控中心发送非法进入报警信息、现场图像。

3. 防破坏报警

如果有人试图破坏报警装置,报警装置的震动传感器会探测到入侵者走动或破坏报警装置活动时产生的震动信号来触发报警。发送报警信息,内容为"报警:有人正在破坏报警装置！库房编号:××××××××",短消息发送后轮流拨打设置好的 5 组电话号码直至有人接听或挂断,电话内容为警笛声,并通过 GPRS 网络向监控中心发送破坏报警信息、现场图像。

4. 电瓶容量低报警

内置 12V/20AH 电瓶两个,采用电源比较电路,任何一个如电量不足,就会自动切换到另一个电瓶供电,并产生中断,唤醒进入休眠状态 CPU,CPU 发送短信到预设的电话号码提示电瓶 1 或 2 电量不足,内容为"电瓶 * 电量不足,请及时更换,库房编号:××××××××"。

5. 弹药入库出库记录

在安装报警装置的小保险柜柜门上的数字键盘输入存取弹药的数量后,通过 GPRS 网络向监控中心上传存取的数量和库存数量,随后发送短信到预设的电话号码。

6. 拍照

在前 5 s 两个摄像头依次拍照,6 张/秒。以后 1 张/秒,直到撤防,撤防后根据两个微波红外双鉴探测器探测到的情况分别用两个摄像头进行拍照。当某个探测器探测到有人或活动物移动,与该探测器对应的摄像头拍照,直至重新布防。

7. 休眠

进入休眠状态:重新布防后,等待所有信息(监控信息和图像)发送完成后,系统进入休眠状态(关闭摄像头电源、手机模块、键盘、CPU 进入休眠模式),只留振动传感器和一个微波红外双鉴探测器工作,这时工作电流：＜50 mA。

唤醒:当产生以下条件：

(1)有人、活动物进入；

(2)有人破坏报警装置；

(3)电瓶电量不足；

即刻进入全速工作状态,唤醒所有外设工作,这时工作电流<200 mA,然后根据不同的条件进行处理。

19.2　工作原理

报警装置在待机状态下,主要是红外微波双鉴探测器在工作,其他工作组件处于休眠状态,只有在微波红外双鉴探测器探测到信号时,才会启动整体系统工作。这样做是为了由电瓶供电的整机降低整机功耗,同时也满足了弹药库内不能使用交流电的条件。

两个摄像头和两个红外微波探头组成了两组探测装置,每一组有一个摄像头和一个红外微波双鉴探测器,第一组对准弹药库缓冲间的门,第二组对准弹药存储柜。为了节约存储图像的空间和占有 CPU 控制时间,通过红外微波探头来决定哪个摄像头进行工作,当第一组红外微波探头探测到信息,则第一组摄像头工作,第二组红外微波探头探测到信息则第二组摄像头工作,当两个红外微波探头同时探测到信息,则第二组摄像头工作。这样解决了大量信息采集时对数据线的拥堵现象。

报警装置主要适用于基层单位弹药库的监控与报警,安装于弹药库房与缓冲间的隔墙上,一组探头和摄像头及屏幕键盘面向缓冲间,用于监控缓冲间的状况;另一组探头和摄像头,面向弹药库,用于监控该库的状况。与弹药保险柜、人体静电消除装置组成作业点人工影响天气弹药安全防范闭环系统,如图 19.5 所示。

图 19.5　弹药库报警装置安装示意图

用报警装置机箱钥匙打开箱门,按下白色电源开关接通电源,绿色指示灯亮,表示设备上电,红色指示灯亮,表示 CPU、手机模块开始工作。设备开始进行初始化、读入配置信息、产生事件获取线程、监控信息初始化等工作结束后,终端通过手机模块到监控中心进行远程注册并获得系统时间,如果监控中心计算机未开启或无法连接的情况下可以手动输入系统日期和时间。(在设备安装完后,需要 24 小时不间断开机,时间与日期只在开机时才输入,其他时间不需要设置)。

输入密码,当密码输入正确后进入功能界面:撤防和重新布防功能、弹药入库、弹药出库、库存显示、信息提取和设置。

只有输入密码正确才能进入到下一步工作,否则就进行报警。当有人接近报警装置在 5 (米)内,红外微波探测器探测到活动目标会发送预警信息到预设的五组电话号码,内容为"预警.:有人进入弹药库房！库房编号××××××××",并发送预警图片到监控中心计算机上。

如果输入密码不正确,有三次更改的机会,如果再输错,或 30 秒内不能输入正确密码,则会立刻报警,直到输入密码正确为止。进入报警状态,启动声光报警器报警,发送报警信息到预设的 5 组电话号码,内容为"报警:有人非法进入弹药库房！库房编号××××××××",报警信息发送完后拨打报警电话到预设的 5 组电话号码直至有人接听。在布防状态下当有人试图破坏报警装置时所产生的震动会被震动探测器探测到,并发送报警信息到预设的 5 组电话号码,内容为"报警:有人正在破坏报警装置！库房编号××××××××"。

19.3　报警装置指挥中心软件

主管机构随时了解该作业点弹药库情况和弹药存取情况,作业点报警装置要将弹药库情况和弹药存取情况上传给上级主管机构。为此,在上级主管机构电脑中特安装指挥中心软件,以方便对作业点报警装置的管理。

19.3.1　软件功能

（1）实时监控:实时监视弹药库入库、出库、存取弹药、现场图片等情况;

（2）作业点位置显示:在电子地图上显示各个作业点的位置、状态（设防、撤防、报警等状态）,若出现报警情况,作业点在地图上闪烁;

（3）存取弹药查询:查询各个作业点每次存取弹药的数量和库存数量;

（4）报警信息查询:查询各个作业点报警情况;

（5）现场图片查询:查询各个作业点从进入到离开的现场拍下的图片;

（6）监控信息查询:查询各个作业点弹药库每次进入日期时间、撤防时间、重新布防离开时间、存取弹药数量、是否进入预警、是否非法入侵报警、是否破坏报警、向谁发送预警报警短信、向谁拨打了电话等信息;

（7）设备信息管理:添加、修改、删除报警装置信息;

（8）数据统计:统计一段时间内各个作业点预警、报警次数,存取弹药的数量;

（9）数据导出和备份:将监控信息、存取弹药信息、报警信息等导出成 EXCEL 报表,便于打印与存储。

19.4　主要技术指标

弹药库报警装置主要技术指标,见表 19.1。

表 19.1　作业点人工影响天气弹药库报警装置主要技术指标一览表

主 要 指 标	数 值 范 围
工作电压	12 V DC(12 V 电瓶)
工作电流	<200 mA（工作模式）
	<50 mA（休眠模式）
工作温度	−20～+50℃
工作湿度	<95%,无凝露
储藏温度	−30～+70℃
通信频率	900/1800 MHz
信息交互时间	<10 s(平均时间)
GPRS 传图时间	10～30 s
连续工作时间	>500 h（正常工作）
报警灯功率	10 W
布防时间	30 s
撤防时间	30s

19.5　报警装置功能

(1)撤防和重新布防；

(2)电话报警；

(3)短信报警；

(4)声光报警；

(5)上传信息（文字、图像）；

(6)弹药入库；

(7)弹药出库；

(8)库存显示；

(9)信息提取（提取监控记录和图像）；

(10)设置菜单（库房编号设置、密码设置、报警电话号码设置、报警短信电话号码设置、监控中心 IP 地址设置、时间和日期的输入）；

(11)软件更新（本地软件升级和远程升级）；

(12)电量不足提示。

19.6　报警装置特点

(1)无线网络报警；

(2)电话、短信、网络、声光四种报警形式；

(3)中文操作界面；

(4)可靠性设计,使用硬件看门狗、守护程序保证系统软件可靠地运行；

(5)微波、红外、摄像三种探测方式；

(6)安装、操作简单；

(7)使用大容量电瓶供电,灵活的电源管理,保证设备长时间工作。

第 20 章　车载式人工影响天气火箭弹存储箱

车载流动式火箭发射装置多用皮卡车装载,作业时火箭弹随车携带。有些火箭作业车装备了车载式火箭弹储存箱,但不规范;有些根本就没有装备车载式火箭弹储存箱,火箭弹整箱放置在车厢里,存在安全隐患。2012 年新疆人工影响天气办公室研制出车载式人工影响天气火箭弹存储箱,为流动火箭作业车安全携带弹药提供了可靠保证。存储箱实物如图 20.1 所示,车载式火箭弹存储箱安装运载示意如图 20.2 所示。

图 20.1　车载式火箭弹存储箱实物图　　　图 20.2　车载式火箭弹存储箱安装运载示意图

20.1　构造原理

主要由箱体、自动启闭式储弹架、箱体安装板等组成。

20.1.1　箱体

箱体由箱门、门轴座、门轴、门锁、右箱门启闭装置、箱车安装板等组成。

1.结构

箱体由四块 4 mm 厚的 Q235(A)钢板焊合成一个长方体,在箱体的两头和中间 3 处用 3 mm 厚的扁钢围焊一圈,里层贴装 3 mm 厚的铝塑防火板,用于隔热和防火。

2.门轴座

箱体两头侧端面各焊两门轴座用于安装箱门,门轴座用 φ20 mm、长度 30 mm、中间孔径 10 mm、孔深 15 mm 的实心圆柱形钢材加工而成。

3.箱体安装板

在箱体外底板的两侧,用螺栓固定两块安装板,用于将整个箱体通过螺栓连接到车前部两侧的车厢板上。

20.1.2　箱门

1.结构

大小等同的左、右两箱门,嵌入门框内。右箱门和左箱门最外层门板是 4 mm 厚 Q235（A）钢板,里层是 3 mm 厚的铝塑防火板。左箱门的外表面安装一把 938（G）型城堡牌双头联控锁,右箱门内表面上焊接一个锁闭卡环,两门上有把手。

2.门轴

在左箱门左侧端面和右箱门右侧端面各贴焊两门轴,将这两门轴插进两门轴座内,就实现了两箱门的安装。

3.门锁

左箱门表面安装一把 938（G）型城堡牌双头联控锁,门锁舌头控制着左箱门的启闭,符合 GA/T73 要求。

（1）结构

双头联控锁主要由锁孔护片、锁芯和两把钥匙组成。有两个钥匙插孔,左边有一颗五角星的为 1 号钥匙插孔,右边有二颗五角星的为 2 号钥匙插孔,如图 20.3 所示。有两把钥匙,分别为钥匙柄上有一颗五角星的 1 号钥匙和钥匙柄上有二颗五角星 2 号钥匙,如图 20.4 所示。

图 20.3　双头联控锁钥匙孔实物图　　　图 20.4　双头联控锁钥匙实物图

（2）开启方法

开锁时,两把钥匙上的五角星数与钥匙孔上的五角星数必须一一对应的插入钥匙孔中,如图 20.5 所示。

图 20.5　钥匙与钥匙孔对应实物图　　图 20.6　1 号钥匙插入锁孔实物图　　图 20.7　2 号钥匙插入锁孔实物图

先将带一颗五角星的 1 号钥匙（五角星向下）插入左边一颗五角星的钥匙孔中,顺时针（向右）旋转 90°,1 号钥匙上的一颗五角星向左,如图 20.6 所示。然后将带二颗五角星的 2 号钥匙（五角星向下）,插入右边二颗五角星的钥匙孔中,顺时针（向右）旋转 180°,2 号钥匙上的二颗五角星向上,锁开启,如图 20.7 所示。

（3）锁闭方法

　　在如图 20.7 所示的状态下,先将带二颗五角星的 2 号钥匙(二颗五角星向上)逆时针(向左)旋转 180°,2 号钥匙上的二颗五角星向下,拔出 2 号钥匙,如图 20.8 所示。然后将带一颗五角星的 1 号钥匙(五角星向左)插入右边二颗五角星的钥匙孔中,逆时针(向左)旋转 90°,1 号钥匙上的 1 颗五角星向下,拔出 1 号钥匙,锁即锁闭,如图 20.9 所示。

图 20.8　2 号钥匙旋转与拔出实物图　　　　　图 20.9　1 号钥匙旋转与拔出实物图

　　(4)锁启闭注意事项

　　①在锁启闭时,把锁孔的星位和钥匙的星位记清楚,拔插的顺序和旋转的方向不要搞错,严格按上述的启闭方法操作。

　　②锁在锁闭时,两钥匙都能拔出;但锁在开启时,只能拔出 2 号钥匙。

　　4.右箱门启闭装置

　　右箱门外表面上无锁,所以在箱体里靠近左门扇启闭的侧面,安装了一个右箱门启闭装置。该装置由挂钩、扭簧、挂钩轴、挂钩轴座、钢丝拉线等组成。闭门时(左门箱已锁闭),挂钩自动挂在右箱门上焊接的环内;开门时,用手拉动钢丝拉线使挂钩从环内移出,右箱门自然开启。右箱门的启闭受左箱门的控制。

　　5.箱门启闭

　　当两门开启时,先用钥匙开启左箱门,拉动箱体里右箱门的启闭装置,右箱门才能开启。

　　当两门锁闭时,先用钥匙锁闭左箱门,然后用力推进右箱门,右箱门自动锁闭,右箱门的启闭受左门扇的控制。

20.1.3　自动启闭式储弹架

　　由底层基架、储弹支架、储弹支架上轨自动启闭装置组成。

　　1.结构

　　由底层基架、储弹支架、储弹支架上轨自动启闭装置等组成,结构如图 20.10 所示。安装于箱体里。

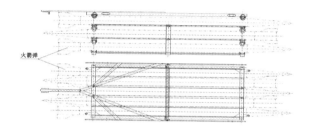　　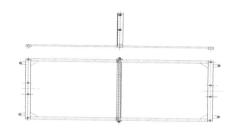

图 20.10　储弹架总承结构图　　　　　　　图 20.11　底层基架结构图

2. 底层基架

用长 100 mm 的 2 mm×2 mm 的方管 2 根；宽 40 mm、厚 3 mm 的扁钢 3 根，焊合成长方形，结构如图 20.11 所示。

3. 储弹支架

由 8 根支撑丝杆、12 根上下小槽铝、3 种口径垫块、15 个导向槽等组成 3 层储弹支架 15 个储弹孔，结构如图 20.12 所示。

在底层基架两头横撑的 8 个 φ12 的孔中（每根横撑 4 个 φ12 的孔），固定 8 根 M12 的丝杆，平行的 4 根 M12 的丝杆上各固定 6 根小槽铝，上（轨）、下（轨）两根平行的小槽铝组合成 1 层储弹支架，上（轨）、下（轨）小槽铝对应开有 φ90 的 5 个储弹孔。

每层的下（轨）小槽铝要紧固，而上（轨）的小槽铝有 5（mm）的上、下移动距离，由自动启闭装置控制。

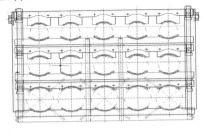

图 20.12　储弹支架结构图

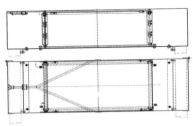

图 20.13　自动启闭装置结构图

4. 储弹架上轨自动启闭装置

自动启闭装置由连杆、弹簧、轴承、滑动架等组成，安装在顶层储弹支架上，靠左箱门的启闭控制储弹支架上轨的上、下移动，结构如图 20.13 所示。

当火箭弹放入储弹支架内，左箱门闭合时，向里推动连杆，使滑动架前移，迫使储弹支架的上轨下移，将火箭弹固定住，防止火箭弹在车载移动时滑动受损；当左箱门开启时，连杆会向外弹出，滑动架回位，储弹支架的上轨自动上移，松开火箭弹，方便火箭弹的存取。

5. 导向槽

每层的下（轨）小槽铝 φ90 的孔内固定劈开一半的 PVC 管，在 PVC 管内表面刷一层防静电漆，形成导向槽，便于火箭弹的存取。

6. 装弹孔径的调节

每层上（轨）的小槽铝内安装了可拆卸的 φ82、φ66、φ56 三种口径的储弹孔垫块，根据火箭弹口径安装对应的垫块，方便调整 WR－98 型、WR－1D 型、HJD－82 型、RYI－6300 型、BL－1 型火箭弹的装载量。

φ82、φ66、φ56 口径三种储弹孔垫块，由木地板开弧，在弧内贴 5 mm 厚的弹性橡胶板，如图 20.14、20.15、20.16 所示。

当上（轨）的小槽铝下移时，5 mm 厚的弹性橡胶板压住火箭弹，使火箭弹在储弹支架内不松动、受损，还可防静电。

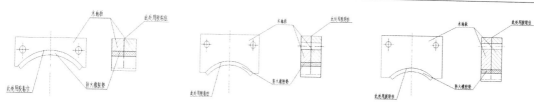

图 20.14 φ82 口径垫块结构图　图 20.15 φ66 口径垫块结构图　图 20.16 φ56 口径垫块结构图

20.2 规格

车载式火箭弹储存箱的规格见表 20.1。

表 20.1 流动作业车载式火箭弹保险箱规格一览表

数据 名 称	重量(kg)	长(mm)	宽(mm)	高(mm)
箱体	166.2	1600	500	500

20.3 主要技术指标

车载式火箭弹保险箱的主要技术指标见表 20.2。

表 20.2 流动作业车载式火箭弹保险箱主要技术指标一览表

项 目	性 能 技 术 指 标
箱体容积	3.15 m³
箱体质量	166.2 kg
箱体承载重量	≤150 kg
箱体装载量	单独存放 WR—98 型火箭弹 15 枚、WR—1D 型火箭弹 15 枚、HJD—82 型火箭弹 15 枚、YIR—6300 型火箭弹 15 枚、BL—1 型火箭弹 30 枚(拆箱存放)，或混装合计 15 枚。
隔热温度	≤1200℃
柜表面抗拉强度：	≥235 MPa
整体晃动量：	≤1 mm
表面平面度：	≤1 mm
柜体壁厚度：	6(+0.5) mm
门扇壁厚度：	7(+0.5) mm
柜壁隔热层厚度	3 mm
门缝间隙	≤1.5 mm
工作相对湿度	<95%,无凝露
工作温度	−40～+60℃

20.4　安　装

存储箱一定要安装在车厢的最前部,压在车辆两侧的车厢板上。安装时,先将两个箱体安装板用螺栓固定在存储箱的底板外表面,然后将存储箱抬到车厢的最前部的合适位置,根据箱体安装板的孔,在车厢内侧开孔,用螺栓把存储箱固定在车辆两侧的车厢板上。

20.5　使用方法

由于火箭弹存储箱采用储弹架结构,并安装在车厢的最前部两侧的车厢板上。所以,存取火箭弹时,人要站在车厢的两侧抽或推火箭弹完成存取。

考虑到在现有的空间内多装载火箭弹,火箭弹的装载方式是头尾相邻。

20.6　特　点

(1)火箭弹存储箱是根据皮卡车载重和车厢尺寸及车载流动作业时需携带的火箭弹量等综合数据,参照 GB10409-2001 防盗保险柜有关标准而设计的,具有防盗、防火、防静电功能,整体结构稳定。

(2)左门扇外表面安装一把 938(G)型城堡牌双头联控锁,符合 GA/T73 要求。

(3)采用自动启闭式储弹架,利用左箱门的开启与闭合,实现了装载火箭弹的固定与松动。

(4)箱体内装载的 15 枚火箭弹。通过更换三种口径垫块,可调整 WR-98 型、WR-1D型、HJD-82 型、RYI-6300 型、BL-1 型火箭弹的装载量。

20.7　使用注意事项

(1)箱体内留存火箭弹时,严禁露天存放,防止太阳暴晒和雨淋。

(2)经常要检查箱体与车厢的固定螺栓,螺栓松动时要及时上紧。

(3)938(G)型城堡牌双头联控锁为精密锁具,启闭锁时,要认真、仔细。钥匙应妥善保管,丢失或损坏会造成不必要的麻烦。

(4)运输和安装箱体时,要注意对箱体表面油漆的保护。

(5)在箱内放些干燥剂,每年应及时更换干燥剂,保持箱内干燥,防止箱内火箭弹受潮。

(6)火箭弹存储箱只适用于车载流动火箭发射装置作业时临时保存待作业的火箭弹。每次作业前,将火箭弹装入储存箱内,作业后,速将剩余的火箭弹卸入指挥部总库内。

(7)火箭弹存储箱不用时,可卸下,放入室内保存。

第 21 章　X 波段中频相参多普勒双偏振天气雷达

天气雷达观测系统是人工增雨、防雹的重要监测手段。目前,新疆人工影响天气用于天气监测和作业指挥主要有多普勒雷达和 X 波段常规雷达两大部分,而其中大部分 X 波段常规雷达属老旧雷达。

随着新疆经济的快速发展,对人工增水和人工防雹工作提出了更高的要求,这就需要性能更稳定、功能更强大的专用雷达来提升人工影响天气作业指挥能力。在基层人工影响天气业务中,大量的危险天气(比如冰雹灾害)可能在数分钟内就会形成,观测员不可能有充足的时间与精力对大量的回波信息进行分析、研究,无法做到在最短的时间内对气象回波有一个较准确的判断结果。

针对这一实际需求,新疆人工影响天气办公室与无锡立洋电子科技有限公司联合研制了 WR—08XDD 型双偏振多普勒天气雷达,这种雷达具有双偏振和多普勒的两种功能。

21.1　构造原理

主要由天馈线分系统、发射分系统、接收分系统、天线控制分系统、监控分系统、配电分系统、信号处理分系统和终端分系统(前台处理软件、后台处理软件)等部分组成。

21.1.1　硬件结构

硬件主要由天线馈线分系统、发射分系统、接收分系统、天线控制分系统、监控分系统、配电分系统等组成,如图 21.1 所示。

基于双发双收技术体制,该雷达馈线分系统共有两个支路构成,确保垂直和水平微波通道性能的一致性。

接收机采用双路接收方案,分别接收垂直和水平回波信号,确保两路接收信号的时序与性能的一致性。

发射机的磁控管产生的大功率的脉冲微波经 3 dB 功分器分成功率相等的两路,分别经两路环形器发送到正交模,正交模对输入的两路微波信号合成后产生水平和垂直极化的合成微波经卡塞格伦反射面天线发射到空中。发射出去的微波在水平和垂直极化方向上功率及相位是相等的,但反射回的微波信号由于目标特性不同,其水平和垂直极化方向上的功率及相位有可能是不相等的。回波信号经卡塞格伦反射面天线接收后由正交模还原成水平和垂直极化的两路信号,两路信号分别经环形器传输到 TR 管、高放、混频器。混频器除了输入水平和垂直极化的两路信号外,还输入一路由小孔耦合器耦合到的发射脉冲的样本信号,作为数字中频接收机的相位参考信号。该信号在时序上与两路回波信号不同,因此可通过选通开关进行选择,数字中频接收机只需两路输入。两路信号经数字中频接收机同时采样、分析,经光纤传输到信

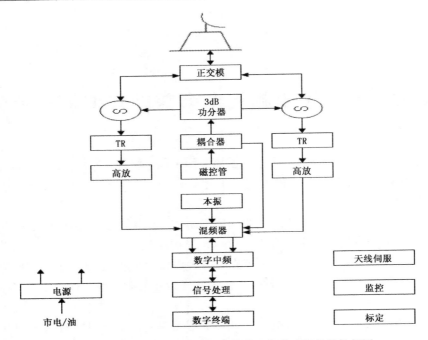

图 21.1　WR—08XDD 双偏振多普勒天气雷达硬件结构框图

号处理系统,最后回波的特性由终端系统输出与显示。

1. 天线馈线分系统

天线馈线分系统包括天线和馈线两部分,如图 21.2 所示。

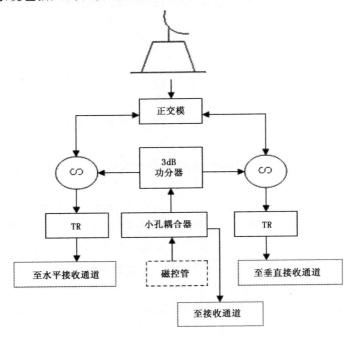

图 21.2　天线馈线分系统组成示意图

天线部分由卡塞格伦天线组成,如图 21.3 所示。

馈线部分由小孔耦合器、功分器、环行器(2 只)、放电管(2 只)、正交模耦合器以及若干段弯波导和直波导组成。

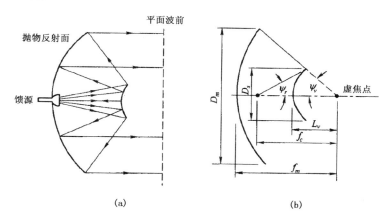

图 21.3　卡塞格伦天线抛物面的反射特性图

天线馈线分系统的基本功能在于将发射分系统产生的高频电磁能传送到天线,向空间定向辐射;然后接收从目标反射回来的电磁能传到接收分系统。本分系统在工作时既要把发射分系统产生的大功率脉冲能量传送到天线而不让进入接收分系统,又要把天线接收下来的微弱回波信号送到接收分系统而不让进入发射分系统;既要便于天线转动,又能保证电气连接性能良好。

由于是双偏振雷达,并且是共用一个发射分系统,因此本雷达的天线馈线分系统还要将发射分系统产生的高频电磁能分配成功率与相位相同的两路,并将两路高频电磁能分配到水平与垂直发射通道,最终通过正交模耦合器合成后将含有水平与垂直偏振信息的大功率微波由天线向空间定向发射。定向天线接收回波信号后也是通过正交模耦合器将含有水平与垂直偏振信息的回波信号分配到水平与垂直接收通道,并由接收分系统进行放大、采集与处理。

(1)天线部分

雷达的天线采用卡塞格伦天线,它将辐射器所辐射的电磁波能量经副反射面反射到抛物面反射体,再由抛物面反射体聚集成束反射出去向空间定向辐射。

考虑到双偏振雷达探测的特殊性,本系统采取的技术方案是天线采用卡塞格伦天线(以下称为"卡式天线",见图 21.3)。

"卡式天线"与常规前馈式反射面天线相比具有连接波导短、天线性能一致性好、交叉极化电平小(≤－35 dB,后者仅≤－30 dB))等诸多优点,虽然牺牲了一点副瓣电平的性能,但这对确保双偏振天气雷达两个通道的一致性非常有利。

(2)馈线部分

由小孔耦合器、功分器、环行器、放电管、正交模耦合器、固定阻流关节等组成。

小孔耦合器的功用是当磁控管振荡、输出高频电磁能时,耦合一小部分能量作为主波样本送到接收分系统两路接收部分中的一路,放大处理后作为信号处理分系统的发射样本信号。雷达采用的小孔耦合器是在主波导的窄壁上并接一小段副波导。在主、副波导的公共窄壁上开有一个小孔。雷达发射时,大功率发射脉冲从主波导传向功分器,这时就有一小部分能量通过小孔耦合到副波导中。

功分器是一种矩形波导的 T 形分支,分支波导与主波导相垂直,从结构上分一般有 ET 和 HT 分支两种模式。为了得到功率相等、相位相同的输出结果,本系统采用的是 HT 分支结构 (ET 分支结构两路输出的相位是相反的)。

环行器是一种波导收发转换装置,它的功用是使雷达的发射和接收能共用一副天线。在雷达发射时,它使天线与发射分系统接通而与接收分系统断开;在雷达接收时,它又使天线与接收分系统接通而与发射分系统断开。

由于是双偏振雷达,因此本雷达的馈线部分由水平与垂直两个发射与接收通道构成,为了提高性能每个通道采用两个三端环行器串联运用。

正交模耦合器是发射和接收支路上位于馈源前端的微波耦合器,作为双偏振雷达是一个关键元件。其主要功能是提供两个正交极化波的独立收发,保证两个极化通道具有很好的隔离度,并能承受相应的功率、良好的驻波与较小的损耗。

2.发射分系统

雷达发射分系统的功用是:在信号处理分系统产生的发射触发脉冲控制下,产生高频大功率发射脉冲,通过馈线送到天线,由天线定向辐射到空间。

雷达发射分系统由调制器、磁控管振荡器、发射电源及控制保护电路等 3 大部分组成,其组成如框图 21.4 所示。

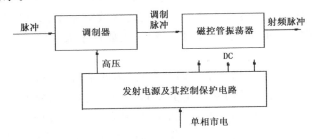

图 21.4　发射分系统组成框图

(1)调制器

调制器在触发脉冲和脉宽控制电路的控制下产生宽度为 0.5 或 1 μs、幅度约为 13000 V 的负调制脉冲送往磁控管振荡器,使磁控管振荡器产生大功率射频脉冲。

(2)发射电源

发射电源电路提供本系统工作所需直流低压(5 V、20 V 等)、直流高压(约 870 V)。由于高压电源采用了开关电源,所以具有重量轻、体积小、稳压调节范围宽、响应速度快、高效节能等优点。

(3)控制保护电路

由于调制器电路在工作时产生较高电压,且容易受温度、频率、磁场等影响。为此特设计了一些控制保护电路,这些电路起着对调制器电路的控制和保护作用。

3.接收分系统

主要由前端接收机和数字中频接收机组成。

双偏振雷达接收分系统的主要功能是对天线馈线分系统送来的两路微弱的高频脉冲回波

以及通过小孔耦合器耦合到的发射样本信号进行频率变换和幅度放大,并利用数字采样技术进行预处理后作为回波的原始信息提供给信号处理系统进行进一步的数据处理。

本接收分系统共有性能相同的两路低噪声场效应管高放、镜像抑制混频器以及前置中放电路构成,在双偏振雷达的应用中为了确保两个通道的长期稳定性与性能的一致性,这两个接收通道均设置在同一个恒温控制单元中(接收前端);作为中频相参多普勒雷达,另外还用一个高稳定度的本振以及以高精度、高速度的 A/D 和 FPGA 为核心器件构成的数字中频接收机来实现。

(1)前端接收机

双偏振雷达接收分系统的前端接收机,主要由相同的两个支路构成,每个支路均由耦合器、限幅器、场放、混频器、中放等电路构成。另外还有高稳定度的本振源、功分器和输入通道选通控制电路等部分组成。其框图如图 21.5 所示。

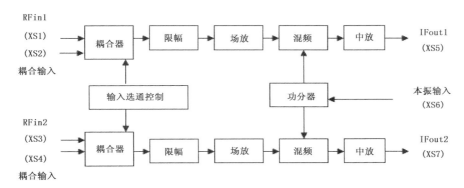

图 21.5　前端接收机工作原理框图

每一个接收通道的输入端是由一个耦合器构成,可以输入 9370 ± 30 MHz 的射频信号,通过输入选通信号来控制需输入的信号,因此可以有四个射频输入信号供输入选择(同时输入其中的两个信号)。限幅器是为了防止从天线馈线分系统泄漏过来的大功率信号对场放造成损伤,使输入给场放的信号在安全范围内。场放是用场效应管构成的低噪声射频放大器,对接收分系统输入的微弱信号进行线性放大,以满足混频器正常工作的需要。混频器对由场放输出的信号和由功分器输出的本振信号进行混频,得到 60MHz 的中频信号。中放对混频输出的中频信号进行进一步的放大,以提供数字中频接收机进行 A/D 变换。

从天线馈线分系统送来的两路目标回波信号(水平和垂直极化回波信号)分别接到两个支路输入通道中的一个(比如 XS1 和 XS3),天线馈线分系统由小孔耦合器耦合到的发射样本信号接到两个支路输入通道中的另一个(比如 XS2 或 XS4)。由于发射样本信号超前于回波信号,因此通过时序控制选择,就可完成对上述信号的采集与处理。

考虑到前端接收机安装在室外装置中,为了工作稳定,消除温度带来的影响,除本振源和直流电源外,上述部分都组装在一个恒温箱中。

(2)数字中频接收机

双偏振雷达接收分系统的数字中频接收机是一个高性能、通用型的数字接收机,其功能如图 21.6 所示。

为了提高抗电磁干扰的能力,并满足苛刻的环境条件,它安装在一个屏蔽盒中,通过

CAT5E 以太网线或光纤与 PC 机相连。

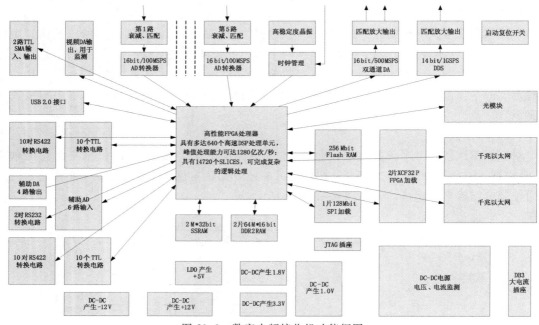

图 21.6　　数字中频接收机功能框图

数字中频接收机的主要输入是接收机前端输出的中频信号,为了满足系统扩展的需要、达到通用型的目的,具有 5 路 16 位 A/D 转换器,用于采样最多 5 路接收通道。一个外部时钟输入用于同步 A/D 转换器(在磁控管雷达中不需要)。也设计有高稳定度的晶体振荡器,可以作为整个雷达的相参时钟。

数字中频接收机也提供了各种数字 I/O 接口,例如触发脉冲、输入通道选通开关控制、脉冲宽度控制等。这些 I/O 接口都与 FPGA 直接相连,在应用层软件中进行定义。还提供了 6 通道辅助 A/D 转换器、4 通道辅助 D/A 转换器,可对雷达各个系统进行全面的监测和控制。

4. 天线控制分系统

天线控制分系统通过控制天线直流驱动电机电枢电压的大小和极性来改变电机的转速和转向,从而控制天线完成各种程控运动,以满足气象观测的需要。同时将天线运动状态的实时信息和角度数据提供给信号处理分系统和天线角度指示装置。

天线控制分系统主要由天线传动、天线控制微机板、天线控制驱动板、天线控制 S/D 板、天线控制激励电源、角度显示等部分组成,系统结构如图 21.7 所示。

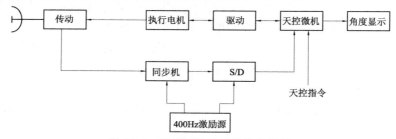

图 21.7　　天线制控分系统结构框图

（1）天线控制微机板

天线控制微机板是天线控分系统的核心电路板,该板接收监控分系统送来的天线控制指令、S/D 板送来的当前角度码及速度反馈电路送来的速度信息,经软件运算处理后输出可移触发脉冲到驱动电路,控制可控硅的导通角,从而控制电机电枢绕组中的平均电流达到改变电机转速的目的,电机转向也由微机板发出的正/反转信号控制。

一旦收到监控分系统或天线控制操作面板按键的天控指令,微机板就根据指令要求和天线状态,输出正/反转信号和可移触发脉冲到驱动电路,由驱动电路放大可移触发脉冲,并将它送到可控硅模块的控制栅极,通过控制可控硅导通角,达到控制天线转速的目的。

天线轴的角度信息由旋转变压器变换为正/余弦模拟电信号,此信号送 S/D 板将模拟电信号变换为 14 位角码数据,用串行信号送微机板,从而完成角位置反馈。

天线轴的转速信息从执行电机上的直流测速电机输出,经微机板采样,从而完成速度反馈。

（2）天线控制驱动板

驱动板主要用来放大微机板产生的可移触发脉冲。

（3）天线控制 S/D 板

S/D 板将旋转变压器送来的模拟角度信号变换为 14 位角度数码,以串行方式送天线控制微机板。

（4）角度显示电路

角度显示电路将微机板送来的串行角码数据转换为并行角码数据,然后送数码管显示。

5. 监控分系统

雷达监控分系统用来对雷达主机各部分主要参数进行监测。

当发现有故障（或参数不在正常范围内）时,给出声、光报警信号,并将故障信息通过 LED 显示器显示,同时将故障信息传给数字终端分系统的计算机,通过计算机直接进行中文菜单显示。实际上,监控分系统的这部分功能就是 BITE,这给整机的使用与维修带来很大方便。另外监控分系统还接受来自终端计算机的指令,完成主机电源的开、关控制和发射高压的开、关控制以及发射脉宽控制;同时还可接受操作板上的高压开关信号,对发射高压进行开关控制。

监控分系统由监控单片机系统、检测信号处理电路、高压开关驱动电路、遥控接口单片机系统、操作板和显示板等组成,结构如图 21.8 所示,监控参数见表 21.1。

首先,由各分系统传送的状态参数（电压）经检测信号处理电路进行 A/D 变换后由监控单片机系统巡回读取,并将 A/D 变换结果显示在显示板上,然后,各种状态参数经串口传给信号处理分系统,最终报给终端分系统计算机。

来自终端计算机的各项指令（雷达电源开关、发射高压开关、发射脉宽控制、天线伺服控制等）通过信号处理分系统转发给监控分系统,由监控分系统进行接收,并进行相应的控制（监控分系统与天线控制分系统共有同一个单片机单元）。

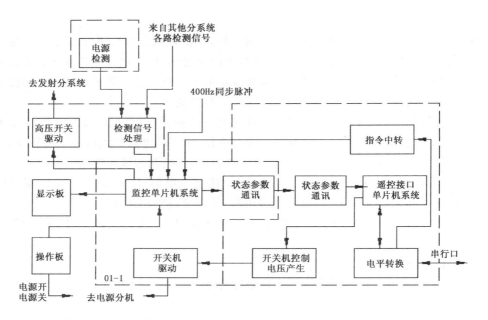

图 21.8　监控分系统结构框图

表 21.1　雷达监控参数/故障指示一览表

代码	参数/故障类型	注释	代码	参数/故障类型	注释
01	水平通道场放电流		14	收发电源	
02	垂直通道场放电流		15	本振	
03	水平通道放电管电流		16	高压 LED 状态	
04	垂直通道放电管电流		17	励磁	
05	高(中)压		18	发射驱动电源	
06	磁流		19	IGBT 驱动	
07	220 V 检测		20	天线电源	
08	收发箱湿度		21	充电	
09	方位反馈		22	反峰	
10	俯仰反馈		23	延时	
11	400 Hz 激励		24	天控驱动	
12	收发箱温度		25	同步	
13	发射功率		26	高压累计时间	

6. 配电分系统

配电分系统除了控制整机(不包括数字终端分系统)开关机(总电源～220 V 的开关)之外,还给每个分系统配送所需要的交流和直流电压,开关原理电路如图 21.9 所示。

配电分系统对分配给各分系统的电源由电源检测板进行检测,其结果送往监控分系统。

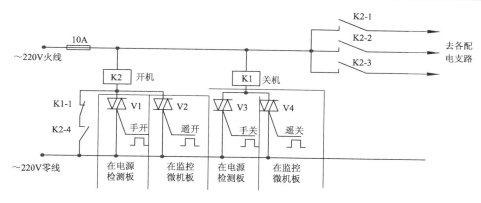

图 21.9　开关原理电路图

21.1.2　软件结构

WR—08XDD 型双偏振多普勒天气雷达的软件，主要由信号处理分系统、终端分系统组成。

1. 信号处理分系统

信号处理分系统对接收分系统数字中频接收机输出的数字 I、Q 数据进行数据处理，包括：PPP、FFT、随机相位算法、自适应地物杂波抑制算法等。这是一个运行在 PC 机上的软件系统，软件基于 Microsoft 的. NET 平台进行开发，实现了跨平台的兼容性，并采用了 Intel 公司的高性能 IPP 函数库，以提供强大的运算能力。信号处理算法库以类库的形式提供，包含了各种 API 函数。PC 机由用户根据雷达系统的不同需求而自行采购。PC 机可选用笔记本电脑、工控机或者工作站。由于数字中频接收机只是一个网络设备，因此数字的 I、Q 数据能被多台并行的信号处理器实时接收和处理。其结构如图 21.10 所示。

主要处理功能：PPP、DFT、GMAP（自适应杂波抑制）、基于随机相位的二次回波消除及恢复。

数字中频接收机安装在雷达接收机柜中，将发射耦合的样本信号和从天线接收到的回波信号进行高速、高精度采样后，在 FPGA 内完成数字下变频处理，得到 I、Q 数据，再通过以太网传给信号处理分系统。信号处理软件可以运行在普通 PC 机或者笔记本电脑上，通过先进的脉冲测频算法，可以精确测定磁控管的发射频率，从而可以完全补偿磁控管的频率漂移，补偿方式采用全数字方式。并通过对发射初相和幅度的测量，通过数字相位校正算法，可以基本上消除磁控管的发射相位抖动，相位误差可控制在 0.5° 以内，对地物杂波的抑制能力可达 40 dB。

在双偏振雷达应用中，接收通道是双通道接收，两个接收通道的中心频率是一样的，每个通道都有自己的 16 位 A/D 转换器进行相参采集。信号处理分系统能提供完整的双偏振处理结果。雷达双偏振的工作体制（单发单收、单发双收、双发双收）决定了到底能输出哪些有效参数。

2. 终端分系统

双偏振多普勒天气雷达探测的回波及各项参数的显示、处理、分析、存储以及传输等操作，均需终端分系统来进行；对雷达主机的控制与监测，也是通过终端分系统来操控的。

主要包括实时和非实时终端两部分，均使用 Visual C＋＋开发工具，运行平台为 WIN-DOWS XP 操作系统。该两部分的软件既可以运行在一台计算机上，也可以运行在两台计算

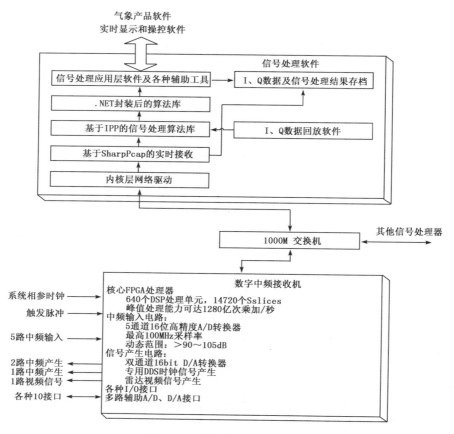

图 21.10　信号处理软件结构图

机上,通过设置不同的 IP 地址来实现。

（1）实时终端软件

实时终端软件与信号处理分系统采用百兆网络连接。实时终端软件主要功能是雷达整机控制、原始数据采集、实时回波显示、自动标定、原始数据文件保存、雷达状态的监控等,分别如图 21.11、21.12 所示。

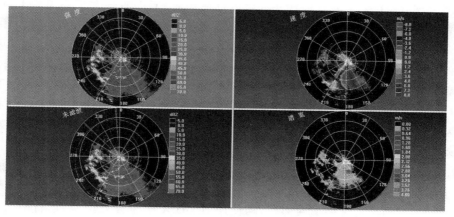

图 21.11　实时终端回波显示图

  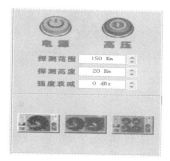

图 21.12　实时终端监控基本界面图

（2）非实时终端软件

若非实时终端软件与实时终端软件工作于不同的计算机上时，除了通过设置不同的 IP 地址、用百兆网来完成数据通信外，还要将实时终端存储原始数据的文件夹设置为网络共享盘。

软件工作的基本界面可以有单图、双图、四图以及不同参数、不同距离的选择，分别如图 21.13、21.14 所示。

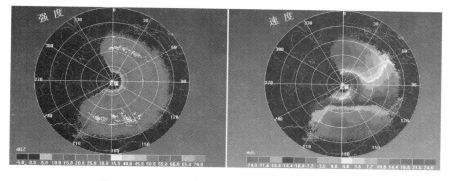

图 21.13　非实时终端速度量程为 24 m/s 显示图

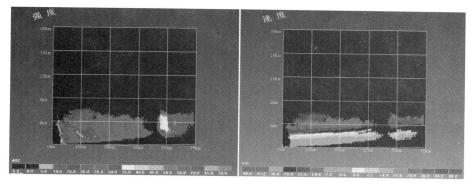

图 21.14　非实时终端 RHI 状态显示图

（3）终端软件功能（清单）

①PPI 产品；

②RHI 产品等高位置平面显示产品；

③局部多层等高位置平面显示 PCAPPI；

④垂直最大回波强度显示产品 CR；

⑤垂直剖面图 VCS；

⑥等值线产品；

⑦直方图；

⑧图像放大；

⑨产品动画；

⑩图像打印；

⑪双要素同屏显示；

⑫四要素同屏显示；

⑬立体图像显示；

⑭物理量产品；

⑮回波顶高产品 ETPPI；

⑯回波底高产品 EBPPI；

⑰垂直液态含水量 VIL；

⑱雨强 RZ；

⑲分层组合反射率因子最大值；

⑳双偏振降水粒子识别；

㉑网络和通讯；

㉒人工影响天气操作软件。

21.2　主要技术性能指标

21.2.1　环境条件

(1)室外设备:温度:$-40\sim+50℃$;相对湿度:$95\%\sim98\%(+30℃)$;

(2)室内设备:温度:$0\sim+40℃$;相对湿度:$90\%\sim96\%(+30℃)$;

(3)存储条件:温度:$-40\sim+60℃$;相对湿度:$90\%\sim96\%(+30℃)$;

(4)海拔高度:$\leqslant3000$ m;

(5)抗风能力:$\leqslant25$ m/s 能正常工作;$\leqslant40$ m/s 不受破坏;

(6)工作波段:X 波段;

(7)工作方式:固定式或车载式。

21.2.2　探测范围(给定条件:孤立的 4 mm/h 中等强度降水目标)

(1)距离:300 km;

(2)高度:$0\sim20$ km;

(3)方位角:$360°$;

(4)仰角:$-2°\sim90°$;

(5)谱宽:$0\sim16$ m/s;

(6)强度:$-25\sim70$ dBz;

(7)测速范围:±48 m/s(75 km),±24 m/s(150 km);

(8)定量探测距离:150 km;显示距离:0～300 km。

21.2.3　探测精度(均方误差)

(1)距离:≤50 m;

(2)方位角:≤0.2°;仰角:≤0.2°;

(3)高度:≤200 m(距离≤100 km),≤300 m(距离 100～200 km);

(4)强度:≤1 dBz;速度:≤1 m/s;谱宽:≤1 m/s;强度差:≤1 dB。

21.2.4　分辨力

(1)距离:150 m;

(2)方位角:0.1°;仰角:0.1°;

(3)测高:100 m;

(4)强度:0.32 dBz;

(5)速度:0.2 m/s;

(6)谱宽:0.2 m/s;

(7)强度差:≤1 dB。

21.2.5　时间

(1)正常开机:≤5 min;

(2)连续工作:24 h;

(3)架设:≤30 min(机动站,在地面风速≤20 m/s、无降水情况下 2 人操作);

(4)拆收:≤30 min(机动站,在地面风速≤20 m/s、无降水情况下 2 人操作)。

21.2.6　装载方式

(1)固定站:标准集装箱 1 个;

(2)机动站:车载。

21.2.7　运输方式

(1)陆路:汽车、火车;

(2)水路:轮船;

(3)空运:运输机。

21.2.8　可靠性与维修性

(1)MTBF:≥600 h;

(2)MTTR:≤30 min。

21.2.9　电源

(1)供电方式:市电或电源站;

(2)电源电压:220V±10％、50±2Hz

21.2.10 耗电量

(1)雷达系统:≤2 kW;

(2)附属设备:≤4 kW。

21.2.11 天馈线分系统

(1)天线:1.8 m 卡赛格伦反射面天线;

(2)增益:≥40 dB;

(3)波束宽度:1.4°;

(4)极化方式:水平\垂直双线极化;

(5)副瓣电平:≤−20 dB。

21.2.12 收发系统

(1)工作频率:9370 MHz±30 MHz;

(2)发射脉冲功率:≥75 kW;

(3)脉冲宽度与重复频率:1μs //500Hz,1μs//1000Hz,1μs //750Hz/1000Hz0.5μs // 2000Hz,0.5μs//1500Hz/2000Hz;

(4)噪声系数:≤3 dB;

(5)中频频率:60 MHz±18 MHz;

(6)最小可测灵敏度:≤−107 dBm(1 μs)。

21.2.13 信号处理与终端输出信号

(1)强度 dB;

(2)强度 dBz;

(3)强度 dBT(未经地杂波抑制);

(4)速度 V;

(5)谱宽 W;

(6)差分反射率因子 ZDR。

WR−08XDD 型双偏振多普勒天气雷达,在技术体制上采用中频相参技术,发射机采用体积相对较小而功率较大的同轴磁控管,接收机采用数字中频技术,馈线采用双发双收技术方案。这样从雷达总体方案上可将收发部分与"全固态"发射机方案一样置于天线后部,省去了方位与俯仰旋转关节,馈线部分的连接波导也最短,技术方案上更有利于双偏振雷达的实施,该方案在双偏振雷达领域尚属首创。

参考文献

马官起等.2005.人工影响天气三七高炮实用教材.北京:气象出版社

马官起,任宜勇,王金民等.2008.增雨防雹火箭作业系统实用教材.北京:气象出版社

李大山等.2002.人工影响天气现状与展望.北京:气象出版社

郑国光等.2005.人工影响天气关键技术问题.北京:气象出版社

中国气象局科技发展司.2003.人工影响天气岗位培训教材.北京:气象出版社

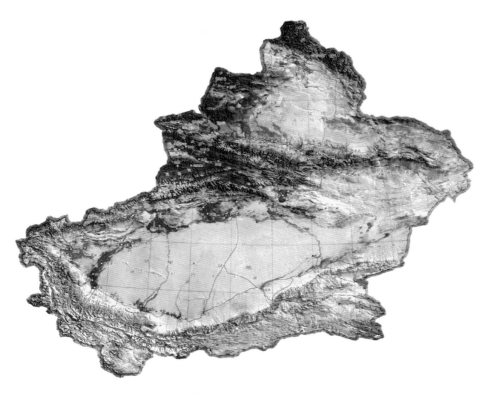

图 1.1　新疆地貌图

图 1.2　新疆雷达布局图

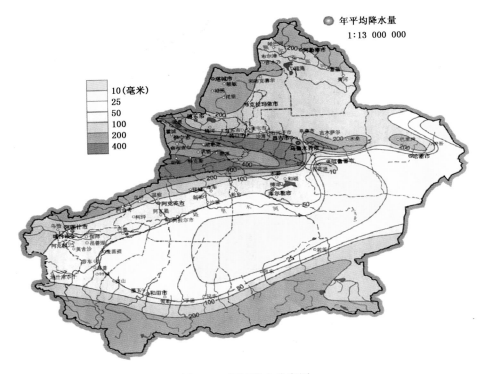

图 1.3 新疆降水分布图

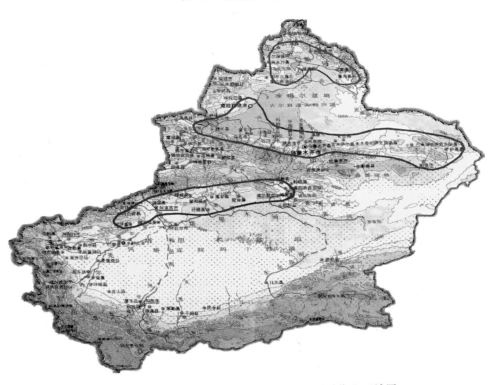

图 1.7 新疆人工增雨(雪)应急工程飞机增雪作业区域图

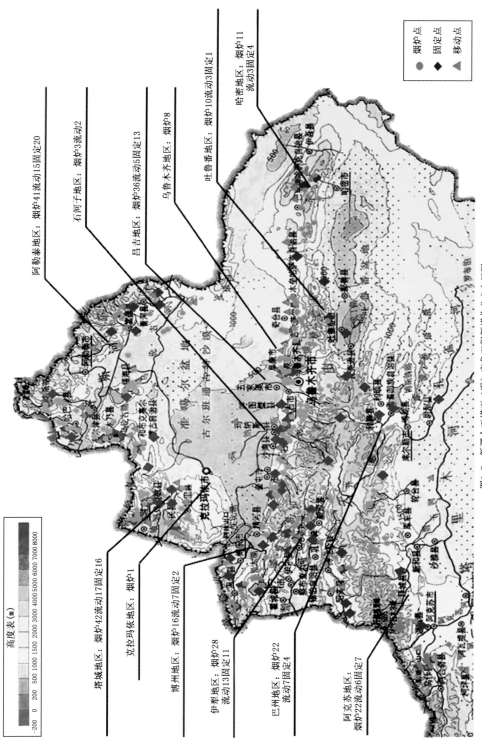

高度表 (m)

-200 0 200 500 1000 1500 2000 3000 4000 5000 6000 7000 8000

塔城地区：烟炉42流动17固定16

克拉玛依地区：烟炉1

博州地区：烟炉16流动7固定2

伊犁地区：烟炉28
流动13固定11

巴州地区：烟炉22
流动7固定4

阿克苏地区：
烟炉22流动6固定7

阿勒泰地区：烟炉41流动15固定20

石河子地区：烟炉3流动2

昌吉地区：烟炉36流动5固定13

乌鲁木齐地区：烟炉8

吐鲁番地区：烟炉10流动3固定1

哈密地区：烟炉11
流动3固定4

烟炉点
固定点
移动点

图1.8 新疆人工增雨（雪）应急工程新增作业点布局图

图 1.9　天山区域飞机人工增雪作业范围图

图 1.10　阿尔泰山区域飞机人工增雪作业范围图